AF850457

BMW 3ER

DIE GESCHICHTE EINES WELTERFOLGS

Halwart Schrader / Joachim Hack

Motor
buch
Verlag

Einbandgestaltung: Luis dos Santos

Bildnachweis siehe Seite 269

Eine Haftung des Autors oder des Verlages und seiner Beauftragten
für Personen-, Sach- und Vermögensschäden ist ausgeschlossen.

ISBN: 978-3-613-04682-5

Copyright © by Motorbuch Verlag, Postfach 103743, 70032 Stuttgart
Ein Unternehmen der Paul Pietsch Verlage GmbH & Co. KG

1. Auflage 2024

Sie finden uns im Internet unter www.motorbuch-verlag.de

Nachdruck, auch einzelner Teile, ist verboten. Das Urheberrecht und sämtliche weiteren Rechte sind dem Verlag vorbehalten. Übersetzung, Speicherung, Vervielfältigung und Verbreitung einschließlich Übernahme auf elektronische Datenträger wie DVD, CD-ROM usw. sowie Einspeicherung in elektronische Medien wie Internet usw. ist ohne vorherige schriftliche Genehmigung des Verlages unzulässig und strafbar.

Lektorat: Joachim Kuch, Joachim Hack
Innengestaltung: Julia Voigt und Gold Rose Publishing Ltd., 70188 Stuttgart
Druck und Bindung: Conzella, 85609 Aschheim-Dornach
Printed in Germany

Inhaltsverzeichnis

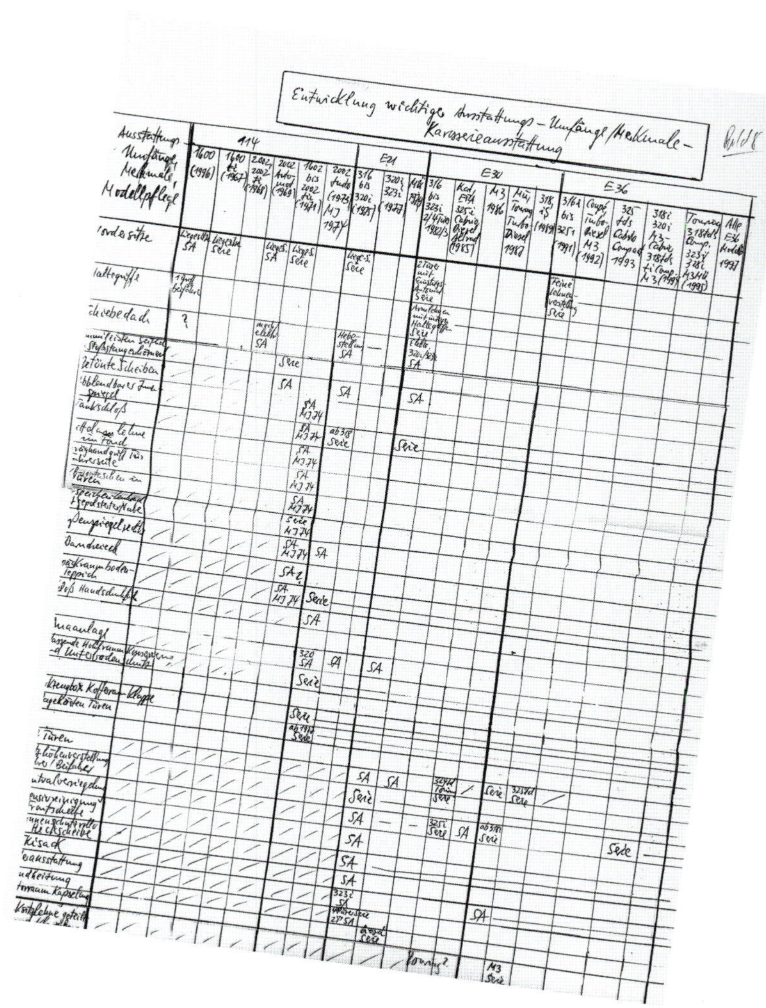

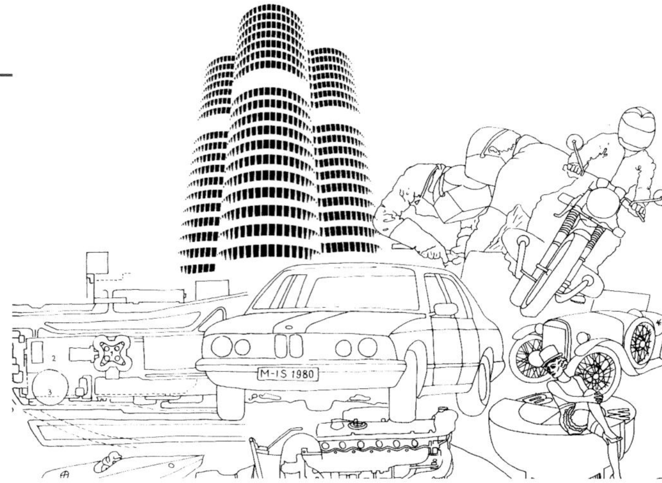

Dank

An dieser Stelle möchte der Autor der Bayerische Motoren Werke AG seinen Dank für die großzügige Unterstützung aussprechen, die seine journalistische Arbeit im Verlauf von fünf Jahrzehnten erfahren hat. Sie führte von der ersten Ausgabe des BMW Journals im Jahre 1962 über eine Vielzahl von Büchern über das Unternehmen und die Fahrzeuge der weißblauen Marke bis zu diesem 2015 entstandenen Werk. Ohne den BMW Group Press Club sowie die ihm vorangegangenen Institutionen im Medien- und Kommunikationsbereich, ohne das kollegiale Verständnis seitens deren Mitarbeiter und Mitarbeiterinnen für die oft ausgefallenen Informationswünsche und ohne den so oft bereitwillig gewährten, keineswegs selbstverständlichen Zugang zu Archiven und Sammlungsbeständen wäre manches BMW Buchprojekt nie zustande gekommen.

Urheberrecht

Die Herkunft der Illustrationen in diesem Buch ist auf Seite 240 aufgeführt. Sollte dieses Buch Abbildungen enthalten, die trotz aller Recherche-Sorgfalt bestehende Urheberrechte verletzen, so möchte sich der Autor hiermit in aller Form dafür entschuldigen und gegebenenfalls um Benachrichtigung bitten. Darauf hingewiesen sei ferner, dass sämtliche genannten und durch Dritte geschützten Markenzeichen und Wortmarken uneingeschränkt den Bestimmungen des Markenzeichenrechts und den Besitzrechten der eingetragenen Eigentümer unterliegen. Die Zitierung von Wortmarken und Namen sowie die bildliche Wiedergabe von geschützten Bildern, Bildteilen und Markenzeichen erfolgt im Rahmen dieses Werkes allein zum Zweck einer automobilhistorischen, themenrelevanten Aussage.

Zu diesem Buch

Dieses Buch, verehrte Leserin, verehrter Leser, läge nicht vor Ihnen, gälte Ihre besondere Sympathie nicht den Automobilen der Marke BMW. Und damit geht es Ihnen ebenso wie mir. Diese Sympathie hat sich bei mir seit dem Jahre 1961 kontinuierlich entwickelt; damals vertraute man mir die redaktionelle Betreuung des jüngst aus der Taufe gehobenen Kundenmagazins *BMW Journal* an – eine interessante Aufgabe, die mit dem Erscheinen des Modells 1500 der »Neuen Klasse« an Reiz noch zunahm.

Seitdem habe ich mich mit dem Thema BMW mit zunehmender Intensität auseinandergesetzt, die in vielen Publikationen ihren Niederschlag fand. Es gab kaum ein Serienmodell bis hin zum E90, das ich nicht durch Er-Fahrungen gründlich kennen gelernt hätte, und durch die Begegnung mit zahlreichen bedeutenden Persönlichkeiten im Hause BMW war es mir möglich, viele Blicke auch hinter die Kulissen dieses Unternehmens zu werfen. Das 1961 noch zu den auf dem Weltmarkt eher unbedeutenden Autoherstellern gehörte.

Großen Dank für diese Einblicke schulde ich zu allererst dem »geistigen Vater« jener Baureihe, um die es in diesem Buch geht: Paul G. Hahnemann. Man darf ihn als den einflussreichsten Protagonisten der »Neuen Klasse« bezeichnen, aus der die 3er-Reihe hervorging – das noch zu seiner Zeit konzipierte, 1975 präsentierte weiß-blaue Millionending von inzwischen weltweiter Bedeutung. Es würde den Rahmen eines Vorwortes aber sprengen, würde ich die vielen weiteren Mitarbeiter aufzählen, die im Verlauf von mehr als fünf Jahrzehnten mich an der sprichwörtlich gewordenen Freude am BMW-Fahren teilhaben ließen. Zwei Namen möchte und muss ich jedoch erwähnen: die von Professor Dr. Hans-Hermann Braess und Dr. Karlheinz Lange. Beide gehörten viele Jahre zu den profiliertesten und ranghöchsten Ingenieuren des Hauses BMW, die an der ständigen Weiterentwicklung des 3er maßgeblich beteiligt waren und mit denen zusammenzuarbeiten ich zeitweilig das Vergnügen hatte. Ich durfte ihre fundierten und in Fachkreisen überaus geschätzten Buchprojekte (Lange: »Geschichte des Motors – Motor der Geschichte«, 1999; Braess: »Das Original«, 2000) betreuen und werde mir gestatten, beide Autoren gelegentlich zu zitieren. Bessere Referenzen zum Thema kann es nicht geben. Hans-Hermann Braess studierte von 1956 bis 1922 an der Technischen Hochschule Hannover Maschinen- und Kraftfahrzeugbau. Sein Einstieg ins Berufsleben vollzog sich bei Ford in Köln, dann wurde er Wissenschaftlicher Assistent an der TU München, wo er 1971 mit dem Thema »Theorie der Fahrzeug-Dynamik und des Lenkverhaltens« zum Dr.-Ing. promovierte. Dr. Braess gilt als Entdecker der Vorteile eines negativen Lenkrollradius. 1970 bis 1980 arbeitete Dr. Braess als Konstrukteur bei Porsche, wo er 1977 Chef der Entwicklungsabteilung wurde. 1979 wechselte er zu BMW und leitete dort bis zu seiner Pensionierung 1996 das Ressort Forschung. An verschiedenen Universitäten war Dr. Braess als Honorarprofessor tätig, die TU Darmstadt verlieh ihm 1999 den Titel eines Ehrendoktors.

Karlheinz Lange arbeitete nach seinem Studium an der TH München bei BMW als Konstrukteur und promovierte anschließend zum Thema der dieselmotorischen Verbrennung. Von 1971 bis 1975 war Dr. Lange Leiter der Motorenvorentwicklung und danach auch des Motorenversuchs bei Porsche. Ab Juni 1975 setzte er sein Wirken bei BMW im Ressort Forschung und Entwicklung fort, 1976 als Leiter der Abteilung in Nachfolge von Alex von Falkenhausen. Ab 1989 war er Leiter der Entwicklung Gesamtfahrzeug, ab 1992 stand er dem Bereich Unternehmensqualität vor. Dr. Langes besonderes Engagement galt der Einführung zukunftsorientierter Abgastechnologien sowie der Entwicklung neuer Mess- und Prüfeinrichtungen.

Dankbar bin ich auch zahlreichen Kollegen aus der internationalen Pressebranche. Kritischer zeitgenössischer Journalismus in Distanz zu nicht allein BMW-affiner Berichterstattung ist – vor allem im Rückblick – besonders wichtig, und von objektiver, fachlich begründeter Kritik blieb auch mancher BMW nicht verschont.

Ich habe mich gefreut, dieses Buchprojekt zum fünfzigsten Geburtstag des BMW 3er realisieren zu dürfen, und noch mehr freuen würde ich mich, wenn Ihnen das Blättern und Lesen gleichermaßen Spaß bereitet. Vielleicht begegnen Sie auf der Geburtstagsparty ja dem einen oder anderen guten, alten Bekannten...

Herzlichst,
Ihr
Halwart Schrader

Nur Herkunft hat Zukunft

Eine schlicht als BMW 1500 bezeichnete Stufenheck-Limousine stellte in einer spezifisch neuen Klasse des deutschen Automobilangebots die attraktivste Alternative zur der jüngst abgedankten Borgward Isabella dar. Und dieser neue BMW verfügte über ein hohes Entwicklungspotenzial.

www.BMW02.de
PIRELLI
CIBIE
CIBIE
PB MW 73H

Nur Herkunft hat Zukunft

BMW: Das ist zwar nur die Zusammenstellung von drei Buchstaben, unter denen sich am 21. Juli des Jahres 1917 ein Flugzeug- und Flugmotorenhersteller ins Münchner Handelsregister eintragen ließ – heute jedoch steht die Kombination der Lettern B, M und W für eine besondere Art von Ausprägung automobiler Leidenschaft. Jedes unter der Marke BMW produzierte Automobil ist ein Liebhaberstück mit einer ganz speziellen Identität.

Denn um es gleich hier und sofort zu erwähnen: Viele Jahre, bevor BMW mit der Übernahme der Eisenacher Dixi-Werke in den Automobilbau einstieg, hatten Ingenieure und Techniker in München die Produktion von Motorrädern aufgenommen und mit ihnen enorme Markt- und Sporterfolge erzielen können. Das Motorrad war ein wichtiger, wenn nicht wichtigster Impulsgeber auf dem Weg der Bayerischen Motoren Werke AG vom bescheidenen Zweiradhersteller zum Global Player im Topsegment der Autoindustrie.

Bis in jüngste Zeit hinein waren Männer in leitenden Positionen bei BMW häufig zugleich enthusiastische Motorradfahrer. Sicher kein Zufall... Aber wenn wir auf den folgenden Seiten die Rolle BMW Motorrades außer Betracht lassen, so wird man dafür sicher Verständnis haben, denn hier geht es um ein anderes pro-

Der von 1936 bis 1941 produzierte BMW 326 galt als einer der hochwertigsten Mittelklassewagen seiner Zeit.

minentes Produkt unter dem weiß-blauen Propelleremblem: um den 3er BMW.
Mit der Konzeption der 3er-Reihe in den frühen siebziger Jahren entstand bei BMW die bisher bedeutendste Modellfamilie seit Aufnahme des Automobilbaus damals in Eisenach. Ein Blick zurück: In konsequenter Fortführung der BMW-Modelltradition der dreißiger Jahre war 1961 die »Neue Klasse« vorgestellt worden, und zwar in Gestalt einer Anderthalbliter-Sportlimousine, mit der die Bayerischen Motoren Werke ihr angestammtes Terrain zurück erobern konnten, die so genannte Mittelklasse. Vielleicht assoziierte dieser Begriff bei den BMW Wortschöpfern so etwas wie Mittelmäßigkeit, und sie erfanden deshalb eine »neue« Klasse. Emotional schloss diese dicht an die Oberklasse an, und in der war BMW ja bestens vertreten. Die Neue Klasse als Übergang von der Mittel- zur Oberklasse: Kein anderes Fabrikat als BMW hätte geeigneter sein können, sich hier zu profilieren und die Maßstäbe neu zu setzen.

Karosserie-Architektur im Wandel von fünf Jahrzehnten: BMW 326 Cabriolet von 1937 und BMW 325i Cabriolet Baujahr 1986.

Vom BMW 02 zur 3er-Reihe

Der neue, intern als Baureihe 115 (ohne Präfix E) bezeichnete Viertürer stellte als in einer neuen, BMW-spezifisch neuen Klasse – man könnte auch sagen: in der oberen Mittelklasse – des deutschen Automobilangebots die wohl attraktivste Alternative seit dem Hinscheiden der vielgeliebten Isabella aus dem Bremer Haus Borgward dar. Hätte Carl F. W. Borgward über die Mittel verfügt, eine Weiterentwicklung der Isabella zu finanzieren und seine Produktionseinrichtungen zu modernisieren, wäre in dem hanseatischen Qualitätsauto der neuen Münchner Limousine ein starker Konkurrent erwachsen.
Jener BMW 1500 verfügte über ein hohes Entwicklungspotenzial. Im Prozess der Evolution der Neuen Klasse erschien im März 1966 der BMW 1600-2, das erste Modell der späteren und bis 1977 produzierten Reihe 02 (Nullzwei), deren Bezeichnung sich aus der zweitürigen Bauweise ableitete. Die Serie 02 ist als der unmittelbare Vorgänger der 3er-Reihe zu nennen, deren erste Version 1975 intern als Typ E21 bezeichnet wurde und dem 1982 der E30 folgte. Inzwischen sind wir beim Buchstaben G angekommen. Die BMW-typischen Bezeichnungen der Baureihen erleichtern ein Zuordnen unter modellhistorischen Gesichtspunkten, wir wollen sie deshalb übernehmen.
Ein ausgewogenes Verhältnis von Fahrkomfort und innovativer, zugleich zuverlässiger Technik kennzeichnet jeden BMW der 3er-Reihe, und nicht zuletzt kam sie aber auch wegen ihres attraktiven Designs so gut an, das unverwechselbare Stilelemente zeigte und dem Marken-Image eine weitere, positive Ausprägung verlieh.
Mit zahlreichen Verbesserungen und immer stärkeren Motoren, mit Karosserie- und Ausstattungsvarianten hat die BMW 3er-Reihe ihren Platz auf der Bestseller-Liste seither erfolgreich behaupten können.

Erfolgreicher Kleinwagen, dem aber kein Wachstumsprozess beschieden war: der von 1959 bis 1965 gebaute BMW 700.

Wie war das damals, im August 1975?

August 1975: Eine Zeit, in der man im Kleinanzeigenteil der Motorfachpresse noch Inserate preiswert verkäuflicher Borgward Isabella Coupés fand, ein paar Spalten weiter ein MGA

Eberhard v. Kuenheim spricht mit Bundespräsident Richard v. Weizsäcker auf der IAA 1985.

»Viele Automobile, die in den 1970er Jahren als Neu- oder relativ junge Gebrauchtwagen gehandelt wurden, haben längst Sammlerstatus erreicht, und in vielen Fällen liegen die Beträge, zu denen sie heute den Besitzer wechseln, schon weit über denen älterer, historisch ebenso bedeutender Wagen.«

Auto Classic, März 2015

1600 für ebenso bescheidene 2900 D-Mark angeboten wurde, man unter »Verschiedenes« jedoch auch Inserate fand mit dem Inhalt »Wer schenkt mir einen BMW oder Mercedes? Chiffre...«. Mag sein, dass jemand damals tatsächlich froh war, für seinen 1956er Sechszylinder einen dankbaren Bastler als Abnehmer zu finden... Ausgediente, dennoch nicht uninteressante Autos waren fast an jeder Straßenecke für wenig Geld zu haben. Ein BMW 1800, Baujahr 1969, stand in den Bewertungslisten der Gebrauchtwagenbranche vom Herbst 1975 mit ganzen 1000 D-Mark verzeichnet. Ein gleichaltriger Citroën DS23 sogar mit nur 950. Damit hatte der schicke Avantgarde-Franzose in sechs Jahren fast 95 Prozent seines Neuwertes eingebüßt. Im Fall des BMW 1800 waren es »nur« 92,2 Prozent.

Autos mit eingebautem Wertzuwachs

Gut erhaltene oder restaurierte Exemplare beider Modelle verkörpern heute einen Liebhaberwert, der seinen Neupreis längst überstiegen hat. Dass abgeschriebene Gebrauchtwagen zu Sammlerstücken avancieren, sofern sie lange genug am Leben bleiben, wissen wir längst, und so mögen die Preise für zigtausende von Wagen der »Neuen Klasse« und der »02«-Reihe zwar erst einmal in den Keller gerutscht sein, als BMW das neue Modell mit dem nüchternen Bezeichnung »3er-Reihe« ankündigte, doch mit gar nicht allzu großem zeitlichen Abstand waren gepflegte Exemplare seiner Vorgänger wieder auf der aufsteigenden Wertskala zu finden.
Die Vertreter der internationalen Motorpresse hatten im August Gelegenheit bekommen, den neuen BMW ausgiebig kennenzulernen, doch der große Tag der offiziellen Präsentation war der 10. September 1975, als der Wagen einen Tag vor Eröffnung der Internationalen Automobil-Ausstellung in Frankfurt am Main erstmals öffentlich gezeigt wurde. Wer von den Medienvertretern nicht zu jenen Privilegierten gehörte, die bereits am Steuer eines Vorserienwagens gesessen hatten, wurde hier 24 Stunden vor der Publikums-Präsentation mit dem Auto und einigen Details seiner Entstehungsgeschichte vertraut gemacht. In der großen Halle des Senckenberg-Museums sagte Eberhard v. Kuenheim, Vorstandsvorsitzender der BMW AG: »Wir stellen Ihnen auf dieser IAA zum ersten Mal den BMW 320i mit Zweiliter-Einspritzmotor vor. Dieser Wagen ist für uns der würdige und zeitgemäße Nachfolger des berühmten BMW 2002 tii. Er hat eine andere Fahrgestellauslegung als seine kleineren Brüder, er bleibt der Wagen mit dem harten Biss...«
Er wusste, wovon er sprach. Eberhard v. Kuenheim selbst hatte zusammen mit dem Konstruktionsleiter Bernhard Osswald an etlichen Versuchsfahrten mit dem neuen Wagen teilgenommen, als dieser sich noch in der Erprobungsphase befand. Der 1913 in Stuttgart geborene Techniker war 1937 in Berlin zum Diplomingenieur (Maschinen- und Flugzeugbau) ausgebildet worden, war danach Assistent beim Aerodynamiker Wunibald Kamm in Stuttgart, arbeitete auch an Dieselmotor-Projekten und kam 1951 zu Ford nach Köln als Ingenieur für Fahrwerks- und Getriebeentwicklung. 1964 wechselte er zu BMW, wo er maßgeblichen Anteil an der Entwicklung der

Bernhard Osswald kam 1964 zu BMW, wo er maßgeblichen Anteil an der Entwicklung der 02-Baureihe, des 2002 turbo und des M1 hatte und einen Sitz im Vorstand für das Ressort Entwicklung und Konstruktion.

Eberhard v. Kuenheim wurde 1970 BMW Vorstandsvorsitzender und behielt diese Position 23 Jahre lang; weitere sechs Jahre war er Aufsichtsratsvorsitzender.

02-Baureihe, des 2002 turbo und des M1 hatte und einen Sitz im Vorstand für das Ressort Entwicklung und Konstruktion erhielt. Bernhard Osswalds Verdienste für die Restabilisierung der Marke BMW sind hoch einzuschätzen.

Langfristige Modellplanung in der Ära Hahnemann

Der neue BMW durfte als eine ausgereifte Konstruktion bezeichnet werden; die Entwicklungszeit hatte sich Bayern hatte sich über einen Zeitraum von fast fünf Jahren erstreckt. Schon 1970 waren die ersten Überlegungen und Berechnungen für ein Nachfolgemodell zum Nullzwei entstanden. Damals war der Stilist Paul Bracq gerade von Daimler-Benz zu BMW gekommen. Maßgeblich bestimmte er die Linie der 5er- und 7er-Reihen, und er schuf auch die Karosserie des 3er. Anders als bei Daimler-Benz war Bracq bei BMW auch für das Interieur verantwortlich. Chefkonstrukteur Osswald oblag der gesamte Technikkomplex, während die vertriebsstrategische Planung in Paul G. Hahnemanns Ressort fiel. Hahnemanns außerordentlich erfolgreiche, wenn auch oft etwas hemdsärmelig praktizierte Planungs- und Verkaufspolitik ließ sich allerdings auf Dauer nicht mit der Noblesse vereinbaren, mit welcher der Vorstandsvorsitzende Eberhard v. Kuenheim die Marke BMW international zu positionieren gedachte.

Nachdem Hahnemann die »Neue Reihe« mit auf den Weg gebracht, BMW-Motorsport aktiviert, die Firma Glas zu BMW geholt, das Motorrad- und das Exportgeschäft belebt und Qualitätsprobleme in der Fertigung – ein neues Ressort, betreut von Helmut Werner Bönsch – behoben hatte, verabschiedete er sich im Herbst 1971 von BMW. Sein kurzzeitiger Nachfolger Robert A. Lutz erlebte bei BMW die Präsentation des 3er ebenfalls nicht mehr; jetzt war es Hans-Erdmann Schönbeck, der den BMW Weltvertrieb leitete.

»Von Autos verstehe ich eigentlich nichts...«

Der BMW 3er wäre nicht gekommen, hätte es die Projekte 115 und 114 nicht gegeben. »Von Autos verstehe ich eigentlich nichts«, hatte er einmal in einem Interview behauptet, aber er wisse genau, wie sie auszusehen hätten, um verkäuflich zu sein. »Unser Paul« nannte man ihn in der Stylingabteilung, und als »Nischen-Paule« ging er in die Unternehmensgeschichte der Bayerischen Motoren Werke ein; angeblich hat Franz-Josef Strauß ihm diesen Spitznamen gegeben. Paul Gustav Hahnemann, Diktatzeichen PGH, Jahrgang 1912, der angeblich von Autos nichts verstand, verhalf der Marke BMW nicht nur zu ihren bis dahin größten Erfolgen – er gehört zu jenen, denen es zu verdanken ist, dass sie heute überhaupt noch existiert.

PGH besaß einen messerscharfen, analytischen Verstand, der intuitives Handeln ausschloss, gepaart mit Überzeugungskraft. Und er besaß den Mut, unbequeme Wahrheiten auszusprechen, wie nur wenige seiner Kollegen in den oberen BMW-Etagen. Er verfügte

Ganz links: Helmut Werner Bönsch, 1956-1973 Direktor der Produktionsplanung bei BMW und verantwortlich für die Einführung eines neuen Qualitäts-Managements. Links: Hans-Erdmann Schönbeck. Er besaß Überzeugungskraft und verstand den 3er hervorragend auf allen Märkten zu platzieren. 1984 übernahm er das Amt des VDA-Präsidenten. Er hat bleibende Verdienste um die deutsche und europäische Automobilindustrie erworben; sein besonderes Anliegen galt stets dem Umweltschutz.

Das signifikante Verwaltungsgebäude der BMW AG am Münchner Petuelring (»Vierzylinder«) ist auf Hahnemanns Initiative hin entstanden.

Viele frühere BMW Manager waren leidenschaftliche Motorradfahrer, so auch Paul G. Hahnemann (Anmerkung: vor 1976 bestand in Deutschland keine Helmpflicht).

über die Fähigkeit, mit unbequemer Rücksichtslosigkeit seine Vorstellungen von Falsch und Richtig vorzubringen. Mit dem gebürtigen Elsässer irgendwie zurechtkommen, war nicht möglich. Entweder man entschied sich, auf seiner Seite zu kämpfen, oder man befand sich im Lager derer, die gegen ihn arbeiteten.
Dabei war PGH ein Mann mit einem weichen Herzen, durchaus kein Hardliner wie etwa ein Bilderbuch-Manager amerikanischer Prägung. Er verstand es, seine Sentimentalität durch Grobheiten zu kaschieren. Viele seiner Geschäftsverbindungen, so nützlich sie für ihn und die von ihm mitgeleiteten Unternehmen waren, basierten auf Freundschaften. In fast allen seinen Wesenszügen, in seinem Verhalten und in seinen Umgangsformen mit Mitarbeitern kontrastierte er beispielsweise zu einem Eberhard v. Kuenheim, BMW Vorstandschef von 1970 bis 1990. Dessen (ost)preußischer, von militärdiplomatischer Distanz gekennzeichneter Führungsstil ließ für einen in vieler Hinsicht unbequemen Stellvertreter wie Hahnemann auf Dauer keinen Platz im 14. Stock des neuen Vierzylinder-Hochhauses am Münchner Petuelring. Ein Bau, der ebenfalls durch Hahnemanns intensive Fürsprache entstanden war. Wie auch die Akquisition des Werkes Dingolfing durch Hahnemann zustande kam.

Strategie aufgrund sorgfältiger Marktanalysen

Bevor 1962 die sogenannte Neue Klasse und die ihr folgende 02-Baureihe BMW aus den roten Zahlen holten und endgültig dafür sorgten, dass die Marke kein Übernahmekandidat für Daimler-Benz mehr war, hatte Hahnemann den Markt der automobilen Mittelklasse mit wissenschaftlicher Akribie studiert. Er war vorher einige Jahre lang Verkaufsleiter bei der Auto Union – damals noch in Düsseldorf ansässig – gewesen und dort, wo man die Grenzen des mit einem Zweitakter Machbaren bei 1,0 Liter Hubraum erreicht hatte, mit seinen Konzeptionen für eine größere Modellreihe nicht weitergekommen – kein Wunder: Daimler-Benz als neuer Herr im Hause Auto Union hatte nicht das geringste Interesse, einen DKW in die Nähe des Mercedes-Benz 180 geraten zu lassen. PGH setzte auf einen anderen bayerischen Hoffnungsträger. Er wählte nicht Ingolstadt, sondern München als seinen neuen Arbeitsplatz – zumindest für die Etablierung einer Geschäftsadresse an der Lerchenauer Straße: Noch ein paar Jahre behielt er sein Haus in Freiburg im Breisgau und machte mit 180 km/h die Autobahn unsicher, als Linksfahren noch etwas brachte. Seine Wochenend-Hin- und Rückfahrten nutzte Hahnemann für kreative Denkprozesse.

Vom Stolz, einen BMW zu besitzen

Die Story des legendär gewordenen »Nischenautos« BMW 02 begann mit der Konzeption des BMW 1500, ein Auto der damals so genannten Neuen Klasse, und ihre Realisierung vollzog sich in einem langwierigen Prozess. Als Hahnemann zu BMW kam, war das Modell 115, wie der 1500 alias Neue Klasse, schon so gut wie serienreif; zumindest machte er auf die Besucher der 1961er IAA diesen Eindruck. Die-

sen neuen BMW zu vermarkten, betrachtete Hahnemann als eine gewaltige, aber auch reizvolle Herausforderung. Vom Erfolg dieses Jobs hing die Überlebenschance der Marke BMW ab. Individualismus, ästhetisches Design, überzeugende Technik, sportliches Image und Perfektion im Detail waren die klassischen BMW-Parameter, nach denen der 115 entstanden war, und auf die auch Hahnemann setzte. Seit 1939, also seit zwanzig Jahren, hatte es keinen Mittelklasse-BMW mehr gegeben. Das so wichtige, breite Segment zwischen den schweren Repräsentations-Limousinen und den unterhalb des populären VW-Käfers angesiedelte Kleinwagen, die sich mit denen von NSU und DKW messen lassen mussten, blieb durch BMW (seit 1952 überhaupt erst wieder Automobilanbieter) zum Leidwesen seiner Händler ein Jahrzehnt lang unbesetzt. Deren Loyalität wurde auf eine harte Probe gestellt. Etliche hatten sich Borgward zugewendet oder verkauften Importautos.
»Einen BMW zu besitzen, macht stolz«, schrieb Nick Hunter, Deutschland-Korrespondent des *International Management Magazine*, England. Stolz waren aber auch die Besitzer einer ebenso exklusiven Isabella TS. Zu Recht: Diese von Borgward in Bremen angebotenen Autos – moderne Konstruktionen und von bester Reputation – verkörperten genau das, was den Männern in München bei der Konzeption des 115 vorgeschwebt hatte.

Keine gefährliche Konkurrenz aus Bremen mehr

Zu einer Auseinandersetzung mit Borgward kam es nicht mehr. Borgwards Niedergang war die Chance für BMW, in der gehobenen Mittelklasse ein Vakuum zu füllen.
Eine der Schlüsselfiguren des Aufschwungs, den der BMW 1500 herbeiführen sollte, war Dr. Karl-Heinz Sonne, nach dem Kriege der erste formal bestellte Vorstandsvorsitzende der Bayerischen Motoren Werke. Seine Amtszeit währte vom Februar 1962 bis 1965; davor hatte diese Position treuhänderisch Ernst Kämpfer in Nachfolge des im März 1960 ausgeschiedenen Dr. Heinrich Richter-Brohm innegehabt. Sonne leitete zunächst die Ressorts Allgemeine Verwaltung und Einkauf, ehe er zum Chef des Vorstands ernannt wurde (ein Posten, den Kämpfer nach seiner kommissarischen Tätigkeit gern selbst übernommen hätte).
Der promovierte Volkswirtschaftler Sonne kam aus der Energiebranche, war Vorstandsvorsitzender der Concordia Elektrizitätswerke gewesen, ein Unternehmen, an dem der Investor Herbert Quandt mehrheitlich beteiligt war. Nicht nur sein Wechsel hatte sich auf Quandts Veranlassung zu BMW vollzogen, auch die Besetzung der Technik-Chefposition durch Wilhelm Gieschen und die Vertriebsleitung durch Paul G. Hahnemann hatte der neue Großaktionär aus Bad Homburg veranlasst.
Das Triumvirat Sonne, Hahnemann und Gieschen, versehen mit Quandts Mandat zur Rationalisierung und Optimierung der Fertigung,

Wilhelm Gieschen (links) 1949 war erst Betriebsingenieur bei Lloyd und Ende 1954 Betriebsleiter bei Borgward. 1961 gehörte er zu den Abwicklern des Borgward-Untergangs und wechselte zur BMW AG in den Vorstand (Ressort Produktion); er behielt diese Position bis zu seiner Pensionierung 1971.

aber auch zur Ausarbeitung und Vorbereitung eines zukunftsträchtigen Modellprogramms, musste zunächst den Hoffnungsträger 1500 von seinen Mängeln befreien, die man nicht nur als harmlose Kinderkrankheiten betrachten durfte. Die trotz der zahlreichen Reklamationen rapide zunehmende Nachfrage bereiteten zusätzliche Sorgen.
Immer wieder war es Hahnemann, der von Quandt konsultiert und um Analysen, Prognosen und Hintergrundinformationen gebeten wurde. Quandt fühlte sich auch für die Kleinaktionäre verantwortlich, deren langes Durchhalten in schlechten Zeiten BMW schließlich ein Weitermachen ermöglicht hatten.
Hahnemann hatte das Glück, für seine strategischen Operationen und für die Sprache, in

Dem BMW 1500 konnte die Isabella aus Bremen nicht mehr gefährlich werden…

der sein Marketing-Mentor, der Psychologe Prof. Bernt Spiegel sie formulierte, einen brillanten Übersetzer zu haben – in der Person des Ingenieurs Helmut Werner Bönsch. Dieser Mann verstand es, Hahnemanns Vorstellungen in Hardware umzusetzen. Bönsch war der Vermittler zu Gieschens Institutionen Konstruktion und Produktion und besaß außerdem jenes Maß an Diplomatie und Sprachgewandtheit, das PGH gelegentlich vermissen ließ. So gegensätzlich ihre Wesensarten waren: Bönsch und Hahnmann ergänzten sich einander, weil sie vom gleichen Denkansatz ausgingen und die emotionalen Faktoren zu bewerten ver-

Was versteht man unter einem Auto der Mittelklasse?

»Die Mittelklasse war historisch die dritte Fahrzeugklasse, die sich bildete. Nach den Luxusfahrzeugen der Oberklasse und den zur Massenmobilisierung dienenden Kleinwagen entstand dazwischen eine mittlere Klasse... In den USA gibt es keine Obere Mittelklasse... allerdings bieten einige Premium-Hersteller zwei Mittelklasse-Modelle an, von denen die größeren mit Modellen der oberen Mittelklasse aus Europa konkurrieren«.

Wikipedia, 2024

Wie immer man die automobile Mittelklasse definiert: Rechnet man ihr den 3er BMW hinzu, rangiert dieses Auto in ihrem oberen Segment, nahtlos an den 5er anschließend. Vielleicht war das legendäre T-Modell von Ford (1908-1927) ein Ur-Mittelklasse-Auto: Vier Zylinder, 2,9 Liter Hubraum, kompakte Außenmaße, erschwinglicher Preis, anspruchslos im Unterhalt, hoher Allround-Gebrauchsnutzen. Was sich im Laufe der Jahrzehnte bis zum Erscheinen des BMW der Baureihe E21 als automobile Mittelklasse im Bereich einer zwei- oder auch viertürigen Limousine verstand, mag die nebenstehende Tabelle verdeutlichen. Für Kenner der Automobilgeschichte ein Diskussionsbeitrag, um die Positionierung des 3er auch einmal aus historischer Sicht zu betrachten. Interessant sind dabei die wechselnden Relationen von Fahrzeuglänge zur Motorleistung, und Freunde der Statistik lieben sicher Erkenntnisse wie jene, dass bei vergleichbarer Fahrzeug-Kompaktheit die Motorleistung im Lauf der Zeit zunahm bei Reduzierung des Hubraums.

Links: Dixi R8 von 1908; darunter Mercedes-Benz 170 von 1938. Rechte Bildreihe: Benz 8/22 von 1920, Citroën 10 AL Baujahr 1932 und ein Audi UW Front 2 Liter von 1933.

Modell	Motor	Leistung	Hubraum	Länge mm	Bauzeit
Dixi R8 6/14 PS	4 Zyl.	14 PS	1588 ccm	4000	1908-11
Benz 8/20 PS	4 Zyl.	20 PS	2080 ccm	3900	1912-21
Citroën B2	4 Zyl.	20 PS	1452 ccm	3400	1921-24
Adler 6/22 PS	4 Zyl.	22 PS	1550 ccm	3800	1922-25
Morris Cowley	4 Zyl.	22 PS	1548 ccm	3700	1915-21
Fiat 501	4 Zyl.	23 PS	1640 ccm	3850	1919-26
Dixi R10	4 Zyl.	24 PS	1815 ccm	3780	1914-22
Brennabor 8/24 PS	4 Zyl.	24 PS	2091 ccm	4400	1919-25
Ford T-Modell	4 Zyl.	24 PS	2884 ccm	3500	1908-27
NSU 8/24 PS	4 Zyl.	24 PS	2100 ccm	3875	1919-24
Wanderer W9	4 Zyl.	24 PS	1551 ccm	3850	1921-23
Opel 8/25 PS	4 Zyl.	25 PS	1986 ccm	4400	1920-24
DKW Schwebeklasse	4 Zyl.	26 PS	990 ccm	4300	1934-37
Chevrolet 490	4 Zyl.	26 PS	2800 ccm	3750	1911-22
Rover 12/14 hp	4 Zyl.	28 PS	2297 ccm	4270	1912-25
Dodge 30	4 Zyl.	30 PS	3470 ccm	3900	1916-21
Stoewer 8/32 PS	4 Zyl.	32 PS	2290 ccm	4120	1923-24
Ford Eifel/Taunus	4 Zyl.	34 PS	1172 ccm	4000	1935-39
BMW 315	6 Zyl.	34 PS	1475 ccm	3900	1934-37
Stoewer Greif	4 Zyl.	34 PS	1484 ccm	4380	1936-39
Hanomag Rekord	4 Zyl.	35 PS	1504 ccm	4250	1934-39
Citroën A 10 hp	4 Zyl,	36 PS	1767 ccm	3900	1932-34
Opel Olympia	4 Zyl.	37 PS	1488 ccm	4020	1938-40
Adler Trumpf	4 Zyl.	38 PS	1645 ccm	4500	1937-38
Mercedes-Benz 170 V	4 Zyl.	38 PS	1697 ccm	4270	1936-42
Hansa 1700	6 Zyl.	40 PS	1634 ccm	4270	1934-39
Audi Front UW	6 Zyl.	40 PS	1950 ccm	4375	1933-34
BMW 319	6 Zyl.	45 PS	1911 ccm	3900	1934-37
Fiat 1500	6 Zyl.	45 PS	1493 ccm	4465	1935-48
BMW 320	6 Zyl.	45 PS	1971 ccm	4500	1937-38
NSU-Fiat Europa	4 Zyl.	48 PS	1221 ccm	3940	1963-65
BMW 326	6 Zyl.	50 PS	1971 ccm	4600	1936-41
Opel Rekord 1.5	4 Zyl.	50 PS	1488 ccm	4433	1959-60
VW 1600	4 Zyl.	54 PS	1584 ccm	4225	1966-73
Ford 12M 1.5	4 Zyl.	55 PS	1498 ccm	4060	1959-62
Renault 16	4 Zyl.	58 PS	1470 ccm	4250	1965-80
Borgward Isabella	4-Zyl.	60 PS	1493 ccm	4390	1954-61
Volvo PV544 B16	4 Zyl.	60 PS	1583 ccm	4450	1958-61
DKW F 102	3 Zyl.	60 PS	1175 ccm	4280	1964-66
Jaguar 1.5 Litre	4 Zyl.	65 PS	1776 ccm	4724	1946-49
Peugeot 403	4 Zyl.	65 PS	1468 ccm	4470	1955-66
BMW 1500 Neue Klasse	4 Zyl.	80 PS	1499 ccm	4500	1962-64
BMW 1600-2	4 Zyl.	85 PS	1573 ccm	4230	1966-75
BMW 316/E21	4 Zyl.	90 PS	1573 ccm	4355	1975-80
Alfa Romeo Giulia 1600	4 Zyl.	92 PS	1570 ccm	4110	1962-67
BMW 320/6/E21	6 Zyl.	122 PS	1990 ccm	4355	1977-82

Von oben: BMW 326 von 1937, Ford Eifel Modell 1937, Jaguar 1.5 Litre Baujahr 1947, Ford Taunus 12M 1953, Riley 1.5 Litre, gebaut von 1957 bis 1965.

»Die Bayerischen Motoren Werke haben seit jeher den hohen Erwartungen ihrer Kunden Rechnung getragen. Die von BMW geschaffenen und konsequent weiterentwickelten Grundkonzepte bewiesen immer wieder ein hohes Maß an Wettbewerbstauglichkeit.«

Prof. Hans-Hermann Braess, 2000

mochten, die bei der Kaufentscheidung für einen BMW den Ausschlag gaben.
Es ist nicht vermessen, die intuitive wie professionelle Qualifikation eines Hans Werner Bönsch mit der eines Rudolf Uhlenhaut zu vergleichen. Beide verfügten über die Sensibilität, die Eigenschaften eines Motors, überhaupt jeglicher Mechanik zu erfühlen, Gegebenheiten aber mit wissenschaftlich-nüchterner Seriosität zu analysieren und für Probleme Lösungen zu finden, die ein hohes Maß an ingeniöser Kreativität erkennen ließen. Bönsch kam vom Motorradbau, war Testfahrer gewesen und für seine Kunst, unwiderlegbar zu argumentieren, bekannt wie gefürchtet. Nach seiner Pensionierung bot ihm die Technische Universität München einen Lehrstuhl für Motorentechnik an.
Zu den Umsetzern Hahnemannscher Visionen gehörten ferner der Produktionsvorstand Wilhelm Gieschen, Finanzchef Friedrich Pollmann, Entwicklungsleiter Fritz Fiedler, Stylingchef Wilhelm Hofmeister und last but not leat das Genie Alexander Freiherr v. Falkenhausen, dessen blauem Blut mehr Benzin beigemischt war als es der bayerische Motoren-Lord erkennen ließ. Wortkarg, aber hoch motiviert ging »Falki« seiner Aufgabe als Leiter der Motorenkonstruktion nach und machte aus dem Vierzylindermotor für den BMW 1500 gemäß Hahnemanns Vorstellungen (»so sportlich-temperamentvoll wie möglich«) ein Wettbewerbsinstrument von Weltklasseformat.

Ein Täuschungsmanöver, das keins war

Es wird gern kolportiert, dass einer VDA-Kommission im Frühjahr 1962 zwanzig halbfertige Fahrzeuge auf dem Band des Siebenhunderters vorgeführt worden seien, um den Anschein zu erwecken, die Serie sei angelaufen. Damit sollte die Konventionalstrafe abgewendet werden, die fällig gewesen wäre, hätte BMW nicht binnen sechs Monaten nach Präsentation des 1500 auf der IAA im September 1961 mit dem Bau des Wagens begonnen. Tatsache ist, dass dieses vom Schriftsteller Horst Mönnich kolportierte Täuschungsmanöver eigentlich gar keins war. Die Rüst-Vorbereitungen für eine Fertigungsstraße liefen auf Hochtouren, eine Flotte von 20 Prototypen befand sich im Dauertest. Vorstand und Aufsichtsrat hätten die Seriosität des Hauses BMW niemals durch einen durchschaubaren Trick gegenüber einer durchaus versierten Technikerkommission aufs Spiel gesetzt.

BMW 1500: Reinfall oder Durchbruch?

Anlaufschwierigkeiten mit der Fertigung gab es gleichwohl en masse. In München-Milbertshofen mangelte es nicht nur an Geld, sondern auch an Platz. Wertvolles Betriebsgelände diente als Parkfläche für die Kleinmobile der Mitarbeiter: dort, wo zehn Jahre später das imposante BMW-Hochhaus am Petuelring entstehen sollte. Hunderte von Büros waren über das gesamte Werksareal verstreut oder gar ausgelagert, einzelne Fertigungsprozesse fanden zum Teil weit von einander entfernt statt. Der Wiederaufbau der Anlagen nach Zerstörung und Demontage hatte unter dem Zwang der herrschenden Gegebenheiten nicht nach optimalen Gesichtspunkten erfolgen können – dass BMW je wieder Automobile bauen würde, schien ja zunächst noch recht ungewiss. Man war ja froh gewesen, ab 1949 wenigstens wieder Motorräder produzieren zu dürfen...

Italienische Mittelklasse: Fiat 1200 Granluce, gebaut 1957 bis1960. Rechts daneben: Nur als Zweitürer angeboten wurde der schwedische Volvo PV 544, hier in der amerikanischen Exportausführung von 1960.

Ganz links: Ein nicht nur in Italien beliebter Wagen der oberen Mittelklasse war der Alfa Romeo Giulia TI von 1962. Rechts daneben: Der 1965 eingeführte DKW F 102.

Ganz links: VW Typ 3 von 1965, mit dem die Wolfsburger aus der Käfer-»Einbahnstraße« herauszukommen trachteten. Rechts daneben ein BMW 1802, produziert von 1971 bis 1975.

Bei der Vorstellung des 1500 hatte BMW für den Wagen einen Verkaufspreis von 8500,00 DM genannt. Ihn zu ermitteln, war Hahnemanns erster undankbarer Job in München. Mit der Festsetzung dieses Betrages schockierte nicht nur den Vorstand, sondern veranlasste er auch die Konkurrenz zu einem hämischen Lächeln: 1961 kostete ein Opel Rekord 1,7 Liter in viertüriger Ausführung nicht mehr als 7110 DM. Aber der hatte nur 55 PS. Der Vierzylinder im BMW 1500 leistete 80 PS.
Als die ersten Autos im Oktober 1962 an die Händler geliefert wurden, wurden als Verkaufspreis sogar 9845 DM genannt. Nur 5 Mark mehr hatte man für einen Mercedes-Benz 190 mit 75-PS-Motor anzulegen. Aber es war »nur« ein Mercedes, kein BMW!
Entweder würde BMW mit der Neuen Klasse einen grandiosen Reinfall erleben – oder den Durchbruch schaffen. Mit der Reinfall-Prophezeiung schienen die Skeptiker zunächst schon deshalb Recht zu behalten, weil die ersten Serien der an Kunden ausgelieferten Fahrzeuge zu Reklamationen führten, die der BMW-Euphorie nur deshalb nicht entgegenwirkten, weil Hahnemann die Parole von der äußersten Kulanz ausgegeben hatte. Denn viele der auftretenden Schäden fielen nicht unter die Garantieklausel. Die Reklamationen betrafen vor allem Verarbeitungs-, aber auch Konstruktionsmängel. Es zeigte sich, dass der 115 trotz der langen Vorbereitungszeit offenbar zu früh zur Serie freigegeben worden war. Besonders häufig traten massive Defekte am Getriebe und am Differenzial auf.

Folgenschwere Rache des kleinen Mannes...

Der spätere BMW-Pressechef Dirk-Henning Strassl hat in vertraulichem Kreis einmal berichtet, dass man zumindest die Hinterachsschäden auf schlichte Sabotage zurückführen konnte. Einer der Männer am Band hatte aus Frust (er war mehrfach wegen Überziehung der »Brotzeit« gerügt worden) in etwa jedes zehnte Hinterachsgehäuse unauffällig ein paar Beilagscheiben fallen lassen oder auch mal den Schraubenschlüssel auf die Kegelradzähne geschlagen. Die Folgen waren Reparaturen in Höhe von 1000 Mark im Schnitt bei den betroffenen Wagen.
Der errechnete Nettoprofit pro verkauftes Fahrzeug von 2 Prozent erreichte bis 1963 gerade erst 1,6 Prozent. Im Produktionsjahr 1962 konnte von einem Shareholder's Value noch keine Rede sein.
Doch die Neue Klasse schlug ein – allen Anlaufschwierigkeiten zum Trotz. Die Geduld der

»Akzeptierte der Käufer den (höheren) Preis gegenüber einem Ford oder Opel, akzeptierte er auch den Mehrwert, den BMW bot: Exklusivität, Sportlichkeit, technische Neuerungen, wie sie kein Wagen der gehobenen Mittelklasse bot – jenen Mehrwert, den die Nische bestimmte, in der BMW leben konnte.«

Horst Mönnich in DER TURM, 1986

Ganz oben: BMW 1600-2 – ein klassisches Botzenhardt-Foto. Darunter: 1971er BMW 2000 tii touring bei seiner Vorstellung.

BMW 1600 Cabriolet Baujahr 1966, angefertigt bei der Firma Baur in Stuttgart.

Kunden, die Loyalität der Händler, die Kulanzbereitschaft des Werkes, die Sympathie von Seiten der Medien (wo Schelte ausgeteilt wurde, geschah dies mit gütiger Strenge) ließ den 1500 und seine Nachfolger zum Erfolgswagen werden.

Präsentation in der Bayerischen Staatsoper

Die Baureihe 115 steuerte auf dem richtigen Kurs. Ihre Schwächen wurden nach und nach überwunden, ihre Stärken in Sachen Fahrkultur und Handling aufgewertet. Allgemein begrüßt wurde eine stärkere Motorisierung: Im September 1963 erschien der 90 PS starke 1800, gefolgt 1964 vom 1800 TI mit 110 PS.
Das Startsignal für die Serienvorbereitung einer zweitürigen Variante der »Neuen Klasse« fiel auf einer Vorstandssitzung am 17. Januar 1965. In vierzehn Monaten, so wünschten die Herren, sollte der Wagen auf dem Genfer Salon zu sehen sein, pünktlich zum 60. Geburtstag der 1916 entstandenen Marke BMW.
Als es soweit war, verlegte der Vorstand die Vorstellung des jüngsten Modells unter dem weißblauen Emblem kurzfristig noch um einige Tage vor. Am 7. März 1966 zeigte man das Auto auf der Bühne der Bayerischen Staatsoper dem Ministerpräsidenten Alfons Goppel, dem Oberbürgermeister Jochen Vogel und anderen Ehrengästen. Tags drauf gab man der Presse Gelegenheit zur Besichtigung des Zweitürers, und am 9. März stand der Wagen auf dem Vorplatz der Münchner Oper. Das Publikum hatte seine Situation. Ein neuer, ein echter BMW!
Bis zu jenem 17. Januar 1965 war es ungewiss gewesen, ob der längst als Versuchsmodell im Test laufende Zweitürer überhaupt in Serie gehen würde. Zwar hatte man schon Anfang 1962 – als der BMW 1500 noch nicht einmal auf dem Markt war – im Vorstand die Frage diskutiert, wie eine zweitürige Alternative beschaffen sein müsste, aber in vielen Punkten hatte man sich zu keiner klaren Entscheidung durchringen können. An den Erfolg des BMW 700, angeboten bis 1965, mit einem Wagen unterhalb der »Neuen Klasse« anzuknüpfen, wurde als marktstrategische Notwendigkeit durchaus erkannt, doch zwischen Vorstand und Aufsichtsrat bestanden immer wieder erhebliche Meinungsverschiedenheiten. Produktionsvorstand Wilhelm Gieschen hatte, mehr oder weniger diskret, zunächst einmal den 900-cm³-Motor der Arabella von Borgward als in Frage kommendes Aggregat für einen 700-Nachfolger prüfen lassen. Doch ein BMW mit einem Fremdaggregat (die Konstruktion hätte man aus der Borgward-Konkursmasse günstig übernehmen können) kam letzten Endes nicht in Frage. Besonders vehement sprach sich der BMW-Vorstandsvorsitzende Dr. Karl-Heinz Sonne dagegen aus. Er plädierte zudem für einen Motor mit mindestens 1,3 Liter Hubraum. Auf seine Veranlassung baute man ein Versuchsfahrzeug mit einem Vierzylinder-Frontmotor dieser Größe, basierend auf dem ab 1962 angebotenen BMW 700 LS. Der Prototyp lief unter der Projektnummer 707 und wurde auch dem Aufsichtsrat zur Begutachtung vorgeführt. Der zeigte sich zwar beeindruckt, zweifelte aber daran, ob ein solches Auto für den stolzen Preis von 6500 Mark Käufer finden würde – ein Preis, der um 1500 Mark höher lag als der des neuen Opel Kadett.
Noch war der geplante neue BMW als Kleinwagen konzipiert, deutlich an den Dimensionen des 700 orientiert, wenn auch mit einem wesentlich leistungsstärkeren Antriebsaggregat. Der Zweizylinder im 700 LS leistete 35 PS. Zunächst entstanden Konzeptionen für einen 1,0-Liter-Wagen und für eine zweitürige Ableitung vom bestehenden Serien-1500. Nicht vor Mitte 1963 standen schließlich die Parameter für jenes Auto fest, das unter der Entwicklungs-Chiffre 114 Gestalt annehmen sollte. Für eine konstruktive wie auch optische Nähe zum BMW 1500 hatte vor allem Paul G. Hahnemann plädiert, und er führte dafür nicht nur Gründe aus verkaufspolitischer Sicht an: »Es muss ein kompakter Mittelwagen werden mit einem Partnermotor zum 1500, ein temperamentvolles Fahrzeug. Das können wir schaffen… und wir können einen Kombinationswagen mit Personenwagencharakter folgen lassen sowie ein Coupé«.

Typ 114: Keine ganz leichte Geburt

Hätte die Umkonstruktion des 700 LS auf einen 1,3-Liter-Frontmotorwagen einen Betrag von vielleicht 5 bis 6 Millionen Mark gekostet, so veranschlagte man 1963 einen Investitionsbedarf von 43 Millionen für den geplanten

BMW 114. Der Aufsichtsrat nahm es mit Schaudern zur Kenntnis, ebenso die neueste Vorab-Kalkulation, nach welcher der Wagen nicht wie gewünscht für maximal 6500 Mark zu haben sein würde. Aufsichtsratsmitglied Gerhard Wilcke meldete seine Bedenken an: Hätte ein BMW unterhalb der Neuen Klasse überhaupt Chancen auf dem Markt, wenn er 7500 Mark kostete? Wilcke wechselte später in den Vorstand als Nachfolger von Dr. Sonne und wurde einer der engagiertesten Bannerträger für den 02.

Der Jurist Dr. Gerhard Wilcke, Jahrgang 1907, war 1940 bis 1943 Direktor bei den Schering-Werken in Berlin. Ab 1962 vertrat er die Interessen des Großaktionärs Quandt im BMW-Aufsichtsrat und war auch Leiter des Sanierungsausschusses. 1965 bis 1969 war er Vorstandsvorsitzender der BMW AG. Wilcke und Hahnemann vollzogen 1967 mit Unterstützung der Bayerischen Landesregierung die Übernahme der Standorte Dingolfing (Glas) und Landshut. Aus gesundheitlichen Gründen legte Dr. Wilcke gegen Jahresende 1969 sein Amt nieder; sein Nachfolger wurde Eberhard v. Kuenheim.

Wie teuer darf ein BMW der Mittelklasse sein?

Zunächst waren Hahnemanns Überzeugskünste erneut gefragt. Er musste Wilcke und die anderen Herren im Aufsichtsrat davon überzeugen, dass der Preis für einen BMW durchaus höher liegen dürfe als für einen gleichgroßen Wagen der Konkurrenz (und dennoch bestens verkäuflich sein würde – was ja schon der 1500 bewies), und dass mindestens ein Drittel der Kunden für den Typ 114 Aufsteiger vom 700 sein würden, wie seine Marktforscher ermittelt hatten.

Die veranschlagten 43 Millionen Mark für den Entwicklungs- und Produktionsaufwand basierten auf einer groben Schätzung; eine exakte Kalkulation gab es nicht. Ein Umstand, den zu akzeptieren den Herren vom Aufsichtsrat auch nicht gerade leicht fiel.

Denn noch stand ja nicht einmal fest, was für einen Motor der Typ 114 erhalten sollte. Um den einmal abgesegneten Kostenrahmen nicht zu sprengen, empfahl sich die Übernahme so vieler Konstruktionselemente von 1500 wie möglich. Und damit bot sich auch die Verwendung seines Anderthalblitermotors an. So konnte man sich das Einrichten einer neuen Motorenstraße und eine doppelte Ersatzteilhaltung sparen. Gleichwohl rückte man vom ursprünglich geplanten Erscheinungstermin September 1965 ab und einigte sich auf den Januar 1966. Zu viele ungelöste Detailfragen bedurften noch der Klärung.

Und nicht nur den Termin des Serienbeginns hatte man neu angesetzt – auch die Preiskalkulation, nun erstmals exakt erstellt, war revidiert worden. Weder zu 6500 noch zu 7500 Mark ließ sich der 114 realisieren; sein Verkaufspreis würde bei 8245 Mark liegen, hieß es im Herbst 1964 (der BMW 1800 kostete damals 9985 Mark). Aber auch das war letzten Endes nicht sein Einführungspreis – der lag noch einmal um 400 Mark darüber.

Hunderttausend Wagen in vier Jahren

Der höhere Preis für den 114 ergab sich nicht zuletzt aus dem Beschluss, ihm eine bessere Ausstattung als anfänglich geplant zu geben, und da der Wagen auch 85 kg schwerer als angenommen sein würde, musste man seine Motorisierung noch einmal aufstocken. Nicht 1,5, sondern 1,6 Liter Hubraum sollte der Vierzylinder bekommen, gut für eine Leistung von 75 PS und dem Potenzial der Steigerung auf 80 PS. Es blieb ein Abstand von 15 PS zum BMW 1800. Um eine Kostendeckung zu erzielen, würde man im Verlauf von vier Jahren 100.000 Fahrzeuge produzieren und absetzen müssen, gaben die Controller zu bedenken. War das zu schaffen? Verkaufschef Hahnemann sah dieser Vorgabe mit Zuversicht entgegen und wurde hierin von Gieschen sekundiert. Skeptisch blieben die Aufsichtsratsmitglieder dennoch: Sie bemängelten die in ihren Augen zu geringe Chance auf baldige Amortisation der 45 investierten Millionen. Einzig Herbert Quandt (der im Aufsichtsrat nicht selbst vertreten war, sondern dessen Interessen durch Dr. Hermann Karoli wahrgenommen wurden) gab sich zuversichtlich: Er teilte Hahnemanns Ansicht, dass der neue Mittelwagen das gesetzte Klassenziel nicht nur erreichen, sondern beträchtlich übersteigen würde. Was dann ja auch der Fall war: Der später allgemein als 02 (Nullzwei) bezeichnete Zweitürer wurde 860.000 Mal gebaut. Ein mit dem 12. Oktober 1965 datiertes Vor-

Ganz oben: Frontansicht des 1969er BMW 2002. Darunter: Für Prestige sorgte die Chiffre am Fahrzeugheck, wobei »ti« für »turismo internazionale« stehen sollte – bei BMW war man seit den 1930er Jahren etwas italo-affin.

Ganz oben: Ein früher BMW 1602, darunter der 1973er 2002 turbo und ein 1502 von 1975. Rechts daneben: Die ALPINA-Version des 2002 von 1968.

standsprotokoll hielt die Namensgebung für den 114 fest. »Er wird offiziell den Namen BMW 1600 erhalten«. Zur Unterscheidung von dem viertürigen BMW 1600, den es von September 1964 bis April 1966 in der Baureihe »Neue Klasse« gab, sollte dieser die Bezeichnung 1600 V bekommen. Aber davon sah man dann wieder ab, denn mit Erscheinen des Zweitürers bot man den viertürigen 1600 gar nicht mehr an. Statt dessen wurde der als BMW 1600 im Frühjahr 1966 – den Januar-Termin hatte man noch einmal um zwei Monate verschieben müssen – in München und in Genf präsentierte 114 zur nachträglichen Unterscheidung 1600-2 genannt, dies zunächst aber auch nur inoffiziell. Die 02-Nomenklatur (1602, 1802, 2002) führte man nicht vor April 1971 ein.

Neues Team, neue Ziele, neue Erfolge

Mit v. Kuenheim und Schönbeck sowie Osswalds Nachfolger Dr.-Ing. Karlheinz Radermacher verfügte BMW über ein neues Spitzenteam, das die Marke global definitiv zum Toplevel führte, und der 3er sollte hierbei die wichtigste Rolle spielen. Die Symbiose Technik-Design-Marketing konstituierte sich zu einem Musterfall der Automobilwirtschaft. Alles war perfekt aufeinander abgestimmt.

Karlheinz Radermacher, Jahrgang 1931, galt als Vollbluttechniker und bekleidete bei BMW in München eine Position, die wie maßgeschneidert zu ihm passte. Nach einem Maschinenbaustudium an der TH Karlsruhe hatte er zunächst ein Forschungsinstitut geleitet, ehe er 1962 promoviert wurde und als Leiter eines Entwicklungsressorts zu Siemens ging. Nach Tätigkeiten bei der Rheinstahl-Hanomag AG und SKF war Dr.-Ing. Radermacher von 1973 bis 1976 als »oberster Techniker« stellvertretendes Vorstandsmitglied der BMW AG und ab 1976 ordentliches Vorstandsmitglied für das Ressort Forschung und Entwicklung. In seiner Regie nahm der E21 seine definitive Gestalt an. Damit hatte Radermacher entscheidenden Anteil am Bau des Fundaments für alle sich an den 3er anschließenden Erfolge der Marke BMW. 1983 wechselte er zu ZF nach Friedrichshafen, wurde 1986 Vorstandsmitglied bei Rheinmetall und gründete 1987 die Radermacher & Partner GmbH in Starnberg bei München als Beratungsbüro. Sein Nachfolger im FIZ wurde Dr.-Ing. Hans Hagen, unter dessen Regie der E30 auf den Markt kam.

Paul Bracq kennt die Sympathiefaktoren

Wie ein neues Auto beim angesprochenen Kunden »ankommt«, hängt bekanntlich eher vom ersten Eindruck ab, den es ihm vermittelt, als von der »Körperlichkeit« des Wagens, sprich: dem Design. Mit dem Franzosen Bracq hatte man genau den richtigen Mann an Bord, um einen Erfolgswurf zu landen. Sein bekanntestes Werk aus der Vor-BMW-Ära ist der so genannte Mercedes-Benz Pagoden-SL 230/250/280. 1972 erregte sein flammend rotes Concept Car »turbo« großes Aufsehen, ein Mittelmotor-Coupé, und im gleichen Jahr gab der 5er BMW sein Debüt, dessen Linien ebenfalls eine Bracq-Kreation waren. Der aus Bordeaux stammende und auch als Maler und Bildhauer erfolgreich arbeitende Künstler genoss Claus Luthes und Eberhard v. Kuenheims volles Vertrauen – und wurde nicht enttäuscht. Das Design des 3er war der entscheidende Sympathiefaktor für den Wagen und behielt jahrzehntelang über zahlreiche Facelift-Maßnahmen hinweg seine Signifikanz und Gültigkeit.

Das richtige Konzept für das richtige Auto

Auf welche Käufersegmente setzte BMW mit dem 3er? Aus den Ergebnissen umfassender Marktanalysen, wie man sie erstmals 1961 für die neue Modellgeneration erarbeitet und auch extern in Auftrag gegeben hatte, galt es Er-

kenntnisse zu gewinnen, wie und vor allem wo das größte Kundenpotenzial lag.
Da gab es einmal die markenloyalen Auf- und Umsteiger von der »Neuen Klasse«, mit denen BMW fest rechnete – und vor allem auch jene vielen Autofahrer, die seit der Ära des BMW 700 die Marke als ausgeprägt sportlich in Erinnerung hatten. Fach- und Tagespresse unterstützten BMWs Bemühungen um ein gezieltes Marketing auch in Richtung Audi, Opel, Ford, Alfa Romeo und Mercedes-Benz durch ihre positiven Erfahrungen mit BMW Wagen, von denen sie in Testberichten schwärmten. Vor allem in Bezug auf das sportlich abgestimmte und zugleich komfortable Fahrwerk mit der McPherson-Vorderachse sowie Einzelradaufhängung an Schräglenkern und Federbeinen hinten. Freude am Fahren – wer kannte diesen Slogan nicht längst? Und jeder sprach über das originelle Innenraum-Design mit zum Fahrer hin orientiertem Cockpit wie beim 5er, das über Jahrzehnte typisch für das BMW Interieur blieb. Für technisch Interessierte zumindest war die Umstellung von einer Schneckenlenkung auf Zahnstangenlenkung ebenso bemerkenswert. Auch die Gesamterscheinung des Autos, sein sportlich-elegantes Design war überzeugend und strahlte Dynamik aus.
Auch, dass es bald wieder einen kräftigen Sechszylinder gab, fand große Herausstellung, auch wenn es die anfängliche Version 320 (zur Unterscheidung vom gleichnamigen Vierzylinder inoffiziell 320/6 genannt) mit dem 122 PS leistenden Vergasermotorr nur auf wenig über 180 km/h brachte. Wer mehr erwartete, musste bei Tunern wie ALPINA in Buchloe vorstellig werden; 160 PS entlockten Burkard Bovensiepens Leute dem 320i. Das langte für eine Beschleunigung von 7,5 Sekunden von Null auf Tempo 100 und Autobahntempo 215. Damit distanzierte dieser BMW ALPINA sogar knapp den Porsche 911, wie ein Autor der Zeitung Die Welt unter der Headline »Dreier mit sechs Richtigen« im Februar 2015 konstatierte. BMW gleich Tempo: Mach' die linke Spur frei, es könnte ein Sechszylinder sein...
Kein Wunder, dass sich der 320 Sechszylinder in größeren Stückzahlen als die preisgünstigere Einstiegsversion 316 verkaufen ließ. Der Prestigefaktor gab den Ausschlag. Und die Vorstöße ins Lager der Audi-, Opel-, Ford- und Mercedes-Lager durch Aktivitäten der örtlichen BMW Vertretungen blieben ebenfalls nicht ohne Erfolg. Vor allem Audi sah sich herausgefordert.

Motorsport als Marketinginstrument

Es war richtig und passte ins gepflegte Markenimage, dass BMW auch mit dem ersten 3er schon bald im Motorsport Flagge zeigte. Ab 1977 war der E21 in Rundstreckenrennen werkseitig vertreten, wenn auch nur indirekt, denn die BMW Motorsport GmbH lieferte die Tuningbausätze für den 320 in Kit-Form an externe Rennteams in aller Welt und überließ ab 1978 in der Deutschen Rennsportmeisterschaft den Tunern und Privatteams das Feld sogar zur Gänze. Den Titel holte sich damals Harald Ertl mit dem Schnitzer-BMW 320i. Das Team aus dem oberbayrischen Freilassing setzte dabei auf Turbo-Power. Um in der Division II bis 2,0 Liter starten zu können, musste bei Verwendung eines Turboladers der Hubraum reglementgemäß auf 1,4 Liter reduziert werden. Trotzdem standen mehr als 400 PS zur Verfügung.
Motorsport war eines der wichtigsten Instrumente im Marketing geworden. Vielleicht muss man sagen: geblieben. Denn das Unternehmen BMW hat schon den frühesten Jahren seiner Existenz Erfolge im motorsportlichen Wettbewerb zu vermarkten gewusst; letzten Endes war das ja auch schon gängige Praxis vor mehr als hundert Jahren bei so gut wie allen namhaften Automobilherstellern gewesen.

Dr. Karlheinz Radermacher war von 1973 bis 1976 als »oberster Techniker« stellvertretendes Vorstandsmitglied der BMW AG und ab 1976 ordentliches Vorstandsmitglied für das Ressort Forschung und Entwicklung.

1971er BMW 2002. Obwohl nur mit zwei Türen ausgestattet, platzierte er sich unter den deutschen Limousinen als ein Bestseller.

M-LX 3029

BMW E21
1975-1983

VOM Start weg Neuland erschlossen

Der BMW 3er war nicht etwa eine nur aktualisierte Ausgabe seines Vorgängers. Er war eine komplette Neukonstruktion. Das Programm umfasste die Modellvarianten 316, 318, 320 und 320i – Bezeichnungen, die sich auf die Motorisierung von 1,6 bis 2,0 Liter Hubraum bezogen.

BMW E21 1975-1983

Alles war an dem Auto neu. Fast alles, um genau zu sein – der ohc-Vierzylinder war es nicht; der entsprach dem Motor der vorangegangenen 02er-Reihe. Ein Triebwerk, das seine Qualitäten hinlänglich unter Beweis gestellt hatte. Das Karosseriedesign des 3er BMW ließ Verwandtschaft mit dem größeren BMW E12 (5er-Reihe) erkennen, und diese Familienähnlichkeit war von der Zielsetzung des Marketing her geradezu zwingend.

Dem Käufer eines 3er standen vier Modelle zur Wahl, alles Vierzylinder, wobei sich der 320 und der 320i (das i stand für Einspritzung) durch die Doppelscheinwerfer von den Typen 316 und 318 abhoben. Doppelscheinwerfer hatten damals einen gewissen Prestigewert, etwa wie krass gelb verglaste Nebellampen und Teleskopantennen in den frühen fünfziger Jahren. Mit auffälliger Scheinwerferpracht wurde signalisiert: Achtung, ich habe ein schnelles Auto, und wenn du das nicht glaubst, greife ich zu meiner Lichthupe... von der wurde damals gern Gebrauch gemacht, und BMW Lenker standen im Ruf, ein wenig aggressiv zu fahren. In der Straßenverkehrsordnung taucht der Begriff Lichthupe übrigens nicht auf, doch ist dort von sogenannten Warnzeichen die Rede. Nach Paragraph 16 Absatz 1 der StVO dürfen Schall- und Leuchtzeichen nur dann gegeben werden, wenn man außerhalb geschlossener Ortschaften überholt, oder wenn man sich oder andere Verkehrsteilnehmer gefährdet sieht. Wird mit Fernlicht geblinkt, so dürfen laut Paragraph 5 Abs. 5 der StVO entgegenkommende Fahrzeugführer nicht geblendet werden. Trotzdem wird die Lichthupe von vielen Verkehrsteilnehmern generell als Nötigung oder Bedrängung verstanden. Es kommt auf den Zusammenhang an, in welchem die Lichthupe eingesetzt wird.

Heckansicht des BMW 315, ab 1981 das Einsteigermodell der 1975 vorgestellten Baureihe E21.

Scheinwerfer paarweise anzuordnen, war keine Erfindung der Designer des 3er BMW, doch sie variierten dieses Idee mit viel formgestalterischem Gefühl. Und die Ähnlichkeit mit dem 5er BMW hatte sich deshalb so mühelos herstellen lassen, weil der Stilist Paul Bracq dafür die Grundlagen geschaffen hatte. Unter Beibehaltung bestimmter Elemente, die von seinem Vorgänger Wilhelm Hofmeister stammten, hatte er ein Designkonzept entwickelt, dessen Signifikanz lange Zeit erhalten blieb, sogar bis in die Ära eines von Progressivität beseelten Chris Bangle.
Zur Betonung der Horizontalen wiesen die 3er eine umlaufende Sicke auf, die zugleich die obere Begrenzung der Scheinwerfer und der Rückleuchten bildete. Ein parallel verlaufendes, zweites Band umfasste die gesamte Karosserie in Gestalt von Gummistoßleisten an den Flanken und auf den weit in die Seiten herumgezogenen Stoßfängern.
In einer Analyse der Entstehungsarbeiten des neuen BMW schrieb Clauspeter Becker in *ams*

Der Zweitürer überzeugte in allen seinen Versionen von Anfang an.

auf fünfeinhalb Seiten unter anderem: »Die Baureihe 3 liegt als Reinschrift einer Mittelklassen-Arbeit vor, die BMWs Entwickler ohne Zeitdruck erledigen durften. Sie benötigten, wie sich das in seriösen Häusern mit sicherer Modellplanung gehört, fünf Jahre vom ersten Zeichenstrich bis zur Präsentation. Die Münchner Dreier-Gruppe entstand weniger hastig als je ein Modell zuvor. Und diese schöpferische Gelassenheit kennzeichnet BMW als ein Unternehmen, das sich auch in schwierigen Zeiten noch solche Beweise wirtschaftlichen Wohlstands leisten kann...«

Ansehnliches Knautschzonen-Auto

Deutlich hatten gegenüber dem BMW 02 die äußeren Dimensionen des E21 zugelegt: Der Radstand hatte um 60 auf 2565 Millimeter und die Länge um 125 auf 4355 Millimeter zugenommen, auch die Spur war etwas breiter, doch durch geringere Bauhöhe – 1380 statt 1410 Millimeter – wirkte das Auto kompakter. Die vorderen Seitenscheiben waren gerahmt, wobei man auf ein Ausstelldreieck verzichtet hatte, während sich durch eine weiter nach hinten versetzte Heckscheibe mehr Kopfraum für die Insassen im Fond ergab. Ausstellfenster hatten nur einen Vorteil, aber zwei Nachteile: So angenehm die unmittelbare Frischluftzufuhr unterwegs sein konnte, so aufwendig war die Fertigung von Türen mit zwei verschiedenen Fenstertechniken, und für Langfinger stellte das Aufhebeln der Ausstellfenster schon immer die leichteste Übung dar, um ins Wageninnere zu gelangen. Immer bessere Lüftungssysteme und Klimaanlagen machten die kleinen Fenster sowieso entbehrlich.

So sei die auffälligste Veränderung gegenüber dem erfolgreichen Vorgänger zweifellos die Karosserie, schrieb Klaus Westrup in *auto, motor und sport* bei der Vorstellung des Modells 320 im Juli 1975. Wobei zwei Dinge im Vordergrund gestanden hätten: Verbesserung der passiven Sicherheit bei gleichzeitiger Wahrung der typischen BMW Linie. »Wer den neuen 320 betrachtet, kommt kaum umhin, den an dieser Gemeinschaftsaufgabe Beteiligten Lob auszusprechen. Dass auch Knautschzonen-Autos ansehnlich werden können – dafür ist der 320 sicherlich einer der besten gegenwärtigen Beweise... und vom Innenraum aus macht sich die neue Karosse, die formal Verwandtschaft mit der des 520 zeigt und die neun Zentimeter länger, zwei Zentimeter breiter und drei Zentimeter niedriger geriet als jene des 2002, durch ein Mehr-Auto-Gefühl bemerkbar«.

Vier Türen aber solle der 3er nicht bekommen, schrieb Westrup – womit er sich irrte. »Der 320 wird auch in Zukunft ein Zweitürer sein, und man muss es nicht unbedingt für Arroganz halten, wenn BMW Entwicklungschef Bernhard Osswald meint, die Bayerischen Motoren Werke könnten sich solche Eigenwilligkeit bei dieser Fahrzeugklasse eben leisten«.

Unten: Klaus Westrups Urteil über den Dreier, veröffentlicht im Fachblatt ams.

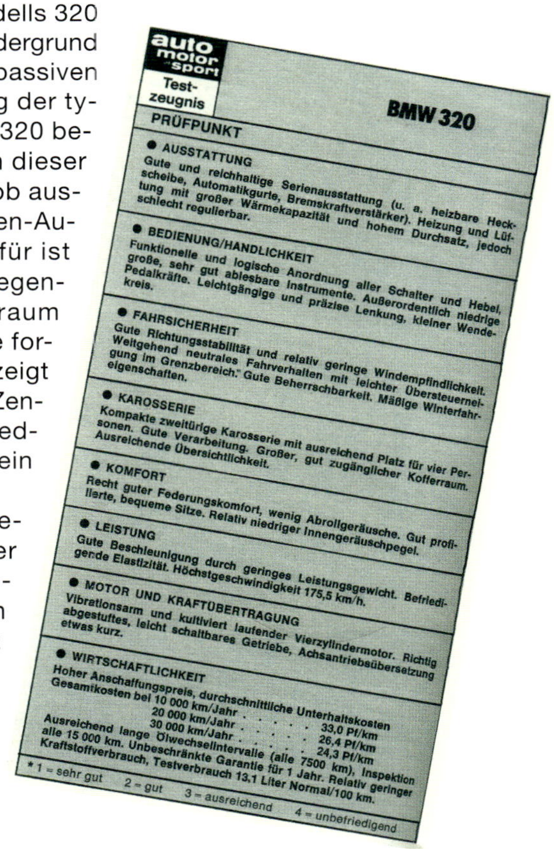

auto motor sport

Test-zeugnis

BMW 320

PRÜFPUNKT

● AUSSTATTUNG
Gute und reichhaltige Serienausstattung (u. a. heizbare Heckscheibe, Automatikgurte, Bremskraftverstärker). Heizung und Lüftung mit großer Wärmekapazität und hohem Durchsatz, jedoch schlecht regulierbar.

● BEDIENUNG/HANDLICHKEIT
Funktionelle und logische Anordnung aller Schalter und Hebel, große, sehr gut ablesbare Instrumente. Außerordentlich niedrige Pedalkräfte. Leichtgängige und präzise Lenkung, kleiner Wendekreis.

● FAHRSICHERHEIT
Gute Richtungsstabilität und relativ geringe Windempfindlichkeit. Weitgehend neutrales Fahrverhalten mit leichter Übersteuerneigung im Grenzbereich." Gute Beherrschbarkeit. Mäßige Winterfahreigenschaften.

● KAROSSERIE
Kompakte zweitürige Karosserie mit ausreichend Platz für vier Personen. Gute Verarbeitung. Großer, gut zugänglicher Kofferraum. Ausreichende Übersichtlichkeit.

● KOMFORT
Recht guter Federungskomfort, wenig Abrollgeräusche. Gut profilierte, bequeme Sitze. Relativ niedriger Innengeräuschpegel.

● LEISTUNG
Gute Beschleunigung durch geringes Leistungsgewicht. Befriedigende Elastizität. Höchstgeschwindigkeit 175,5 km/h.

● MOTOR UND KRAFTÜBERTRAGUNG
Vibrationsarm und kultiviert laufender Vierzylindermotor. Richtig abgestuftes, leicht schaltbares Getriebe, Achsantriebsübersetzung etwas kurz.

● WIRTSCHAFTLICHKEIT
Hoher Anschaffungspreis, durchschnittliche Unterhaltskosten
Gesamtkosten bei 10 000 km/Jahr . . . . . 33,0 Pf/km
20 000 km/Jahr . . . . . 26,4 Pf/km
30 000 km/Jahr . . . . . 24,3 Pf/km
Ausreichend lange Ölwechselintervalle (alle 7500 km), Inspektion alle 15 000 km. Unbeschränkte Garantie für 1 Jahr. Relativ geringer Kraftstoffverbrauch, Testverbrauch 13,1 Liter Normal/100 km.

*1 = sehr gut 2 = gut 3 = ausreichend 4 = unbefriedigend

Links: Im Presse-Set, das Journalisten bei der Vorstellung des BMW 3er ausgehändigt bekamen, befanden sich auch diese (und eine Anzahl weitere) grafische Darstellungen.

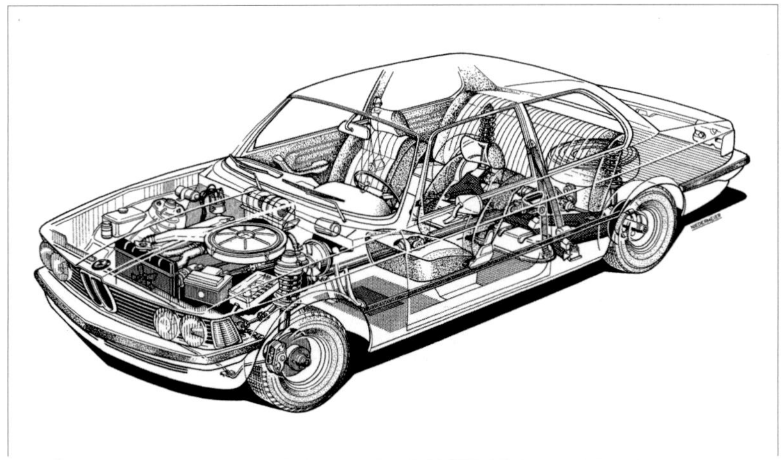

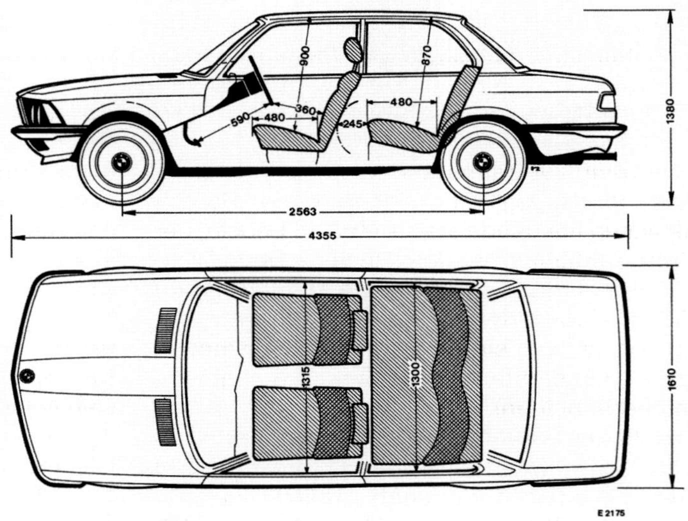

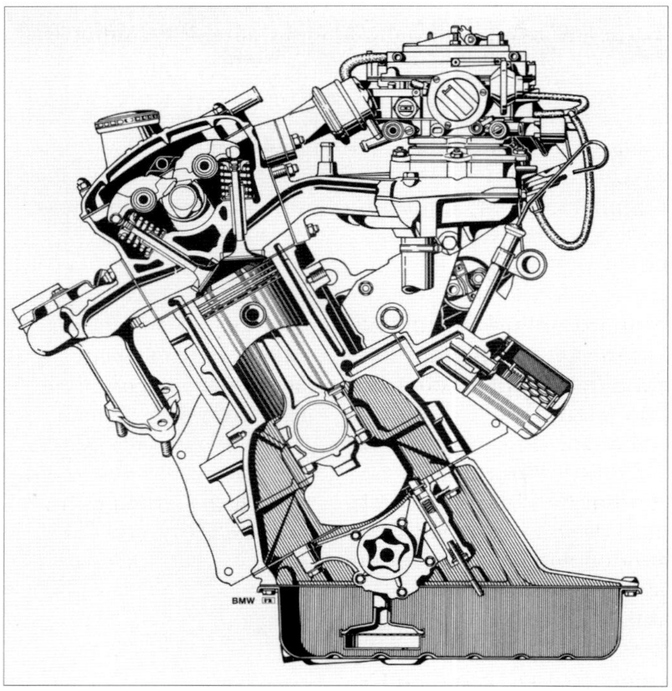

Um Bauhöhe zu sparen, saß der Kurzhubmotor beim 3er um 30 Grad geneigt unter der niedrigen Haube.

Wegen des zum 1. Januar 1976 gesetzlich vorgeschriebenen reduzierten Bleigehalts im Benzin hatte man die Vergasermotoren der 3er-Reihe auf Normalbenzin ausgelegt. Gleichwohl war die Leistungsausbeute höher als bei den Vergasermotoren im 02, sie betrug 90, 98 und 109 PS, während sich das maximale Drehmoment allerdings etwas reduziert hatte. Neu war eine automatische Gemischanreicherung bei Kaltstart. Für den 320i, die Zweiliter-Variante mit Kraftstoffeinspritzung, wurde vom intermittierenden Kugelfischer-System des 2002 tii auf die kontinuierlich fördernde K-Jetronic von Bosch umgestellt. In Kauf zu nehmen war ein kleines Minus in der Leistung um 5 auf 125 PS. Dafür war der Kraftstoffverbrauch niedriger, und bei den steigenden Kraftstoffpreisen war das nicht unwichtig.

Fünf Gänge oder Automatik auf Wunsch

Im letzten Jahr 1982 hatten die 320 und 323i serienmäßig ein 5-Gang-Getriebe (Schongang). Zudem gab es zwei verschiedene, das 5-Gang-Sportgetriebe und das erstgenannte. Neu im Programm war eine ZF-Getriebeautomatik (mit Lamellenkupplung statt Bremsbändern). Eine wichtige Verbesserung war der

Übergang zur Zahnstangenlenkung. Weitere Änderungen gegenüber der Vorgänger-Baureihe waren hängende statt stehende Pedale, der Kraftstofftank unter dem Rücksitz, eine komfortabler fahrbare Vorderradaufhängung (Federbeine mit Querlenkern und Gummizusatzfedern) sowie eine verstärkte Hinterachse (schräg gestellte Längslenker, nun ebenfalls mit Federbeinen).
Die Vorderradbremsen – beim 320i waren sie belüftet – erhielten größere Scheiben, den Bremskraftverstärker hatte man im Dosierungsverhalten verfeinert. Ähnlich wie in den größeren BMW hatte man die Anzeigeinstrumente im neuen Armaturenbrett blendfrei ablesbar zusammengefasst. Tacho und Zeituhr bzw. Drehzahlmesser beim 320/320i hatten 10 Zentimeter Durchmesser. Auch das war Prestige! Die Heiz- und Lüftungsanlage war neu konstruiert, und zum serienmäßigen Lieferumfang zählten nun auch Heckscheibenheizung, Halogenscheinwerfer (ausgenommen beim 316), höhenverstellbare Kopfstützen und automatisch sich aufrollende Sicherheitsgurte. Auf der Kofferdeckel-Innenseite war ein reich bestücktes Werkzeugfach integriert. Zwar benötigte man seinen Inhalt selten – aber es beruhigte sehr, alles Notwendige griffbereit dabei zu haben. Das zum Fahrer hin leicht angewinkelte Mittelteil der Armaturentafel einschließlich Konsole hatte man vom BMW 5er übernommen. Das Getriebe mit Knüppelschaltung wies vier Vorwärtsgänge auf.
Bei den bis 1977 gebauten Fahrzeugen war zwischen den Rückleuchten jene schwarze Blende noch nicht vorhanden, die eine nachträgliche Verbesserung der rückwärtigen Optik sein sollte – und dennoch wie ein Provisorium aussah und bis 1982 dort blieb.
Der 160 km/h schnelle, bei seiner Einführung 13.650 Mark teure 316 wurde in dieser Ausführung bis 1980 fabriziert und erlebte eine Gesamtauflage von 239.154 Stück. Sein 1,8-Liter-Bruder 318, 165 km/h schnell und knapp 900 Mark teurer, wurde nur 93.209 mal gebaut. Die 2,0-Liter-Vierzylinder, bis 1977 angeboten (170 bzw. 180 km/h schnell, DM 15.330 bzw. 17.400) brachten es auf insgesamt 217.298 Stück.

Ein Sechszylindermotor für den 3er

Der 2.0-Liter-Vierzylindermotor wurde mit Beginn der Werksferien 1977 von den Bändern genommen. Ende August 1977 stellte BMW-Entwicklungschef Dr. Karlheinz Radermacher

Ein mit breiten Spezialfelgen und Spoiler »aufgemotzter« und tiefergelegter E21. Solche Modifikationen erlebten eines Tages etliche Exemplare in der Hand enthusiastischer Zweit- oder Drittbesitzer.

Rechts: *Die Wintertauglichkeit des BMW 3er ließ noch Wünsche offen... Wer bei Schneewetter in den Bergen unterwegs war, tat gut daran, den Kofferraum gut zu beladen, um die Traktion der Antriebsräder zu verbessern.*

auf einer Pressekonferenz zwei neue Sechszylinder-ohc-Motoren vor, die in der 3er-Reihe die Zweiliter-Aggregate ersetzten und mit denen eine erhöhte Laufkultur angestrebt wurde. Die zahnriemengetriebene Kurbelwelle war gegossen und siebenfach gelagert. Der Typ 320/6 kam mit 1990 cm^3 Hubraum und Solex-Registervergaser auf 122 PS (erst ab 1982 war er auch als Einspritzer zu bekommen), während ein neuer 2,3-Liter für das Topmodell 323i mit 2315 ccm und K-Jetronic 143 PS leistete. Die Markteinführung dieses Modells fand ein halbes Jahr später statt. Nur für den Export in die USA gab es einen 320i (K-Jetronic mit 112 PS bzw. für Kalifornien mit 106 PS). Der 323i besaß auch an den hinteren Rädern Scheibenbremsen, während die an den Vorderrädern an der Peripherie Lüftungsschlitze aufwiesen.

Das Fahrwerk des 3er BMW: Hightech vom Feinsten

Die sprichwörtlich guten Fahreigenschaften eines BMW resultieren aus einer ganzen Reihe sorgfältig aufeinander abgestellter Komponenten. Die bekannt straffe Fahrwerksauslegung, zu Recht als »sportlich« bezeichnet und dabei keineswegs hart oder unkomfortabel, fand schon beim 02 eine besondere Ausprägung. Noch mehr Fahrkultur bot der E21. Ein Ergebnis kontinuierlicher Perfektionierung mustergültiger Grundeigenschaften, für die BMW Automobile seit jeher einen Namen haben.
Zu den technischen Merkmalen der von BMW angewendeten Vorderachs-Auslegung gehörten schrittweise verfeinerte elastokinematische Vorspuränderungen, die den jeweiligen Fahrsituationen, also den an den Rädern wirkenden Kräften, angepasst sind. Bedeutend war der vom E30 an verwendete kleine, aber positive

Doppelscheinwerfer galten in den siebziger Jahren als Prestigefaktor. Und es störte niemanden, wenn das vordere Kennzeichen leicht gekrümmt angebracht war.

Werbe- und Pressefotos ließ BMW bevorzugt vor alpiner Kulisse machen, zu jeder Jahreszeit. Das schienen die Bayerischen Motoren Werke ihrem bajuwarischn Standort schuldig zu sein.

Lenkrollradius. Die von BMW praktizierte Auslegung minimierte das Schiefziehen des Fahrzeugs beim Bremsen, wenn die Fahrbahn links und rechts unterschiedliche Griffigkeit aufwies. Hingewiesen sei auf die besonderen Merkmale der Vorderachse beim 02er BMW:
- o Längs- und Querfederung getrennt abstimmbar mit nur sehr geringer Beeinflussung der Vorspur;
- o optimierte Pfeilungswinkel zwischen Spurstange und Querlenker zur Minimierung von Lenkstößen;
- o hohes Rollzentrum und damit relativ geringe Rollwinkel auch ohne Stabilisator;
- o präzise Gemmer-Lenkung (Schnecke-Rolle), in Mittellage spielfrei einstellbar;
- o Vorderachse als komplette Vormontageeinheit gefertigt. Die Vorderachse beim E21 baute auf der des 02 auf, hatte aber dennoch eine eigene Identität:
- o Führung des Querlenkers durch einen Stabilisator (McPherson-Prinzip);
- o Minimierung unerwünschter Lenkwinkel durch schräg angestellte Stabilisatorlager bei Querwandern des Stabilisators;
- o in Gummi gelagerte Zahnstangenlenkung zum Abbau von Übersteuertendenzen, Lenkstoß-Empfindlichkeit und Lenkungsflattern;
- o hoher Querkraftausgleich am Federbein zur Minimierung der Klemmkräfte durch schräg und exzentrisch angeordnete Schraubenfeder;
- o großer negativer Sturzwinkel des kurvenäußeren Rades bei Radeinschlag infolge eines großen Nachlaufwinkels; optimierte Nachlaufstrecke durch Nachlaufversatz.

Auch die klassische Schräglenker-Hinterachse beim BMW war Objekt einer kontinuierlichen Weiterentwicklung, Sie garantierte eine Minimierung der elastischen Seitenkraft-Nachspur bei Kurvenfahrt, eine Optimierung der kinematischen Sturz- und Vorspuränderungen für den Geradeauslauf und Kurvenfahrt sowie die Reduzierung des Anfahrtauchens.
Die Hinterachse des 02er hatte folgende technische Merkmale aufgewiesen:
- o Schräglenkerachse mit 20-Grad-Pfeilung, relativ hohes Rollzentrum, negativer Sturz am kurvenäußeren Rad;
- o Feder und Dämpfer getrennt angelenkt;
- o komplett vormontierbare Achseinheit mit Differenzial.

Die Hinterachse beim E21 folgte den gleichen Prinzipien, wies allerdings folgende Parameter auf:
- o Kinematik wie beim 02, jedoch mit Federbeinen und doppelschaligen Lenkern sowie Achsträger zur Erhöhung der Steifigkeit;
- o Pendelstütze am Differenzial, exzentrisch angelenkt gegen Kippen infolge Antriebsmoment und zur Verringerung der Achsträger-Verformung bei Seitenkraft;
- o zusätzlich schräg angestellte vordere Querträgerlager zur Verringerung der Seitenkraft-Übersteuerung.

Ein mit speziellen Felgen und Zusatzscheinwerfern nachgerüsteter BMW 320, Baujahr 1980-82.

Durch den festen Targabügel beim Baur-Cabrio wurde verhindert, dass es zu Verziehungen der Karosserie kam, wie sie beim Vollcabrio mitunter auftraten.

Beim ersten 3er Cabrio, angefertigt bei Baur in Stuttgart, blieben die seitlichen Fensterrahmen fest montiert. Das Dachteil über den vorderen Sitzen bestand aus Kunststoff. Unten ein E30 Top Cabriolet von 1982-83.

Das Baur-Beinahe-Cabriolet: eine Offenbarung

Ab Ende 1977 gab es im BMW Pogramm auch so etwas wie ein 3er-Cabriolet, hergestellt beim Karosseriewerk Baur in Stuttgart, einem langjährigen BMW Partner. Die Fensterrahmen waren bei diesem Modell fest montiert; der mittlere, verbreiterte Dachträger war Teil eines Überrollbügels; er war in Schwarz gehalten und mit horizontalen Rippen dekoriert. An das kleine hintere Seitenfenster schloss sich ein Stoffverdeck an, das sich im geöffneten Zustand versenken ließ. Das abnehmbare Dachteil über den Vordersitzen bestand aus schlagfestem Kunststoff und konnte im Kofferraum untergebracht werden. Dieses im Vergleich zu früheren Baur BMW Cabrios ausgewogener wirkende System ließ sich auf allen 3er-Modellen aufbauen. Aber ein »richtiges« Cabriolet war dieses Auto dennoch nicht...

Ein Feinschmecker-Auto nach Paul Simsas Gusto

»Der neue BMW ist besonders handlich«, beurteilte Dr. Paul Simsa 1982 den E21 320 im Motormagazin *mot*. »Leichte Bedienung, Instrumente und Sitzposition tadellos, Straßenlage auch bei voller Belastung sicher, Insassen-Sicherheit auf neuestem Stand... Mit handlichem Format und einem prächtigen Motor ist der BMW 320 ein Feinschmecker-Auto, mehr ein Spaß- als ein Familienwagen.« Und 1978 schreib dasselbe Blatt über den 323i: »Mit dieser Hochleistungs-Limousine dürften alle Erwartungen übertroffen werden... die spontane Art, mit der die Maschine ab 1000 U/min willig Leistung abgibt, und ab 1500 U/min kräftig zulegt... Sehr viel Vergnügen bereitet es, den 323i flott über kurvenreiche Landstraßen zu bewegen. Kein anderer Typ des BMW-Programms ist sportlichen Fahrern so perfekt auf den Leib ge-

schneidert wie der 323i.«
Und Peter Glodschey schrieb in der *Bild Zeitung* kurz nach Verfügbarkeit der ersten Pressewagen: »Der neue BMW 318 ist ein feines Auto, deutlich leiser und komfortabler als sein Vorgänger. Ganz große Klasse ist die Knüppelschaltung, ein Gedicht die neue Lenkung. Und der 1,8-Liter-Motor läuft seidenweich und elastisch«.
Als es an Deutschlands Tankstellen noch Tankwarte gab, die dem Kunden den Sprit ins Reservoir flößten, schrieb die *Motor-Reise-Revue*, das Organ des AvD: »Rollt man mit einem BMW 320 an die Zapfsäule, gehört es zur ersten Bürgerpflicht, den vorschnellen Griff des Tankwarts zu Super mit einem lauten ‚Normal bitte!' abzuwehren. Die unwillkürliche Einordnung des Münchner Benjamins in die erfolgreiche 5er-Reihe ist verständlich, ähnelt das Blechkleid doch stark dem der nächst höheren Modellreihe.«

Modellpflege am laufenden Objekt

Mitte 1978 schloss BMW mit der österreichischen Firma Steyr-Daimler-Puch ein Joint-Venture für die gemeinsame Entwicklung von Dieselmotoren und deren Herstellung in Steyr. Doch ein Diesel-3er sollte noch eine Weile auf sich warten lassen; erst 1983 erschien ein solches Modell in der E30-Familie; einen E21 mit Selbstzünder gab es lediglich als Einzelstück im Werksversuch.
Das erste Facelift beim 3er war – ein »backside lift«. Noch im Präsentationsmonat August 1975 erfuhr die gelegentlich kritisierte Heckparte des E21 eine Änderung insoweit, als das unterhalb der Stoßstange platzierte Nummernschild hinaufgesetzt wurde und jetzt zwischen den mit einer Chromeinfassung verzierten Rückleuchten saß, die durch eine Schmuckleiste verbunden waren.
Schon bald erfuhren die gebauten E21 weitere Modifikationen. Zunächst bot BMW den 316 mit 1,8-Liter-Motor an, kurz darauf folgte ein Modell 315 mit 1,6-Liter-Motor, beides Vierzylinder und wie der 1979 eingeführte 318i mit Bosch-K-Jetronic – dieser 3er war mit 192.564 (bis Ende 1982) Fahrzeugen das bestverkaufte Modell, doch war der 315, den es von Februar 1981 bis Ende Dezember 1983 gab, mit 107.838 Einheiten auch kein Ladenhüter. Er war die BMW »Einstiegsdroge« und vermittelte für nur 15.850 Mark (der 318i kostete 20.200 Mark) jede Menge Freude am Fahren.
Verglichen mit den Preisen, die für ähnlich anspruchsvolle Konkurrenten verlangt wurden, bewegte sich zum Beispiel der für das Einstiegsmodell 318i durchaus im Rahmen. Es kostete 14.850 D-Mark, während die Alfetta 1,6 Liter von Alfa Romeo 14.290, der Audi 80 GTE 13.995 und der Fiat 132 GLS 13.190 D-Mark kosteten. Groß waren die Unterschiede also nicht; die Differenz zum Opel betrug nicht mehr als 1660 D-Mark, und diese dürfte – bei allem Respekt für die traditionsreiche Rüsselsheimer Marke – einem BMW-Liebhaber die Entscheidung für den 3er schon wert gewesen sein.

Im September 1978 in der Sportillustrierten *veröffentlichtes Inserat, des den 320/6 dem M1 gegenüberstellt.*

BMW hätte eine Rechtfertigung auch gar nicht nötig gehabt, wie sie sich Ende Oktober 1975 beispielsweise in einem doppelseitigen Inserat folgendermaßen las: »...die neuen kompakten BMW bieten eine für ihren Preis- und Größenklasse außerordentliche Summe passiver Sicherheitseinrichtungen, die perfekt aufeinander abgestimmt stufenweise wirksam werden: Das BMW Lebenserhaltungssystem. Diese technische Leistung hat ihren Preis. Aber nicht das Automobil sollte Ihnen diesen Preis wert sein, sondern Ihre Sicherheit!«
Immerhin: Noch sprach man von einer »technischen« und nicht von einer »technologischen« Leistung. Die nicht nur in Werbetexter-

Blick unter die Motorhaube des BMW 323i Sechszylinders. Interessant ist die Tatsache, dass nach Modernisierungsmaßnahmen im Werk ab 1977 die Sechszylindermotoren in weniger Arbeitsstunden als die Vierzylinder produziert werden können.

kreisen weit verbreitete Verwechslung von Technik und Technologie begann sich erst zwanzig Jahre später einzubürgern.
In einer anderen Anzeige nahm man Bezug auf die »dynamische Beweglichkeit, den sportlichen Charakter« und ein »außerordentlich gehobenes Komfortniveau«. Jedem Detail sei anzumerken, dass die Faszination, diesen Wagen zu fahren, von Funktionalität und Qualität geprägt sei. Und »...das etwas Bessere hat seinen Preis. Aber wer beim Automobil all seine Ziele billig erreicht, hat sie wahrscheinlich zu niedrig gewählt«.
Mit den oben genannten Konkurrenten (plus einem Opel Ascona 1.9 L) verglich das *ams*-Testteam Hack, Leyrer, Mehlin, Schruf und Westrup im Herbst 1975 einen BMW 318 in mehreren Disziplinen. Insgesamt ging aus dem Vergleichstest der Alfa Romeo Alfetta 1.6 als Gesamtsieger hervor, doch dem BMW wurde

Kein neuer BMW Achtzylinder?

In einem Interview sagte der Vorstandsvorsitzende Eberhard v. Kuenheim kurz nach dem Erscheinen des 3er BMW zum Thema Modellpolitik zu Redakteuren von *auto, motor und sport*: »Gegenwärtig arbeiten1600 Leute in unserer Entwicklung; wir geben rund drei Prozent unseres Umsatzes für Entwicklungsarbeiten aus. Unsere Modellpolitik bis 1980: Verfeinerung in allen Dingen. Spektakuläre Schritte – wie etwa in der Flugzeugindustrie die Umstellung vom Propeller auf die Düse – wird es nicht geben. BMW wird keinen kleineren Wagen unter dem 1502 bauen, denn kleinere Autos können wir wirtschaftlich nicht fertigen. Es wird, abgesehen vom 1502, auch bei unseren drei Grundmodellen bleiben. Es wird also keinen BMW Achtzylinder geben. Dafür wollen wir die Entwicklungskosten, etwa 100 Millionen Mark, und die Personalkapazität nicht aufbringen«.
Und selbst, wenn v. Kuenheim es zu diesem Zeitpunkt schon besser gewusst haben sollte (mit der Konstruktion eines V12-Motors war bereits begonnen worden), so wäre es unklug gewesen, in Anbetracht journalistischer und inquisitorischer Neugier auch nur die geringste Andeutung in dieser Richtung zu äußeren. Und der erste neue »Große«, der 1987 erschien, war ja in der Tat kein Achtzylinder, sondern eben ein V12.

die beste Sitzposition bescheinigt, auch bei der Instrumentierung punktete er am höchsten. Und er war Sieger in der Kategorie Handlichkeit und Bedienung. Das bogenförmige Armaturenbrett sei vorbildlich, hieß es, Schalter und Hebel bestens zugänglich.
Im Vergleich der Motoren und bei der Fahrsicherheit lag der Audi (Frontantrieb!) vorn, in punkto Bequemlichkeit kam die Alfetta auf den ersten Platz, die dann auch im Endergebnis die höchste Punktezahl errang. Beim BMW bemängelte man eine »nicht ganz ausgewogene Fahrwerksabstimmung, durchschnittlichen Fahrkomfort, leicht übersteuerndes Kurvenverhalten…«, und man stellte auch die Wintertauglichkeit in Frage. Dies übrigens auch beim Opel Ascona und beim Fiat 132 GLS.

Der Nachfolger des E21 Sechszylinders in Röntgenansicht.

Aus Freude am flotten 3er

Im Juni 2007 konstatierte *AutoBild* dem E21, sein Format und sein Handling passten »noch immer gut in den heutigen Alltag… die Ur-3er bringen zeitgemäße Fahrleistungen, sind agil und alltagstauglich…« Dabei seien die Vierzylinder-Einspritzer am wartungsfreundlichsten: »Sie alle haben Steuerketten. Die Sechszylinder dagegen besitzen verschleißanfällige Zahnriemen, bis Baujahr 8/1979 ist bei ihnen verstärkt mit Zylinderkopfschäden zu rechnen. Gern rauchen die Motoren beim Gaswegnehmen aus dem Auspuff, was seltener auf die Kolbenringe, sondern eher auf verhärtete Ventilschaftdichtungen hindeuten kann, eine Kopf-

Spurten und Sparen

Test BMW 320, 323 i Was die neuen Fünfganggetriebe bringen.

auto motor sport TEST&TECHNIK

Von Burkhardt Hübner

Für die Bayerischen Motoren Werke sind es „starke Argumente", die zugunsten eines Sechszylindermotors im Dreier sprechen. Denn „für den Ernstfall" verheißen die Werbetexter in Anzeigen nicht nur „ausreichende Sicherheitsreserven". Wenn man sich nämlich für den starken BMW entscheidet, seien zudem „der geringe Verschleiß, die lange Lebensdauer und der günstige Verbrauch von Vorteil". Kein Wunder also, daß in jedem zweiten produzierten BMW der Dreier-Baureihe — genau sind es 52 Prozent — ein relativ kleinvolumiges Sechszylinderaggregat mit zwei (BMW 320) beziehungsweise 2,3 Litern Hubraum (BMW 323 i) seine Arbeit verrichtet. Und in der Tat spricht vieles für einen Sechszylinder in diesem kompakten Auto. Zumal, wenn er mit einem der jetzt lieferbaren Fünfganggetriebe kombiniert wird. Denn die Vorzüge der beiden Modelle, wie der weiche Lauf des Motors, die guten Fahrleistungen und der relativ günstige Benzinverbrauch kommen gerade in Verbindung mit den

Fotos: Seufert

6000 Touren bei Tempo 180: Dreier-BMW mit Sportgetriebe

4850 Touren bei Tempo 180: Dreier-BMW mit Spargetriebe

Im März 1980 erschien ein hervorragend aufgemachter und sehr aussagestarker Fahrbericht über den E21 in den Versionen 320 und 323i mit Fünfganggetriebe.

überholung wird dann fällig. Problematisch bei allen E21 ist die Korrosion. Besondere Vorsicht gilt Modellen bis einschließlich Baujahr 1977. Gefährdet sind grundsätzlich hintere Radhäuser (Rückbank ausbauen für eine Bestandaufnahme), Wagenheberaufnahmen, Schwellerspitzen, Scheibenrahmen insbesondere der Frontscheibe und im Bereich der B-Säule«. Und weiter heißt es: »Unproblematisch und agil genug sind 318 Vergaser (98 PS) und Einspritzer (105 PS). Der 318 verlangt nur Normalbenzin, der 318i braucht Super plus. Im Verbrauch gibt es kaum einen Unterschied, beide verbrennen so um die zehn Liter auf 100 Kilometer. Achtung: Es werden viele verbastelte Autos angeboten. Davon natürlich die Finger lassen. Das gilt aber nicht für echte Alpina, Hartge oder Schnitzer. Grundsätzlich gilt: Originalität zahlt sich auf lange Sicht aus.« Der letzte Satz enhält eine wichtige und für alle Sammlerwagen gültige Aussage.

Den E21 mit Vierzylindermotor lieferte BMW nur mit Einzelscheinwerfern aus.

»Geschicktes Design ließ den BMW 3er größer erscheinen, als er war, doch nur um wenige Zentimeter waren Länge, Breite, Radstand und Spur gewachsen... doch es schien, als stünde der 3er in der Hierarchie deutlich über den 02er-Modellen...«

Walter Zeichner, BMW Historiker, 2005

Blick auf den Innenraum des E21.

Zu teure Reparaturen? Wie man es 1978 sah

Diese Beurteilung erfolgte aus der Sicht des Sammlers und Liebhabers. Als Alltags-Gebrauchtwagen, preiswert zu erwerben aus zweiter und dritter Hand, sah die Bilanz zwanzig Jahre zuvor ganz anders aus. Denn im August 1987 hieß es im gleichen Blatt: »Dreier-Modelle vor Baujahr 1978 lohnen nicht. Die alsbald fälligen Reparaturen kämen entscheidend zu teuer!« Größte Vorsicht sei beispielsweise geboten, »wenn der Motor im Leerlauf nicht mehr rund läuft oder beim Beschleunigen mechanische Geräusche von sich gibt. Lassen Sie sich nicht damit abspeisen, dass in diesem

Die Anschaffung eines gebrauchten BMW vor Baujahr 1978 lohne in Anbetracht zu erwartenden Reparaturen nicht, meinte AutoBild *in einem 1987 veröffentlichten Report...*
Dieser Wagen ist ein 318i von 1982, der eine viel bessere Beurteilung erfuhr.

Motorblock des 318i.

Ganz oben: Cockpit im ersten E21 von 1975, darunter Blick in den Fond. Hintere Sitzgurte wurden nur auf Wunsch geliefert.

Rechs: Wer auf diesem Bild der eigentliche Überflieger ist, konnte man 1975 noch nicht eindeutig sagen.

Motor des 320 von 1975; der 1990-cm³-Vierzylinder leistete 109 PS.

Fall lediglich die Ventile, die Zündung oder der Vergaser eingestellt werden müssten. Bereits nach 120.000 km bekommen je nach Fahrweise viele BMW Motoren erste Anzeichen von Altersschwäche«. Und deshalb sei die Anschaffung eines Gebrauchtenwagens vom Typ E21 nur bedingt empfehlenswert.

Hohe Anforderungen an das Fahrzeug

Welche Weitsicht die Entwickler der 3er Reihe bewiesen, so führte eine Jubiläumsschrift der BMW Mobilen Tradition zum dreißigsten Geburtstag des E21 aus, zeige die Analyse der Merkmale, die den Wagen kennzeichnen. »Von Anfang an war das Konzept auf Fahrer mit hoher Anforderung an ihr Fahrzeug ausgelegt. Schon die erste Generation der 3er-Fahrer schätzte Dynamik und Kraft des neuen Fahrzeugtyps, der hohe Motorleistung und perfektes Handling in dem kompakten, agilen Automobil bot. Er verband herausragende Fahreigenschaften mit einem Umfang an Sicherheitsmerkmalen, die sonst nur Oberklasse-Fahrzeuge boten. Mit dem 3er beherrschte der Fahrer die Straße und die Umstände anstatt von ihnen beherrscht zu werden«. In der hauseigenen Fahrzeugkollektion hat der E21 seit langem einen Ehrenplatz und ist mit mehreren Exemplaren vertreten.

Was der 3er BMW E21 kostete

Preise in DM bei Einführung, inkl. Mehrwertsteuer, Fahrzeuge in der Basisversion

BMW E21 316	1975	13.600,–
BMW E21 318	1975	14.420,–
BMW E21 320	1975	15.100,–
BMW E21 320i	1975	17.150,–
BMW E21 320/6	1977	18.950,–
BMW E21 318i	1979	18,800,–
BMW E21 323i	1978	21.450,–
BMW E21 316	1980	19.950,–
BMW E21 315	1981	15.850,-

Im Jahr 1975 war die D-Mark gegenüber der Einführung 1948 nur noch 51 Pfennig wert, das entspricht 26 Euro-Cent, 1981 waren es ganze 39 Pfennig, umgerechnet 20 Cent.

Gebrauchtwagen

Vor zwölf Jahren präsentierte BMW die sogenannte 3er-Baureihe. Auf dem Gebrauchtwagenmarkt gibt's mittlerweile über 25 Varianten – von 75 bis 200 PS, mit Allradantrieb, zwei- oder viertürig, als Diesel oder mit Kat

3er-BMW: Ohne Risiko erst ab 1982

Mehr als die Hälfte aller BMW auf deutschen Straßen zählen zur Dreier-Baureihe. Es handelt sich dabei um die kleinste Karosserie-Variante im Angebot der Bayerischen Motorenwerke. Zur Unterscheidung der einzelnen Modelle steht die erste Ziffer für die Baureihe, die zweite und dritte für den Hubraum. Beim BMW 318 handelt es sich also um einen Dreier mit 1,8-Liter-Motor, beim 320 um den gleichen Typ mit 2,0-Liter-Triebwerk. Eine Ausnahme bilden lediglich der 315 und 316 ab Baujahr 1980, die entgegen der BMW-typischen Bezeichnung 1600 bzw. 1800 Kubik unter der Motorhaube haben.

Nachdem die Bayern ihre Dreier-Baureihe 1982 gründlich renovierten, haben die Techniker mit dem Modellwechsel viele Schwächen ausgemerzt. Dank besserer Grundierverfahren sind die Blechkleider der zweiten Generation nur noch in Ausnahmefällen rostanfällig. Verschleißfester sind seitdem auch Bremsen, Lenkung und Radaufhängungen. Dreier-Modelle vor Baujahr 1982 sind dafür bekannt, daß es beim TÜV regelmäßig Ärger gibt. Nehmen Sie sich also vor älteren Dreier-Modellen in acht, auch dann, wenn sie erst wenige Kilometer auf dem Tacho haben. Die Fahrwerkschwächen treten nämlich unabhängig von der Laufleistung auf. Größte Vorsicht ist auch geboten, wenn die Motoren im Leerlauf nicht mehr rundlaufen oder beim Beschleunigen mechanische Geräusche von sich geben. Lassen Sie sich nicht damit abspeisen, daß in diesem Fall lediglich die Ventile, die Zündung oder der Vergaser eingestellt werden müssen. Bereits nach 120000 km bekommen je nach Fahrweise viele BMW-Motoren erste Anzeichen von Altersschwächen. Aufgeriebene Zylinder und undichte Kolbenringe sind gang und gäbe. Und dann erreicht die Reparaturrechnung ganz schnell die 3000-Mark-Schwelle.

Dreier-Modelle vor Baujahr '78 lohnen nicht. Die alsbald fälligen Reparaturen kämen entschieden zu teuer.

Gesamturteil: bedingt empfehlenswert

Achten Sie auf zu großes Spiel in der Lenkung. Der TÜV beanstandet beim Dreier häufig ausgeschlagene Kugelköpfe – ca. 300 Mark

Die Auspuffanlage hält beim kleinen BMW selten länger als zwei Jahre. Neue Schalldämpfer sind nicht billig – ca. 600 bis 1000 Mark

Die Scheinwerfer-Reflektoren der kleinen BMW-Modelle ermatten frühzeitig und verlieren dann an Leuchtkraft – ca. 300 Mark

Aktuelle Gebrauchtwagenpreise 3er-BMW

Typ	Tür.	PS	N.-Preis	1986	1985	1984	1983	1982	1981	1980	1979	1978
315	2	75	18 350	–	–	9 980	8 610	7 410	6 180	–	–	–
316	2	90	22 950	16 130	14 340	12 510	10 940	8 290	6 870	5 640	4 280	3 280
316	4	90	23 950	16 870	14 960	13 140	11 460	–	–	–	–	–
318	2	98	18 000	–	–	–	–	–	–	5 530	4 300	3 160
318i Kat	2	102	27 450	19 150	17 040	–	–	–	–	–	–	–
318i Kat	4	102	28 400	10 860	17 670	–	–	–	–	–	–	–
318i	2	105	26 450	18 010	15 820	13 770	11 880	10 200	7 520	6 210	–	–
318i	4	105	27 450	18 750	16 440	14 420	12 400	–	–	–	–	–
320	2	109	17 280	–	–	–	–	–	–	–	–	–
320/6	2	122	23 050	–	–	–	12 000	10 290	8 610	6 980	5 300	4 050
325e Kat	2	122	32 200	23 140	20 610	–	–	–	–	–	–	–
325e Kat	4	122	33 150	23 880	21 230	–	–	–	–	–	–	–
320i	2	125	27 890	–	17 810	15 870	13 990	–	–	–	–	–
320i	4	125	28 790	–	16 440	16 420	14 510	–	–	–	–	–
320i	2	129	30 580	21 520	19 070	–	–	–	–	–	–	–
320i	4	129	31 550	22 230	19 720	–	–	–	–	–	–	–
323i	2	139	28 661	–	–	–	14 220	12 080	–	–	–	–
323i	2	143	26 250	–	–	–	–	11 030	9 030	7 030	5 760	4 390
323i	2	150	31 100	–	19 720	17 160	15 050	–	–	–	–	–
323i	4	150	32 000	–	20 350	17 780	15 560	–	–	–	–	–
325i	2	171	38 150	26 080	22 090	–	–	–	–	–	–	–
325i	4	171	39 130	26 820	22 710	–	–	–	–	–	–	–
325i X	4	171	47 150	30 040	–	–	–	–	–	–	–	–
325i Cabrio	2	171	47 750	36 080	–	–	–	–	–	–	–	–
324d	4	86	29 650	20 920	18 610	–	–	–	–	–	–	–

Tabellenpreise: Mittelwert aus Händlerein- u. -verkaufspreis inklusive 14 Prozent Mehrwertsteuer laut Schwacke-Marktbericht 8/87

Was AutoBild 1987 von älteren BMW 3er-Modellen hielt, wird sich nicht mehr mit dem Sammlerstatus decken, den diese Autos heute genießen. Damals waren Mittelklasseautos aus den Siebzigern nichts als gewöhnliche Gebrauchtwagen.

BMW Produktion im BMW Werk Dingolfing, 1982. Den 3er baute man hier seit 1977.

BMW E30
1982-1990

Regensburger Chromspatzen

Die Entscheidung für ein BMW Werk in Regensburg war 1982 aufgrund der starken Nachfrage bei der 3er-Reihe gefallen. Nach zwei Jahren Bauzeit begann 1986 hier die Produktion mit dem E30; 1990 folgte die Karosseriefertigung. 1995 verließ der millionste BMW das Regensburger Werk.

NM 6830

BMW E30 1982-1990

Im Rahmen einer großartigen Präsentation erfolgte im September 1982 die Einführung der nächsten BMW 3er-Generation. Bei diesem Fahrzeug handelte es sich um den E30 des Modelljahrgangs 1983. Auffallend war eine massiver ausgebildete B-Säule, die mattschwarz gehalten war und den Wagen gestreckter aussehen ließ, obwohl er 3 Zentimeter kürzer als der E21 war.

Was beim E30 im Vergleich zu seinem Vorgänger E21 auffiel: Seine deutlich höhere Heckpartie (bei der nun das Kennzeichen endlich an der organisch richtigen Stelle saß) mit größeren Rückleichten. Gelungen war auch die modifizierte Kühlerfront. Insgesamt waren die Linien weicher geworden, abgerundeter. Der Bug wirkte flacher, was durch das etwas höhere Heck noch betont wurde. Dennoch war der 3er sich treu geblieben und verleugnete die Handschrift eines Paul Bracq nicht. Der Luftwiderstands-Beiwert hatte um 15 Prozent verringert werden können und lag jetzt bei 0,38. Neu gab sich auch die Gestaltung des Interieurs. Die Sitzposition war optimiert worden, die Armaturen etwas klarer geordnet. Viele Verbesserungen hatte das Fahrwerk erhalten, wobei man dem Prinzip mit vorderen Querlenkern und der Schräglenker-Hinterachse treu geblieben war.
Zur Wahl standen zunächst zwei Modelle, die sich den 1766-cm³-Vierzylindermotor teilten. Beim 90 PS starken BMW 316 hatte er einen Pierburg-Vergaser, beim 318i eine Bosch L-Jetronic und 105 PS. Die anschließend lancierten Sechszylinder waren wieder ein 320i (1990 cm³, 125 PS) und ein 323i (2316 cm³, 139 PS;

Auch der dem E21 im September 1982 folgende E30 wurde zunächst nur als Zweitürer gebaut. Wer einen Viertürer bevorzugte, musste sich für einen BMW der 5er-Reihe entscheiden – oder bis Oktober 1983 warten.

ab 1984: 150 PS). Das leistungsstärkste Modell hatte – ebenso wie sein Vorgänger – Scheibenbremsen nicht nur vorn, sondern auch an den Hinterrädern.
Mit dem E30 hatte BMW ein äußerst erfolgreiches Modell im Programm. Vom 316 ließen sich 442.573 Stück absetzen, vom 318i waren es sogar 494.485, und vom 320i 411.224. Der 323i brachte es auf 98.222 Stück. Damit rangierte der E30 als bislang erfolgreichste Modellfamilie der BMW Geschichte.

Allen Zweiflern zum Trotz: Endlich auch ein Diesel

In dichter Folge erschienen weitere Varianten in der E30-Baureihe. So kam 1984 ein Modell 325e in Programm, dessen 2693-cm³-Sechszylindermotor der gleiche war wie der im kurz zuvor eingeführten 525e (das a stand für »eta«, die technische Bezeichnung für den Wirkungsgrad eines Verbrennungsmotors); 1983 folgte der 324d. Dieser BMW war der erste (Saug-) Diesel-3er und hatte wie der gleichermaßen motorisierte 525d noch keinen Abgas-Turbolader und daher »nur« 86 PS, machte aber mit 165 km/h Spitze der weiß-blauen Marke durchaus Ehre. Einen 115 PS starken 325td gab es dann von 1987 bis Ende 1991. Die Motoren lieferte das Werk in Steyr.
Bei den Benzinmotoren löste Anfang 1986 der 325i den 323i ab, mit 171 PS spürbar stärker motorisiert und dadurch ein eindrucksvoller Sprinter. Dieser 217 km/h schnelle Sechszylinder wurde in hohen Stückzahlen abgesetzt: 216.646 Einheiten bis zum Modellwechsel 1991/92. Der 325e brachte es auf immerhin 175.508 und der 324d, den es bis 1990 gab, auf 76.038 Stück.

Mit Teilen aus dem Zubehörprogramm der Tuningfirma Kamei aus Wolfsburg modifizierter BMW 3er.

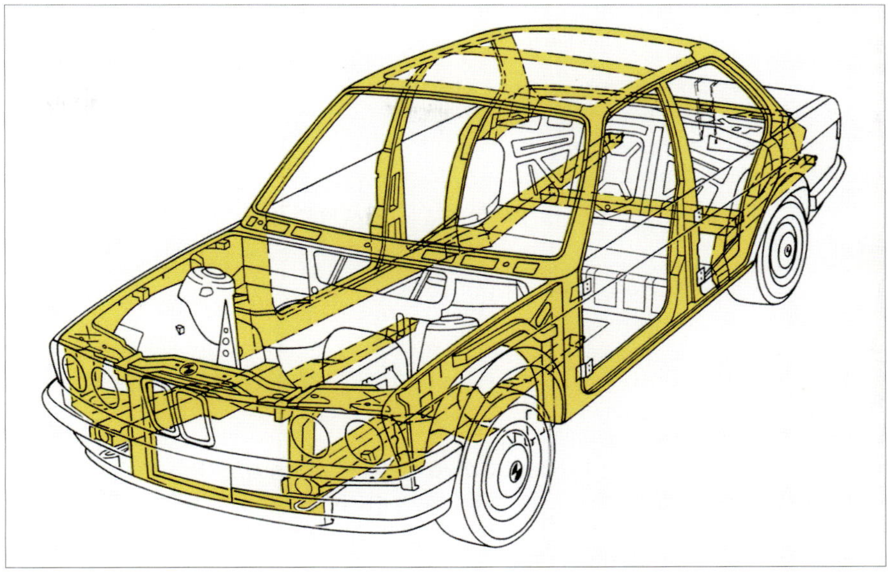

Sicherheits-Rahmenstruktur des BMW E30.

Optimiertes Fahrwerk durch zahlreiche Komponenten

Eine Optimierung der Vorderachse beim E30 gegenüber der des E21 ergab sich aus einer Anzahl bestimmter Konstruktionsmerkmale. Zu ihnen gehörten:
- o relativ kleiner Lenkrollhalbmesser;
- o steife, vorn liegende Zahnstangenlenkung;
- o neutrale Vorspurkurve über Federweg;
- o keine Strecklage des Lenkgestänges auch bei großen Einschlagwinkeln, Seitenkraft-Untersteuern, präzises Lenk- und Anlenkverhalten;
- o 14-Zoll-Räder;
- o Querlenker als Winkelhebel mit festem vorderen Kugelpunkt und hinterem Gummilager für Längsfederung; durch Entfall der Zugstrebe kleinerer und leichterer Vorderachsträger, zusätzlich keine Achsteile im Vorderwagen bis zum Vorderachsträger zur Optimierung des Crashverhaltens, mit Einleitung von Crashkräften über hintere Querlenkerlager in den Karosserie-Bodenbereich;
- o erhöhter Bremsnickausgleich.

Der BMW E30 bekam auch eine weiterentwickelte, toleranzunempfindliche Schräglenker-Hinterachse. Aus der Trennung von Feder und Dämpfer resultierte ein besseres Ansprechen bei kleineren Bodenunebenheiten, darüber hinaus ermöglichte es einen breiteren Kofferraum und damit eine günstigere Unterbringung des Reserverades. Der neu konstruierte Hinterachsträger wies eine geschlossene Scha-

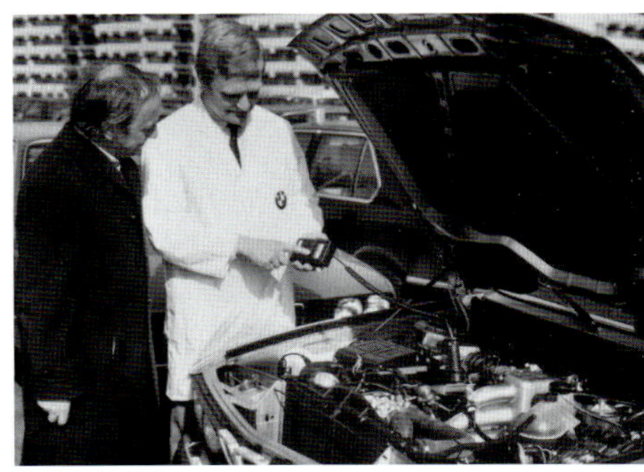

Elektronische Motordiagnose machte den Kundendienst effizienter.

An der Vorderachse gab es einen Querlenker als Winkelhebel mit festem vorderen Kugelpunkt und hinterem Gummilager für Längsfederung; durch Entfall der Zugstrebe kleinerer und leichterer Vorderachsträger, zusätzlich keine Achsteile im Vorderwagen bis zum Vorderachsträger zur Optimierung des Crashverhaltens.

Rechts daneben: Aufbau der weiterentwickelten, toleranzunempfindlichen Schräglenkler-Hinterachse. Aus der Trennung von Feder und Dämpfer resultierte ein besseres Ansprechen bei Bodenunebenheiten.

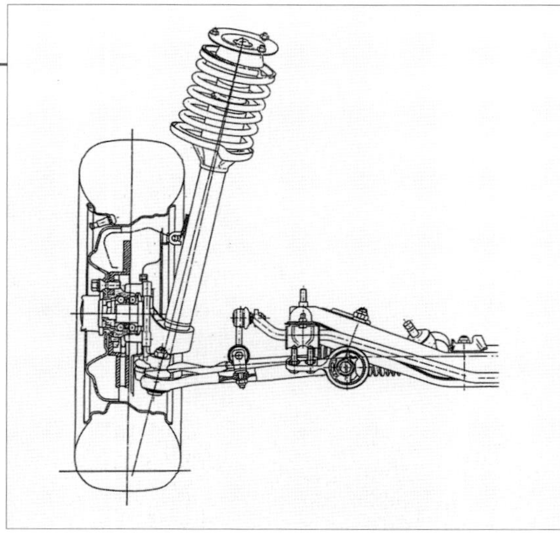

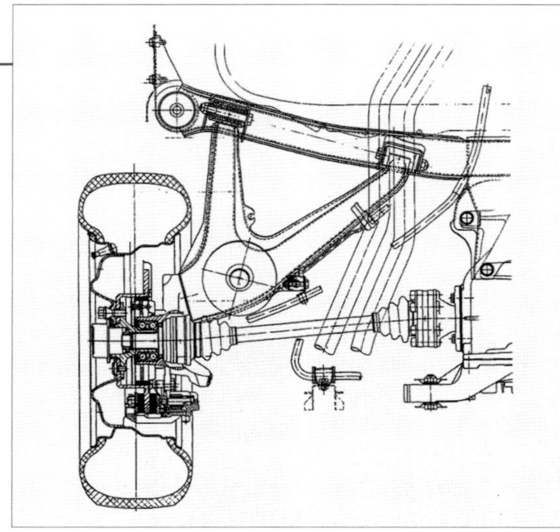

lenbauweise auf, auch die Schräglenker mit der Radnabe im Temperguss waren zweischalig geschlossen. Die Befestigung der Hinterachseinheit am Karosseriekörper erfolgte durch zwei Gummilager im Hinterachsträger sowie durch ein exzentrisch angebrachtes Lager am Differenzial. Durch diese elastokinematisch neutrale Aufhängung konnten keine Lenkwinkel der Hinterachse aus Seitenkräften auftreten. Die besonderen Merkmale:

- o Reduzierung der Pfeilung auf 15 Grad zur Verringerung der Sturz- und Vorspur-Änderungen;
- o höhere Schräglenker-Drehachsen zur Verringerung des Anfahrtauchens.

Der BMW 3er mit vier Türen

Und dann kam, was kommen musste: Der als Zweitürer konzipierte 3er BMW debütierte als Viertürer. Damit entsprach BMW den vielfach geäußerten Kundenwünschen. Die Markteinführung fand im Oktober 1983 statt. Vor allem auf den Exportmärkten war der Viertürer lang ersehnt worden, und in Frankreich und insbesondere in den USA gingen die Zulassungszahlen für BMW ab Jahresanfang 1984 auch spürbar in die Höhe.

Ein Viertürer war zwar bereits bei der Erstellung des Lastenheftes für den E30 vorgesehen gewesen, doch aus marketingstrategischen Gründen hatte BMW erst einmal den Zweitürer herausgebracht, um das Verkaufspotenzial optimal nutzen zu können.

BMW 325iX mit Allradantrieb

Im August 1985 gab ein ganz besonderer 3er sein Debüt: der BMW 325iX als Auto mit permanentem Vierradantrieb. Es hatte bereits schon einmal einen BMW 325 mit Allradantrieb gegeben – in den 1930er Jahren, aber jenes Auto war ein Kübelwagen fürs Militär gewesen.

Lange erwartet und erst acht Jahre nach Einführung des ersten Dreiers präsentiert: der anfangs verleugnete Viertürer. Rechts daneben: Weitere zwei Jahre später erschien der Dreier als 325iX mit Vierradantrieb.

Auf solchen Pisten spielt der Allradantrieb seine Vorteile aus, doch Schneeketten macht er nicht unbedingt überflüssig.

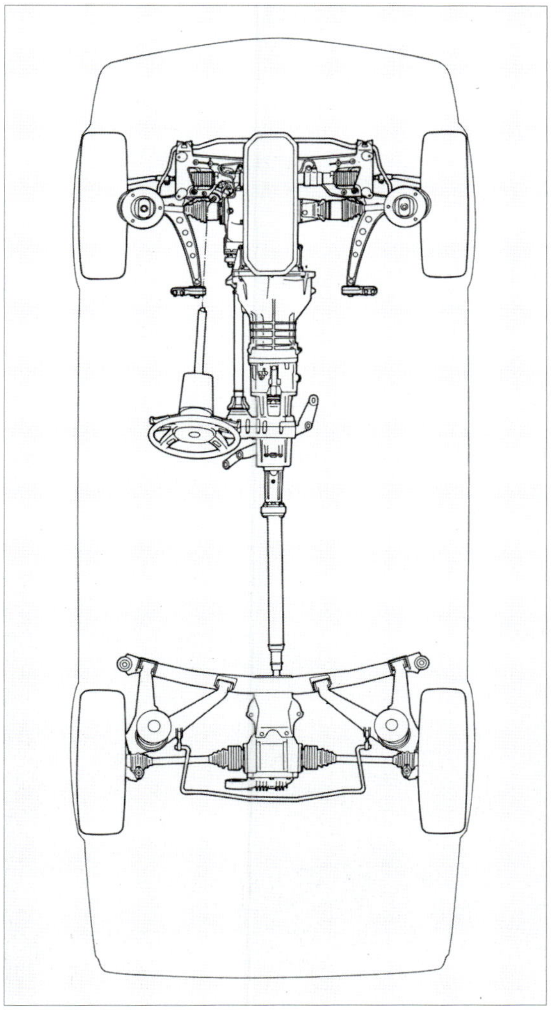

Die zweitürige Limousine 325iX war im Unterschied zu jenem Raubeiner nicht als Offroad-Wagen konzipiert, sondern stellte eine schnelle Sportlimousine (212 km/h!) dar, deren 171 PS durch optimale Traktion auf den Boden gebracht werden sollten.
In seinem äußeren Erscheinungsbild entsprach das Fahrzeug dem 325i. Der permanente Vierradantrieb erfolgte über ein zentrales 5-Gang-Verteilergetriebe (auf Wunsch war Automatik erhältlich) mit Planeten-Differenzial und Viscosperre. Der Antrieb der Vorderräder erfolgte getriebeseitig per Zahnkette und Nebenwelle über einen Seitentrieb. Der Hinterradantrieb verfügte ebenfalls über eine Viscosperre. Eine rechnergesteuerte, elektronisch zubemessene Antriebsverteilung war seinerzeit noch nicht im Spiel.

Ein neues BMW Cabriolet

Nachdem das letzte echte BMW Vollcabriolet in der 02-Baureihe 1971 zugunsten des 2002 mit Targadach (Karosserie Baur) aus dem Programm verschwunden war und keinen Nachfolger bekommen hatte, dauerte es bis 1986, ehe wieder ein offener Zweitürer mit voll versenkbarem Verdeck zu haben war. Denn der Baur TC 1 auf E 21-Basis war eigentlich nur ein Halb-Cabrio gewesen – ein Coupé vielleicht mit abnehmbarem Dachteil und versenkbarem Fondteil. Doch dar 1985 präsentierte 3er-

Das 1985 eingeführte E30 Cabrio wies eine an vielen Stellen verstärkte Karosserie auf.

Links: Antriebs-Schema des BMW 325iX.

Das klassische Design des BMW E30 kam auch beim Cabriolet – für das es ein Hardtop gab – voll zur Geltung.

1984 kam das BMW Modell 325e ins Programm, dessen 2693-cm³-Sechszylinder-motor der gleiche war wie der im kurz zuvor eingeführten 525e. Der Buchstabe e stand für »eta«, die technische Bezeichnung für den Wirkungsgrad eines Verbrennungsmotors.

Werks-Cabrio war ein offener Viersitzer ohne stilistische Kompromisse, ein sportlicher Zweitürer mit 2,3-Liter-Motor. Man durfte ihn als einen bildschönen Wagen bezeichnen, für den bereits im Erscheinungsjahr 1986 mehr als 10.000 Bestellungen eingingen. Insgesamt betrug die Produktion 78.960 Stück.
In seiner Architektur und Ausstattung war dieses Cabrio ein klassischer 3er, sportlich zu fahren und mit 215 km/h Dauerspitze ein perfekter Langstrecken-Reisewagen. Das kleine Minus eines etwas eingeschränkten Kofferraumvolumens (wegen des Verdeckkastens hinter den Rücksitzen) nahm der Cabriofreund gern in Kauf.

Im März 1988 wurden die ersten Exemplare des 3er touring ausgeliefert. Es gab den Kombi als 320i, 325i, 324td und 325iX.

Stark, schnell, teuer: BMW M3 von der BMW Motorsport GmbH

M – schnellster Buchstabe der Welt: Dieser Slogan ergänzte den von der »Freude am Fahren«, den BMW in der Werbung jahrzehntelang verwendete. Beim BMW M3 trafen beide Werbeaussagen exakt zu.
Der 1986 präsentierte M3 war eine Kreation der BMW Motorsport GmbH, in deren Kompetenz nicht nur Bau und Betreuung von Wettbewerbswagen fielen. Das Auffälligste am M3, mit dem BMW 1986 seine Fans überraschte, waren die Kotflügelauswölbungen vorn und hinten für die breiten Reifen der Dimension 205/55 VR 15 auf Leichtmetall-Spezialfelgen im Speichenlook. Schon im Stand ließ sich damit vortrefflich Eindruck schinden.
Der im Motorsport – Formel 2, Formel 1 – bereits bewährte Vierzylindermotor des BMW M3 war ein 2303-cm³-Aggregat mit 200 PS (Basisversion) in dohc-Vierventil-Bauweise. Der auffällige Heckflügel und der Frontspoiler taugten zu höheren Tempi als zu den 235 km/h, die der M3 von Haus aus lief; Tuner brachten den Motor auf gut 250 PS und mehr als 260 km/h Spitze. Die Härte der Stoßdämpfer ließ sich elektrisch auf die Stufen Normal, Komfort und Sport umschalten. Der Straßen-M3 der Bau-

reihe E30 war bis Ende 1990 zu bekommen und fand 17.704 Käufer. Sein Preis betrug 58.000 Mark, das war etwa doppelt so viel wie ein 323i kostete.
Mit dem M3 Cabriolet besetzte BMW 1988 eine weitere Marktnische. Das wiederum von der BMW Motorsport GmbH angebotene (gleichwohl über das BMW Händlernetz vertriebene) Auto mit seinem 195-PS-Motor, elektronischem Bosch-Management und 5-Gang-Getriebe war 227 km/h schnell und kostete 83.000 Mark. 786 Käufer fanden sich für diese Version. Exklusivität als Dreingabe: Ein solches Exemplar heute zu finden, dürfte sehr schwer sein.

Ein Kombiwagen namens touring

Im August 1987 stellte BMW der Presse den 3er der Baureihe E30 in einer touring-Ausführung vor – das war der »kleine« BMW als Kombiwagen, und zwar fünftürig. Die Auslieferung begann jedoch nicht vor März 1988. Erst drei Jahre später sollte es auch den BMW 5er als touring geben.
Den E 30 touring bot BMW in den Motorisierungen 320i, 325i, 324td und ab 1989 auch als 318i mit einem neuen Vierzylinder-Einspritzmotor an. Sogar den Allradler 325iX gab es als touring. Alle 3er hatten jetzt übrigens serienmäßig Abgasanlagen mit Katalysator.

Links: Der E30 M3 wurde in München komplettiert, nicht im Werk Regensburg.

Die Nützlichkeit des 3er Kombiwagens erwies sich im beruflichen Einsatz wie am Wochenende...

Den Kombiwagen ließ man alle Neuerungen angedeihen, wie sie die zwei- und viertürigen 3er-Limousinen sukzessive bekamen, so zum Beispiel die Einführung von Doppelrohr-Gasdruckstoßdämpfern und Schweinwerfern in Ellipsoidtechnik. Alle Fahrzeuge waren jetzt wahlweise mit 5-Gang-Handschaltgetriebe oder mit Getriebeautomatik erhältlich. Der E30 als touring überlebte übrigens noch mehr als zwei Produktionsjahre die Anfang 1991 durch den E36 abgelösten Limousinen, bevor auch in der Nachfolge-Generation ein Kombiwagen zur Verfügung stand.

Das ideale Auto für eine Sommerreise: das BMW E30 Vollcabrio, hier in der Version von 1987.

Bei Bedarf und Benutzung als Zweisitzer sorgte ein Windschott dafür, dass es keine rückwärtige Zugluft gab.

Das neue BMW 318i Cabriolet: Reitzles Favorit

Von besonderem Reiz war die neue Auflage des »normalen« 3er Cabrios, die im November 1990 vorgestellt und ab März 1991 ausgeliefert wurde. Dieses Modell – noch immer ein E30 – war auf Drängen des damaligen Konstruktionschefs Dr. Wolfgang Reitzle entstanden, der für einen solchen Wagen in der kleinen Hubraumklasse einen interessanten Markt voraussagte. Dieser offenherzig decolletierte Dreier wurde bis Ende 1992 gebaut, also parallel zu der inzwischen angelaufenen E36-Fertigung, und erreichte eine Auflage von 14.970 Stück.

Der 318 mit Vierventilzylinderkopf und 136 PS als letzte Variante in der E30-Baureihe, vorgestellt 1989, wurde als 318is bezeichnet. Zuletzt gab es ihn nur mehr als Viertürer. Eine besondere Rarität stellt der E30 als M3 Evolution II mit 225 PS starkem Triebwerk dar. Nur 500 mal gebaut und knapp 250 km/h schnell. Diesen Wagen gab es von Oktober 1988 bis Oktober 1990.

Im Oktober 1990 hatte man eine neue 3er-Modellgeneration präsentiert, den BMW E36, in der Form noch kompakter und gedrungener und mit gänzlich neuer Front und breiten Leuchteinheiten, bei denen die Scheinwerfer hinter großen Abdeckungen saßen. Es war offensichtlich: Mit dem E30 war eine Ära zu Ende gegangen, die noch nicht ausschließlich vom Windkanal-Diktat beherrscht wurde und wohl gerade deshalb für den BMW Liebhaber von so hohem Reiz ist.

»Die Deutschen verstehen ihr Handwerk...«

Professionelle Autotester nahmen sich selbstverständlich ebenfalls des E30 an, interessant sind aber auch immer die Aussagen privater Autobesitzer, wie sie sich in der *Car-Gurus User Review* (Großbritannien) äußern. Dort war 1982 über den BMW E30 mit 2,5-Liter-Motor zu lesen: »Tolle Beschleunigung, ebenso gut sind die Bremsen und das Handling. Das Lenkrad finde ich allerdings etwas zu groß, die Sitze nicht ergonomisch... Die Verarbeitung ist ausgezeichnet, die Deutschen verstehen ihr Handwerk! Nur mit der Elektrik und der Elektronik hatte ich Ärger. Im Interieur geht es ein bisschen eng zu... Es macht definitiv Spaß, den Wagen zu fahren. Teuer ist der Kundendienst. Wenn für Sie die Kosten-Leistungs-Relation für die Anschaffung nicht ausschlaggebend ist, wäre dieser BMW sehr zu empfehlen«.

Aus jedem Blickwinkel machte der 3er touring einen guten Eindruck.

Armaturentafel im 1985er E30.

Ein Motor erster Güteklasse, urteilt die Presse

Zu denen, die sich des E30 sofort bei dessen Erscheinen annahmen, gehörte das Fachblatt *auto, motor und sport*; dort hieß es: »Ein erfolgreiches Modell durch ein noch besseres zu ersetzen, gehört zu den schwierigsten Aufgaben im Automobilbau... Der neue Dreier hinterlässt einen wohlausgewogenen Eindruck... Mit dem Zweiliter-Triebwerk ist den BMW-Technikern ein Motor erster Güteklasse gelungen, der samtig und seidig bis in höchste Drehzahlregionen läuft wie kaum ein anderer Sechszylinder... ein ausgesprochen harmonisches Auto. Sportlich veranlagte Fahrer werden an ihm ihre helle Freude haben.«
Und *mot* schrieb über den 325i: »Mit diesem Wagen haben die Münchner ein heißes Eisen im Feuer. Das oft zitierte turbinenartige Hochdrehen des kurzhubigen Sechszylinders, die Geschmeidigkeit und Leichtigkeit des Autos schlechthin vermitteln die berühmte Freude am Fahren. Der Wagen gehört zu den am besten liegenden Limousinen.«

Laufkultur, Harmonie, Zuverlässigkeit

Auch der Turbodiesel fand bei *ams* hohe Anerkennung: »Zu begeistern vermag der 324td nicht nur durch kontinuierliche Kraftentfaltung und das für Dieselverhältnisse herzerfrischende Temperament, sondern vielmehr, weil in Sa-

Rechts: Noch kann man den E30 in einer Ausführung ohne Katalysator kaufen, der sich jedoch nachrüsten lässt.

Unten: Blick in den Motorraum des BMW 324td. Schnittzeichnung: Motor des BMW 318 mit Katalysator, 1988.

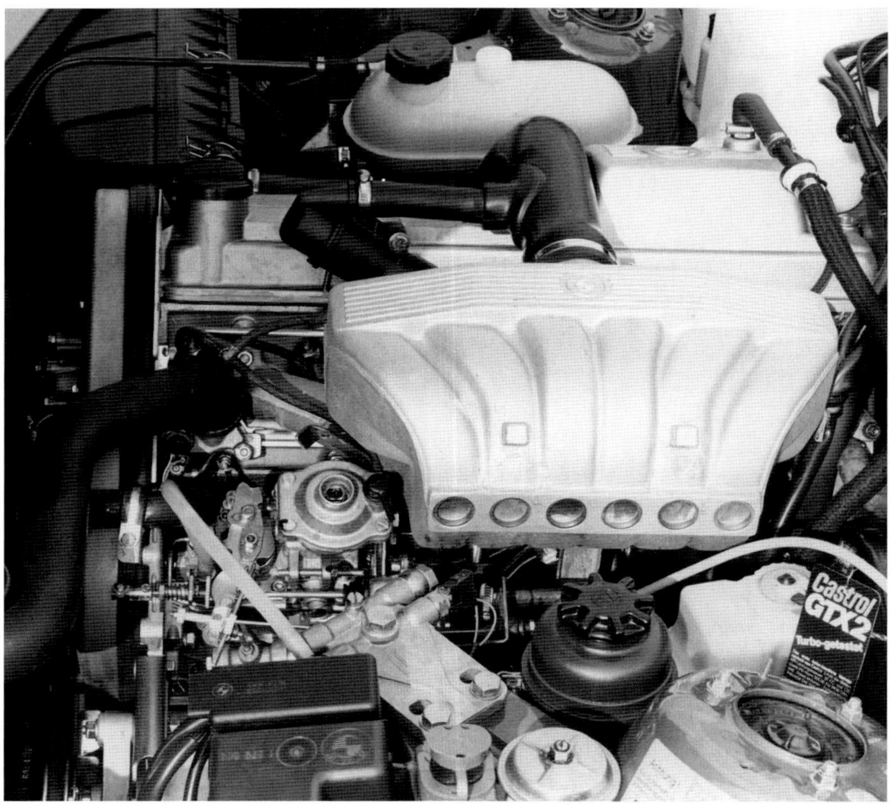

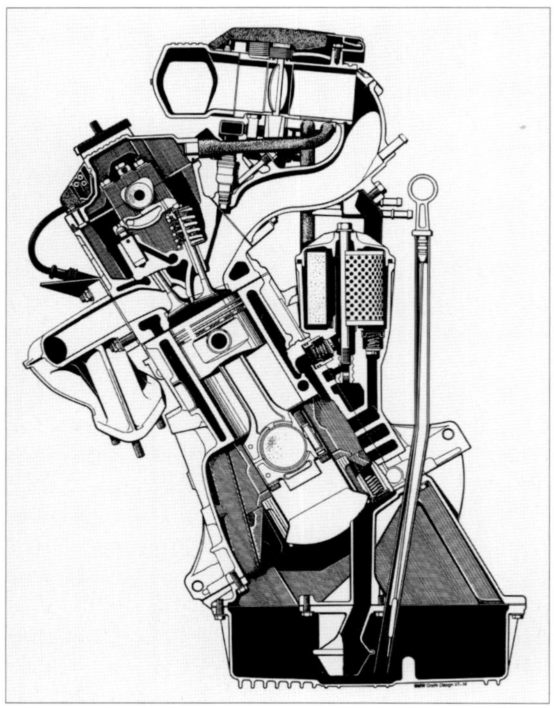

Familienfoto 1989: Alle serienmäßig angebotenen Ausführungen des E30.

chen Geräusch und Laufkultur gegenüber den benzingetriebenen BMW Sechszylindern keine großen Abstriche gemacht werden müssen.« Und über den E30 in der M3-Ausführung schreib das Blatt als Fazit eines Langzeittests über 80.000 Kilometer: »Die Kraft und die Ehrlichkeit! Der M3-Vierzylinder besticht durch harmonische Leistungsentfaltung, sportliches Temperament und absolute Zuverlässigkeit... Der fast neuwertige Zustand des M3 legt die einzig vernünftige Konsequent nahe: Wir fahren ihn nochmals 80.000 Kilometer.«

Fünf Gänge besser als vier für sparsames Fahren

Von Anfang an war beim 3er ein 5-Gang- statt ein 4-Gang-Getriebe erhältlich, ehe es ab 1985 zur Serienausstattung gehörte. Unter der Überschrift »Spurten und Sparen« veröffentlichte die Zeitschrift *auto, motor und sport* im März 1980 Fahrberichte vom aktuellen BMW 320 und 323i mit zwei unterschiedlichen 5-Gang-Getrieben. Burkhardt Hübner schrieb: »Zur Wahl steht einerseits ein eng abgestuftes Fünfgang-Sportgetriebe, dessen Auslegung in erster Linie Fahrer ansprechen soll, die oft und gerne zwecks noch zügigerer Fortbewegung den Schalthebel betätigen wollen. Zum anderen kann ein sogenanntes Schongetriebe geordert werden, das dazu beitragen soll, den Benzinverbrauch auf ein niedriges Niveau zu trimmen.
Für die Sparausführung entscheidet sich immerhin jeder fünfte Dreier-Kunde... welche Ausführung im Hinblick auf die Fahrleistungen vorzuziehen ist, bleibt eigentlich dem persönlichen Geschmack überlassen. Beim BMW

In den 1980er-Jahren investierte BMW viel Geld in den Ausbau des Kundendienstes.

323i konnte das Schonganggetriebe mehr überzeugen als das Sportgetriebe... der 100-km/h-Sprint war nach genau acht Sekunden beendet, gegenüber 8,4 Sekunden mit dem Sportgetriebe.
Dem Einspritzer-Modell (323i) kam vor allem zugute, dass er aufgrund seiner Drehmomentstärke selbst aus niedrigen Drehzahlen ruckfrei und ausreichend temperamentvoll zur Sache kommt. Eine Eigenart, die natürlich im Stadtverkehr ernorme Vorteile bietet. Ermöglicht sie

BMW E30 Baujahr 1990 mit der ab Ende 1987 modifizierten Wagenfront.

doch eine bequeme und schaltfaule Fortbewegung, was für beide Getriebearten zutrifft.«
Einen kleinen Wermutstropfen gab es dennoch. Tester Hübner konstatierte, dass »die Schaltarbeit mit dem Sportgetriebe nicht gerade die reinste Freude ist – die Schaltung wirkt etwas unexakt und hakelig.« Aber: »Die kurze Abstufung der Gänge vermittelt gleichwohl enormen Fahrspaß, insbesondere auf bergigen Landstraßen.«
Erstaunt war Hübner auch über die Tatsache, dass der Minderverbrauch des Vergaser-Sechszylinders im BMW 320 mit Schongang-getriebe gegenüber dem Wagen mit Sportgetriebe nur gering ausfiel: 13,8 im Vergleich zu 14 Liter auf 100 Kilometer im Schnitt. »Ein nennenswert geringerer Kraftstoffkonsum lässt sich allenfalls erzielen, wenn im höchsten Gang mit konstanter Geschwindigkeit gefahren wird; dann sind durchaus Einsparungen von etwa einem Liter pro 100 Kilometer möglich.« Und weiter: »Zum serienmäßigen Umfang gehören jetzt von innen elektrisch einstellbare Außenspiegel, eine Digital-Zeituhr sowie die Kofferraumbeleuchtung und ein Haltegriff am Dach für den Beifahrer... Geringfügig modifiziert wurde die Armaturentafel, obwohl es im Bereich von Hebeln, Schaltern und Instrumenten bislang keinerlei Grund zu Klagen gab. Alles ist griffgünstig und fahrergerecht placiert, klar beschriftet und gut ablesbar... die Dreier mit Sechszylindermaschine sind fahrwerksseitig deutlich ausgewogener abgestimmt als die Exemplare von 1977. Die ehedem schon lobenswerten Handlingeigenschaften der agilen Dreier-Limousinen konnten noch eine Spur verbessert werden. Denn dank der präzise arbeitenden und viel Fahrgefühl vermittelnden Lenkung lassen sich die kleinen BMW mit ihrer leichten Übersteuertendenz nicht nur schnell, sondern auch unproblematisch bewegen.«

Alles ist besser geworden: Neue deutsche Welle

»Schlechte Nachricht für alle, die mit den Ohren fahren: In den neuen Dreiern flüstern die Motoren. Sonst sind die neuen BMW einfach zu beschreiben: Alles ist besser,« stand in der Dezemberausgabe 1982 in *Motorsport aktuell* über den E30. Und der *Sonntagsblick* schrieb:

Rechts: 1989er Zweitürer.

»Wirklich toll, was die Neue Deutsche Welle alles an Land spülen kann: etwa die neue BMW 3er-Reihe. Was da alles unter dem neu gestylten Blechkleid verbessert wurde, entspricht den Kundenwünschen in fast allen Punkten: mehr Komfort, erhöhte Sicherheit, komplettere Ausstattung, gedrosselter Benzinverbrauch«.
Ein BMW-Fan aus Großbritannien schrieb im Jahr 2000 im Internet: »Der E30 ist als Wagen für Leute, die Spaß am Fahren haben, unschlagbar. Ich habe mir vor vier Tagen einen gebrauchten 1988er 325iX zugelegt. Vor 7000 Meilen bekam der Motor einen neuen Zahnriemen, von 20.000 eine neue Kupplung. Auf kurvenreichen Landstraßen, die viel Schalten erfordern, ist das Auto die reinste Freude... Es ist perfekt konstruiert und gut gebaut. Bremst wie auf Schienen. Der Wagen ist immerhin 22 Jahre alt und zieht noch immer enorm ab«. Wie stand es doch so treffend im *Car-Gurus Users Review*? »Die Deutschen verstehen ihr Handwerk...«

Eta: seiner Zeit weit voraus – aber »man muss ihn mögen«

In einem Rückblick auf den 325e (Eta) schrieb der Tester Alf Cremers im Februar 2012 in *auto, motor und sport*: »Noch vor kurzem gab es die hübschen BMW 3er der E30-Baureihe bei jedem Kiesplatzhändler. Heute sind vor allem die Sechszylinder-Modelle mit Chrom-Stoßstangen gesuchte Liebhaberstücke. Sie bieten viel Fahrkultur fürs Geld und machen fast nie Ärger... Der Eta der E30-Baureihe ist ein Sonderling. Man muss ihn mögen. Für einen BMW ist der 325e aus der Art geschlagen, er scharrt nicht drehzahlgierig mit den Rädern, sehnt sich auch nicht nach dem Grenzbereich, den er übersteuernd meistern will... Der 325e könnte auch ein 324 Diesel sein, wenn der Tacho nicht bis 240 km/h reichen würde. Mit seinen 122 PS liegt er leistungsmäßig fast gleichauf mit sei-

Auch im Ausland ein Erfolgswagen: BMW E30 Zweitürer von 1989, gesehen 2006 in einer französischen Kleinstadt.

»Die zunehmende Zahl von Dieselautos wird indirekt eine Verschlechterung des Dieselkraftstoffs bewirken... immer größere Anteile des Kraftstoffs werden aus Konversionsanlagen (Umwandlung schwerer Heizöle in leichtere Produkte) kommen. Die Motorenhersteller sollten sich darauf einstellen«.

So spekulierte die ADAC Motorwelt noch im Dezember 1982...

nem Sechszylinder-Sparringspartner 320i, verfügt aber trotz des Leistungshandicaps von sieben PS über Scheibenbremsen an der Hinterachse.

Ein 325e ist offenbar das wertvollere und teurere Automobil als ein 320i, er steht sogar, wenn es nach Hubraum geht, hierarchisch an der Spitze der 3er-Reihe, 2693 Kubik können sich in der heutzutage klein und leicht wirkenden Limousine sehen lassen. Der große Motor schöpft stets aus dem Vollen, schon knapp über der Leerlaufdrehzahl setzt ordentlicher Schub ein, ganz im Gegensatz zum durchzugsschwachen, eher kleinvolumigen 320i. Leider gehört auch ein lang übersetzter Achsantrieb zur strengen Eta-Lehre, sonst wäre die Überlegenheit noch spürbarer. Zumal das exakte Fünfgang-Schongetriebe zum frühzeitigen Hochschalten geradezu einlädt.

Viele BMW 325 Eta mussten sterben, weil die junge Leistungsfraktion tiefer gelegter 325i nach dem großen Block gierte und ihren hochverdichteten Kopf draufschraubte. Der griechische Buchstabe Eta steht für Wirkungsgrad. BMW verkaufte das wirkungsgrad-optimierte Konzept eines umweltfreundlichen und sparsamen Drosselmotors damals als Alternative zum Dieselmotor. Heute würde man wohl statt des spröden Eta Efficient Dynamics sagen.

Daniel Falkenberg liebt seinen BMW 325 Eta-Sonderling; der 34-jährige Kundendienstberater bei einem Autohaus verkörpert den Typ des Sammlers und des Perfektionisten. Sein BMW 325e ist in Topzustand, seine Daten sind akribisch dokumentiert. Er besitzt mehrere E30, unter anderem einen ultra-seltenen 320iS. Die optisch zivilere M3-Version gab es nur für Italien und Portugal: Zweiliter-M-Power mit 192 PS bei 6900/min. Wie schon der Eta zeigt, macht auch ein normaler 3er froh, selbst als 318 Vierzylinder mit dem legendären M10-Motor von BMW, der sogar Formel-1-Tauglichkeit bewies. Mit ihm spart man sich auch den lästigen Zahnriemen, der beim Sechszylinder alle 60.000 km gewechselt gehört.

Wie bei allen Youngtimer-Volumenmodellen kommt es nicht nur auf den Motor an. Auch Farbe und Ausstattung machen einen 3er interessant, wie etwa den kürzlich bei einem Opel-Händler entdeckten 1984er 316-1,8-Liter-Vergaser mit Automatik in Bahamabeige-Metallic, Stoff Nutria.

Der BMW E30 3er kann getrost als Musterknabe unter den Youngtimern gelten. Seine korrosiven Zonen sind überschaubar. Auf den Batteriekasten im Motorraum, die hinteren Radläufe und die vier Wagenheber-Aufnahmen sollte man im Wesentlichen achten. Seine Unterhaltskosten sind moderat, ob 316, 323i, 150 PS oder 325e, alles geht irgendwie unter zehn Liter. Schrauberfreundlich und wartungsarm ist der Hecktriebler sowieso. Wem der E30 zu

Viertüriger BMW 325i E30, Modell 1987, mit US-amerikanischer Zulassung.

Der 3er BMW war selbstverständlich ebenfalls ein Art-Car-Objekt. Rechts ein vom Australier Ken Done dekorierter M3, links das Kunstwerk des ebenfalls in Australien geborenen Michael Nelson Jagamarra. Die Idee der BMW Art Cars entstand 1975, als der französische Auktionator Hervé Poulin am Start zum 24-Stunden-Rennen in Le Mans mit einem von Alexander Calder dekorierten 3.0 CSL erschien. Das rollende Kunstwerk sorgte für erhebliches Aufsehen – und war der Beginn eines Projekts, das BMW seither mit zahlreichen Modellen unterstützt und weiterführt.

alltäglich ist, der soll ihn sich über Farbe und Ausstattung spannend gestalten«.
Im Internetportal *Autotest.de* schrieb der Besitzer eines 325i E30: »Tolles Auto! Habe ich immer gerne gefahren. Sehr ruhiger Motorlauf. Schaltung sehr gut, nur der Verbrauch (ist) sehr hoch, geht ganz schön ins Geld. Das Leder sitzt sich schnell durch. Spur schnell verstellt, Haubenöffnung sehr kompliziert... Großer Kofferraum, aber klassisches Design, hoher Wertzuwachs erwartet... für zwei Personen gut geeignet, bei drei oder mehr Personen wird der Platz eng...« Die Aussage bezüglich der durchgesessenen Lederbezüge erstaunt, denn ihre Qualität gilt allgemein als hochwertig und extrem strapazierfähig.

Kennerschaft, Geschmack, Ambition

Mit dem E30 hatte sich BMW in den 1980er-Jahren endgültig eine Spitzenposition im Segment der oberen Mittelklasse gesichert. Mit einem hohen Stand der Technik und einer überdurchschnittlichen Fertigungs- und Ausstattungsqualität war BMW auf allen Märkten der Welt fest etabliert. Wer einen BMW fuhr, bewies Kennerschaft, Geschmack und Ambition; für den 3er galt dies in ganz besonderem Maße.

Was der 3er BMW E30 kostete

Preise in DM bei Einführung, inkl. der gesetzlichen Mehrwertsteuer, Fahrzeuge in der Basisversion.

BMW E30 316	1982	19.250,–
BMW E30 318i	1982	21.550,–
BMW E30 320i	1982	24.550,–
BMW E30 323i	1982	27.400,–
BMW E30 325e	1985	29.850,–
BMW E30 325i	1985	33.000,–
BMW E30 325iX	1985	42.500,–
BMW E30 325i Cabrio	1986	43.300,–
BMW E30 M3 Cabrio	1986	83.000,–
BMW E30 324td	1987	36.500,–

M VD 8831

BMW E36
1990-1998

Der Dreier – jetzt noch flotter

In seiner dritten Generation, intern als Baureihe E36 bezeichnet, präsentierte sich der BMW 3er im Oktober 1990. In der Form noch kompakter und gedrungener, hatte der Wagen stilistisch vor allem im Frontbereich gewonnen. Und ab Dezember 1992 gab es auch einen E36 in M-Version.

BMW E36 1990-1998

Unter Dr.-Ing. Karlheinz Radermacher und seinem Chefdesigner Claus Luthe entstand in den frühen 1980-er Jahren die Grundlage zum BMW E36 und damit eine neue Substanz für den 3er, die mehr als ein Jahrzehnt Bestand haben sollte.

Immer mehr BMW Besitzer interessierten sich für Fahrer-Trainingskurse, die das Werk anbot.

Der im Oktober 1990 erstmals gezeigte E36 hatte ein neues Gesicht erhalten. Die Flächen beiderseits der Doppelniere wurden fast zur Gänze von breiten Leuchteinheiten gefüllt, die Scheinwerfer saßen hinter großen Abdeckungen; im Profil wirkte der Wagen gestreckter. Der neue 3er war zunächst ein Viertürer, als zweitürige Version folgte 1992 das Coupé. Zur Wahl standen die Vierzylindermodelle 316i, 318i sowie als Sechszylinder der 320i und der 325i. Wie bei BMW – fast – immer üblich, wiesen die Bezeichnungen auf den Hubraum der Motoren hin. Zur Standardausführung zählten Dreiwege-Katalysatoren nach der strengen Kalifornien-Norm, und bis auf den 316i hatten alle Modelle serienmäßig Drehzahlmesser, Zentralverriegelung mit Wegfahrsperre sowie Servolenkung. Beim 325i gab es ferner Scheibenbremsen auch hinten sowie ABS und Nebelscheinwerfer.

Nur noch Vierventil-Motoren

Da die Limousinen der neuen 3er-Baureihe E36 nicht mehr zwei-, sondern nur viertürig ausgelegt waren, kam ab Jahresbeginn 1992 ein neuer Zweitürer ins Programm, als Coupé be-

Nicht nur die Frontpartie hatte beim Dreier der dritten Generation ein völlig neues Design erhalten – auch das Fahrzeugheck präsentierte sich in einem frischen Look. Die Aufnahme mit dem Teleobjektiv lässt die Motorhaube der Limousine oben rechts kürzer erscheinen, als sie ist.

Im November 1992 erfolgte die Vorstellung eines neuen 3er Cabrios. Je nach Motorisierung kostete es 52.000 bis 65.000 Mark; das später hinzugekommene M Cabrio stand mit 31.300 Mark in der Preisliste.

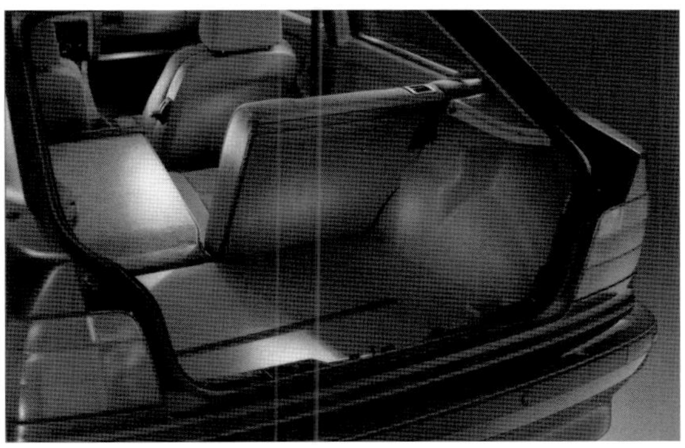

zeichnet. Radstand und Gesamtlänge waren jedoch mit denen der Limousine identisch. Die dohc-Vier- und Sechszylindermotoren waren sämtlich Vierventiler; zur Modellauswahl gehörten die Versionen 316is, 318is, 320is und 325is.
Die Innenausstattung des wahlweise mit 5-Gang- oder Automatikgetriebe lieferbaren Coupés entsprach zur Gänze der des Viertürers. Auch Front- und Heckbereich waren so gut wie identisch. Die Stückzahlen erreichten verständlicherweise nicht annähernd die Höhen der Viertürer, die in den ersten vier Jahren ihrer Existenz auf durchschnittlich 300.000 je Motor-Reihe kamen, während die vergleichbaren Coupés je nach Laufzeit 50.000 bis 80.000 erreichten – mit Ausnahme des 318is, der es in sieben Jahren auf rund 150.000 Stück brachte.
Einen M3 in der Baureihe E36 gab es von Dezember 1992 bis Dezember 1999 als Coupé und von April 1994 bis Jahresende 1999 auch als viertürige Limousine sowie als Cabriolet. Das Spitzenmodell der 3er Reihe lag mit 286 PS auf dem Leistungsniveau des früheren

BMW E36 touring, 1994.

Mit dem 3er Coupé hatten die Bayern ein besonders attraktives Modell im Programm.

Oben ein dreitüriger 1997er 323ti; das Cabrio ist ein 1995er 320i.

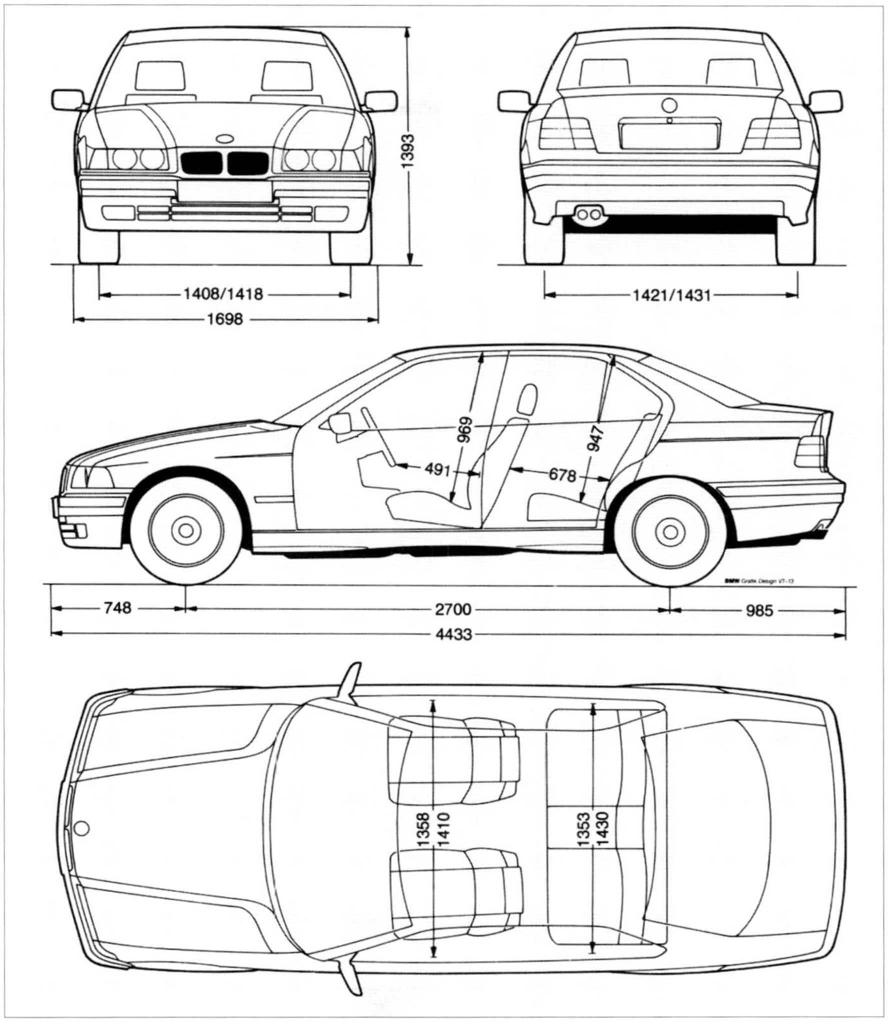

In seinen Abmessungen kam der E36 dem ersten BMW 5er (E12) schon recht nahe.

BMW M635CSi. Doch der M3 fuhr sich handlicher, wendiger und war sehr viel wirtschaftlicher als der alte Sechser. Der Motor war ein 2990-cm³-Vierventiler mit Doppelnockenwellen-Zylinderkopf..

Hart, aber fair: BMW M3 mit 321 PS

Das Fahrwerk mit der Zentrallenker-Hinterachse entsprach beim neuen M3 dem der in der Serie verwendeten, hatte aber einige Verstärkungen erfahren und war sehr viel straffer abgestimmt, was natürlich Zugeständnisse an den Fahrkomfort bedeutete. Serienmäßig war die 25-prozentige Differenzialsperre.
Die 286-PS-Ausführung bot BMW bis Dezember 1995 an, wenig später wurde dieses Modell durch eine 3,2-Liter-Version mit 321 PS und sequentiell schaltbarem Getriebe abgelöst.
Der E36 wies in seiner Gesamterscheinung eine Anzahl von Übereinstimmungen mit den größeren BMW Modellen auf. Auch gab es Elemente, die sich später im Design der neuen, größeren Baureihen wiederfanden.
Die Gestaltung der Bugpartie beim E36 blieb während des nachfolgenden Jahrzehnts voll aktuell; die Ära der im waagerechten Kühlergrill

Links: Crashtests gehörten von Anfang an zum Erprobungsprogramm der Sicherheitsforschung. Für die Erlangung einer nationalen Typgenehmigung von Fahrzeugen war schon damals der Nachweis eines Unfallsicherungssystems von Seiten des Herstellers obligatorisch.

einbezogenen Scheinwerfer mit der Doppelniere als gleichrangige Designkomponente war vorüber. Diese war jetzt vielmehr das dominante, hervorspringende Element. Unter gläsernen Abdeckungen zu beiden Seiten befanden sich die Scheinwerfer.
Die Modellpalette der 3er-Reihe E36 rundete der Diesel-motorisierte BMW 325tds ab, der ein Temperament an den Tag legte, welches Testfahrer mit dem eines gleich großen Benziners verglichen. Der 2487-cm³-Motor war ein Turboaggregat mit Ladeluftkühlung und elektronisch programmierter Einspritzung, 143 PS stark und für 210 km/h gut. Dank Spezialkatalysator war der Motor besonders umweltverträglich. Man erhielt den 325tds auch in der Ausführung als touring. Ein Modell mit Vierzylinder-Turbodiesel, 318tds genannt, kam Ende 1994 ebenfalls ins Programm; beide Modelle wurden bis einschließlich Januar 1999 hergestellt.

Kompakter BMW compact: kurz und bündig

Im April 1994 kam eine weitere Variante innerhalb der 3er Reihe hinzu, der so genannte BMW compact. Mit 421 Zentimeter Länge war

So (links) sieht man ihn im Rückspiegel – und so (rechts) wenn er auf der Überholspur rasant vorbeigezogen ist...

er zwar nur 23 Zentimeter kürzer als die Limousine bzw. das Coupé, doch sein geschicktes Styling ließ ihn tatsächlich gedrungener – eben kompakter erscheinen, schon weil der Wagen kein klassisches Stufenheck hatte, höchstens ansatzweise. Ausgestattet mit zwei verhältnismäßig breiten Seitentüren (für bequemen Einstieg zum Fond) und einer großen Heckklappe ließ sich der compact als 2+2-Kombicoupé einordnen.

Der 3er compact war der erste 3er BMW, der nicht mehr eine stark zum Fahrer hin angewinkelte Konsole aufwies. Die erste Ausführung war ein 316i mit 102 PS, dann folgten ein 318ti,

Eines der zahlreichen Pressefotos, die BMW in diversen Abständen den Medien für Veröffentlichungszwecke zur Verfügung stellte.

ein 318tds, ein 316g (alternativ mit Erdgas zu betreiben) und 1997 ein 323ti (mit 2,5 Liter Hubraum). Die Motoren – bis auf den Diesel – waren durchweg VANOS-Vierventiler. Servolenkung gab es auf Wunsch, ebenso Getriebeautomatik, die nur beim 318tds entfiel.
Die für ihre Spezialaufbauten bekannte Stuttgarter Karosseriefirma Baur (die zugleich BMW Händlerfirma war) produzierte 1994 bis 1998 ein Cabriolet auf der Grundlage des E36, das genau genommen als Cabriolimousine zu bezeichnen gewesen wäre. Es handelte sich um einen Viertürer, der als Typ TC geführt wurde und bei dem sich das über die ganze Dachbreite führende Verdeck in drei Positionen öffnen bzw. schließen ließ. Die Dachholme hatten Verstärkungen erfahren, so dass die Karosseriestruktur nicht beeinträchtigt war. Der Einsatz über den vorderen Sitzen war ein festes Bauteil, ließ sich aber herausnehmen und im Kofferraum verstauen. Verkauf und Service des Baur Topcabriolets erfolgte über das gesamte BMW Händlernetz. Zu bekommen war der zwischen 65.000 und 78.000 Mark teure Wagen in den Varianten 316i, 318i, 320i, 325i und 328i.
Ausgestattet mit neuen Sechszylindermotoren präsentierte sich die Modellreihe E36 zur Halbzeit ihres programmierten Lebens im März 1995 auf dem Genfer Automobilsalon. Den Anfang machte der 328i mit 193 PS; der Aluminiummotor hatte die variable Nockenwelle VANOS, den dann auch die nachfolgenden Typen 320i und 323i erhielten. Alle Motoren bekam man in der Kombination mit der Limousine, dem Coupé, dem Cabriolet und dem touring. Eine geringfügig geänderte Karosserie im Heckbereich des 3er touring machte diesen Wagen praktischer. Eine neue Anordnung der Rückleuchten erlaubte eine breitere Heckklap-

E36 touring mit sportlicher Dachlast.

Der E36 (im Vordergrund) und seine Vorfahren. Der Wagen gehört einer ganz neuen Design-Generation an, wie unschwer zu erkennen ist.

Vom 1596-cm³-Vierzylinder bis zum kraftvollen 3,2-Liter im M-Modell reichte die Motoren-Palette für den E36. Die Schnittzeichnung verdeutlicht die Vierventiltechnik des Sechszylinders; das Farbbild zeigt den 321 PS starken Sechszylinder für den M3 der BMW Motorsport GmbH, intern als S50 bezeichnet.

pe – jetzt war das Be- und Entladen sperriger Gegenstände leichter geworden. Die zu einem Drittel oder zu zwei Dritteln umlegbare Rückenlehne der Fondsitze machte dieses Auto zu einem echten Nutz-Fahrzeug im Pkw-Segment.

BMW ließ dem M3 Mitte 1995 eine Frischzellenkur angedeihen, die es in sich hatte. Das Auto gab es als Cabriolet und als GT Coupé; das Antriebsaggregat war ein neuer 3,2-Liter-Vierventilmotor mit 321 PS. Es gab diesen 88.000 Mark teuren BMW ab Januar 1996 zunächst als Coupé zu kaufen, die Cabrio-Ausführung folgte im Mai. Für das Modelljahr 1997 erhielten alle 3er ein Facelifting, das die Doppelniere rundlicher erscheinen ließ und den Scheinwerferpaaren noch mehr Signifikanz verlieh. Selbstverständlich standen für die M-Modelle spezielle Leichtmetallfelgen zur Verfügung.

Das Durchlade-Konzept im 3er compact erlaubte auch die Mitnahme längerer Transportgegenstände.

»Bei uns gibt es keine Werkswagen«

Im Verlauf des Jahres 1994 hatte ich das Vergnügen, für die Dauer eines dreiviertel Jahres für die BMW Mobile Tradition unter Christian W. Eich und Dirk Henning Strassl eine Aufgabe abzuwickeln, die häufigen Aufenthalt in München und Dutzende von Reisen bedingte. Ich besaß die Verwegenheit, nach einem »Dienstwagen« zu fragen, zur längerfristigen Nutzung für meinen Job.

Am Ende erhielt ich einen 318i compact samt Passier-Clip zum Benutzen BMW-eigener Parkhäuser. Aber ich hatte mir nicht vorgestellt, wie umständlich es ist, von einem Auto-

Im Profil zeigen sich die guten Proportionen des E36 compact besonders deutlich.

Frontansicht des Viertürers, Modell 1995. Auch nach 20 Jahren wirkt der Wagen noch immer zeitgemäß.

mobilhersteller sich einen Wagen zu leihen, wie kurz- oder langfristig auch immer. Hätte ich es geahnt, hätte ich Dirk Strassl das zeitraubende Procedere erspart. Aber nun lief der Apparat einmal...

Was ich nicht wusste: Es gab bei BMW keine so genannten »Werkswagen«. Jedes für firmengeschäftliche Zwecke genutzte Fahrzeug, ob Limousine für den Vorstand oder eine »Hutsche« als Botenfahrzeug, ob Begleitfahrzeug oder Transportwagen für die Rennsportabteilung, jedes Auto, das einem Promi zur Verfügung gestellt oder in einer Spielfilmproduktion angedient wurde, war das Eigentum der BMW Leasing GmH.

Wenn die Tachonadel zu zittern beginnt

In aller Welt war der 3er BMW inzwischen zu Hause, und so traf man ihn auch in Australien an. Im in Brisbane publizierten Used Car Report (drive.com) fand David Morley für den E36 318 viele lobende Worte und fügte seinem Fahrbericht hinzu: »Für welche Version Sie sich entscheiden – Sie haben es mit einem Qualitätsfahrzeug zu tun, das auf Haltbarkeit ausgelegt ist. Das s-Modell hat ab Baujahr 1993 einen Fahrer-Airbag und ab 1995 auch einen Beifahrer-Airbag sowie ABS, ferner Alufelgen und elektrische Scheibenheber. Achten Sie auf regelmäßige Kundendiensteinträge im Serviceheft, denn bei jedem Qualitätsauto ist Kundendienst ein wichtiger Faktor, aber nicht jeder Besitzer hielt die Intervalle ein. Vorsicht, wenn die Tachonadel zittert, das kann auf einen sich anbahnenden Defekt hindeuten...«

Und im Car Magazine aus Südafrika stand 1994 über den E36 M3: »Dieser Wagen ist geradezu eine Ikone geworden. Alle Fahrzeuge der 3er-Baureihe E36 haben den Status einer Legende bekommen, doch der M3 steht da an der Spitze. Er war der erste, der den berühmten M10-Motor bekam, ein Reihensechszylinder von drei Liter Hubraum und 210 kW Leistung bei einem Drehmoment von 320 Nm. Unser Testwagen beschleunigte von Null auf

Produktion des BMW 3er im Werk Regensburg.

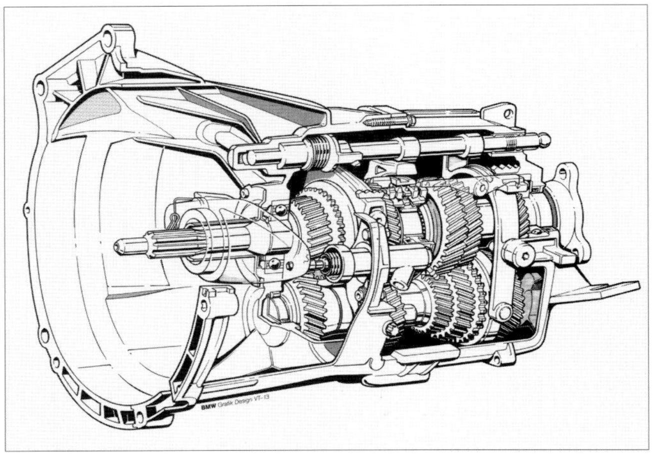

Schematische Darstellung des 5-Gang-Getriebes für den E36. Rechts daneben der Viertürer in Röntgendurchsicht.

100 km/h in nur 6,34 Sekunden – ein Traumwert für einen Straßenwagen...«
Viele Jahre später nahmen sich einmal die Redakteure von AutoBild zweier E36 an, einer Limousine und eines compact. Im Februar 2002 hieß es dort: »Eher früher als später erwischt es die Traggelenke der Vorderachse, die laut klappernd auf eine fällige Erneuerung aufmerksam machen. Bei höheren Laufleistungen sind dann auch die Spurstangen fällig. Die Hinterachse ist beim compact unauffällig, bei der Limousine treten vereinzelt Radlagerschäden auf, die sich als Jaulen bemerkbar machen. Für Werkstätten ist die Diagnose schwierig, da ein lautes Differenzial mit ähnlichen Tönen auf sich aufmerksam macht. Diese treten im Dreier gehäuft auf, stellen aber keinen echten Mangel dar. Ungeachtet der Geräusche laufen sie ewig. Für die Motoren gilt das nur bedingt. Unauffällig: die Vierzylinder mit Nockenwellenkette, 316i und 318i ab September 1993 und der 318tds. Die davor unter gleicher Bezeichnung gebauten Motoren mit 100 und 113 PS benötigen alle 45.000 Kilometer einen neuen Zahnriemen und neigen zu Ölverlust. Ein Kapitel für sich sind die Sechszylinder: Alle Typen vom

Ein tiefergelegter E36 mit Frontspoiler und Speichenrädern der amerikanischen Tuningfirma Stance Works.

Rechts: Fast bieder stellt sich dagegen der Wagen in seiner Serienausführung da.

320i bis zum M3 – auch 325td und tds – neigen zu Schäden am Zylinderkopf. Und davon sind nicht nur Exemplare betroffen, die nach einem Kaltstart brutal getreten wurden.
Die Elektrik ist nach wie vor heikel bei BMW; Lichtmaschinen und Batterien sind dem hohen Strombedarf des umfangreichen Bordnetzes nicht immer gewachsen. Der Kabelbaum knickt an der Durchführung in die Heckklappe. Dann spinnen Zentralverriegelung und Kennzeichenleuchten...«

Für jedes Problem eine Lösung

Im Retroaspekt wird es nicht wenige zwanzig Jahre alte Autos geben, die einer gewissen Aufmerksamkeit bedürfen, wenn man sie als Liebhaberstücke konservieren möchte. Gut, dass BMW imstande ist, für den E36 so gut wie sämtliche Teile liefern zu können. Und dank einem kundenorientierten BMW Serviceapparat (und Internet) können wir heute einen geliebten E36 noch viele Jahre am Leben erhalten. Nicht, dass E36-Fahrer keine Sorgen hätten; auch die Inhalte diverser Foren legen davon Zeugnis ab.
Doch gibt es auf jede Frage mehr als nur eine Antwort, zu jedem Problem hinlänglich Lösungsvorschläge. Die Lebhaftigkeit der geführten »chats« lässt erkennen, dass viele BMW-Fans Schraubernaturen sind und nicht nur einfach ihre Wagenschlüssel am Service-Counter abgeben.

Einem Automobil eine attraktive, markenspezifische Frontpartie zu verleihen, ist schwierig genug. Fast noch schwieriger ist es für den Designer, ein aerodynamisch einwandfreies und zugleich gut aussehendes Wagenheck zu schaffen...

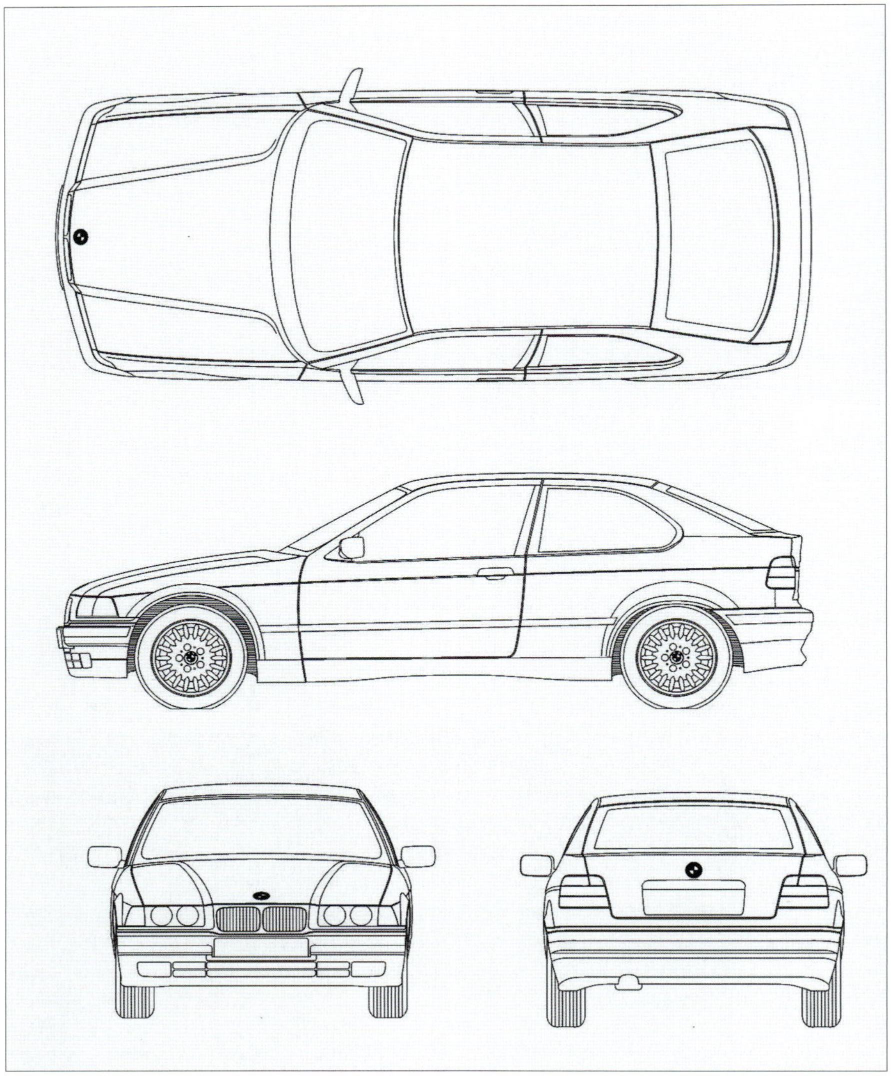

Dieselmotoren der Spitzenklasse

Der Ende 1994 als 318 tds bezeichnete Wagen mit Vierzylinder-Turbodiesel erwies sich als besonders gelungener Wurf. Der Motor trug die Konstruktionsnummer M41 und war eine um zwei Zylinder verkürzte Ausführung des Sechszylinder-Dieselmotors M51. Der Vierzylinder wies einen Abgas-Turbolader mit Ladeluftkühlung (Intercooler) auf; aus 1665 cm³ Hubraum holte er 90 PS. Mit 153 kg handelte es sich um ein Leichtgewicht. Die Ansauganlage bestand aus Kunststoff.
Der M41 war der Vorgänger des 1998 eingeführten M47, ein noch sparsamerer Diesel mit Direkteinspritzung über eine Hochdruck-Verteilerpumpe und mehreren, in die Außenwände eingegossenen Hohlprofilen für noch mehr Steifigkeit sowie Rollenschlepphebel zur Ventilbetätigung. Der M47 leistete 136 PS und stellte mit 70 PS pro Liter Hubraum – bei ei-

Kompakt wie seine Modellbezeichnung aussagt war der neue, ab April 1994 erhältliche Zweitürer wirklich. Oben rechts der dem Autor zeitweilig zur Verfügung gestellte Werkswagen, der sich aber nicht so nennen durfte.

Rechtslenker mit australischem Kennzeichen.

nem von 82,8 auf 88 mm verlängerten Hub betrug dieser 1950 cm³ – einen beachtlichen Wert dar.

Extras kosten extra

So gut und reichlich ein 3er BMW ab Werk ausgestattet war, so reichhhaltig war indessen die Auswahl an Sonderausstattungen und Zubehör, mit denen sich der Anschaffungspreis eines Wagens enorm steigern ließ. Und die Verlockung war groß. Hier eine Aufzählung, was für den Modelljahrgang 1994 (noch zu Zeiten der D-Mark-Währung, Mehrwertsteuer inklusive) werkseitig unter anderem zur Verfügung stand:

Aerodynamikpaket-M	2200,–
Beifahrer-Airbag	1090,–
Anhängerkupplung	1250,–
4-Gang-Automatik	3050,–
5-Gang-Automatik	3650,–
Autotelefon	1980,–
Diebstahl-Warnanlage	1410,–
Zentralverriegelung-Fernbedienung	1115,–
Geschwindigkeitsregelung	550,–
Klimaanlage	3105,–
Metallic-Lackierung	1060,–
Fond-Mittelarmlehne	220,–
Park-Distance-Control	650,–
Lederausstattung	3280,–
Radio-Reverse-RDS	790,–
Radio-Business	1250,–
HiFi-Lautsprechersystem	940,–
CD-Wechsler	960,–
Leichtmetallräder-285	1250,–
Leichtmetallräder-292	2340,–
Niederquerschnittreifen	393,–
Scheinwerfer-Waschanlage	425,–
Sitzheizung	605,–
Außenthermometer	180,–
Heckscheiben-Sonnenrollo	260,–
Sperrdifferenzial	930,–
Cabrio-Hardtop	4500,–
Cabrio-Überroll-Schutzsystem	2200,–
Sportsitze	785,–
Schiebe-Hebedach	1590,–

Bei vielen Extras variierten die Preise je nach Fahrzeugmodell, und einige waren nicht für jedes Modell oder nur in Verbindung mit bestimmten Ausstattungen erhältlich.

Der ab 1998 produzierte Dieselmotor M47 war einer der sparsamsten seiner Kategorie und bei 136 PS aus nur zwei Liter Hubraum besonders leistungsstark.

Oben: Der compact verfügte über besonders breite Türen zum besseren Durchstieg zu den Fondsitzen.

Links: Im Main-Taunus-Kreis wurden einige 3er BMW als Notarztwagen eingesetzt.

BMW Z3
1995-2002

James-Bond-Feeling

Es war ein geschicktes »product placement«, den BMW noch vor seiner Markteinführung in einem James-Bond-Film auftreten zu lassen. Aber der Z3 war auch eine Hommage an den legendären BMW 328 Roadster von 1936.

BMW Z3 1995-2002

James Bond – Millionen Cineasten in aller Welt lieben diesen Geheimagenten, der als 007 längst in die Filmgeschichte eingegangen ist, nicht zuletzt dank der fantastischen und unglaublich fantasievoll ausgestatteten Automobile, die man ihm zur gefälligen Benutzung andient. In dem 1995 präsentierten Bond-Streifen »Golden Eye« mit Pierce Brosnan in der Hauptrolle hatte ein BMW Z3 noch vor dessen Premiere die Ehre, von Agent 007 durch eine haarsträubende Szene gefahren zu werden.

Ein Z3-Besitzer zu Besuch beim Autor.

Unten: Der Z3 im Röntgenblick, gezeichnet von Norbert Schäfer. Rechts daneben: Produktion in Spartanburg, USA.

Das James-Bond-Auto wies Stinger-Raketen hinter den Nebelscheinwerfern auf, eine Rundum-Radaranlage, ein Selbstzerstörungssystem und weitere Raffinessen. Allerdings kamen außer dem Radarsystem im Film keine dieser »Extras« zur Anwendung, zumal sich der Auftritt des Roadsters auf ganz 30 Sekunden beschränkte. Doch man war neugierig geworden auf dieses Auto…

Seite an Seite mit dem historischen BMW 328

Wichtig fürs Marketing des Z3 Roadsters war auch die damit eingebundene Hommage an den BMW 328, jenen legendären, 1936 erstmals eingesetzten Zweiliter-Sportwagen, mit dem BMW noch bis in die 50er-Jahre hinein im europäischen Rennsport für Schlagzeilen gesorgt hatte. Pünktlich zum 60. Geburtstag des 328 erschien auf dem Markt sein Nachkomme, wenn er auch nicht die Ausstrahlung des klassischen BMW 507 (1956-59) hatte.
Der Auftritt des Z3 an der Seite des historischen 328 war dennoch perfekt und erfolgte nach allen Regeln der Dramaturgie, zumal die damals noch junge Sparte BMW Mobile Tradition unter Christian W. Eich dadurch die großartige Gelegenheit hatte, sich wirkungsvoll zu profilieren.
Wäre der BMW 328 nicht schon längst ein Kultauto gewesen, dann hätte man ihn jetzt dazu gemacht.

Der BMW Z3 hat die Gene klassischer Vorgänger und wird schon heute als Liebhaberwagen anerkannt.

»It is a 100 per cent German car!«

Der BMW Z3 war ein Produkt »made in USA«, das wissen nicht nur Branchen-Insider. Für dieses Auto wurde in Spartanburg, South Carolina, eigens eine Fabrik gebaut. Dennoch ist der Z3 kein amerikanisches Auto. »Make no mistake about it – it is a 100 per cent German BMW!« schrieb Allan Dick über den Z3 im *Driver Magazine*. Und auch die Münchener betonten immer wieder, dass sein Konzept, seine Konstruktion, sein Design und auch die gesamte, in Spartanburg installierte Fertigungstechnik aus Deutschland kommen.
Die Entscheidung, eine Produktionsstätte im US-Staat South Carolina einzurichten, basierte auf dem Ergebnis mehrerer Überlegungen. Nicht zuletzt lag BMW viel daran, mit einer Fabrik in den USA seinen Anspruch auf den Status eines global operierenden Unternehmens zu unterstreichen. »Wenn wir international erfolgreich sein wollen, müssen wir zu allererst auf dem nordamerikanischen Markt erfolgreich sein,« sagte ein BMW Sprecher anlässlich der Vorstellung des Z3. Und er meinte nicht nur die Präsenz durch eine gute Vertriebsorganisation, sondern durch ein im Lande hergestelltes Modell, auf den US-Markt zugeschnitten und auf große Stückzahlen ausgelegt.

Im Durchschnitt niedrigere Arbeitslöhne als in Deutschland waren ein weiterer Grund, sich für die USA zu entscheiden. So wurden die Pläne für das Werk in Spartanburg auch gleich auf Kapazitäten ausgelegt, die über das Volumen einer Z3-Produktion hinausgingen. Eine geplante CKD-Montage des 3er war erst der Anfang...

Skeptiker hatten anfangs befürchtet, ein in Amerika gefertigter Sportwagen würde in alter US-Tradition zu einem Wohnzimmer auf Rädern geraten. Sie wurden eines Besseren belehrt.

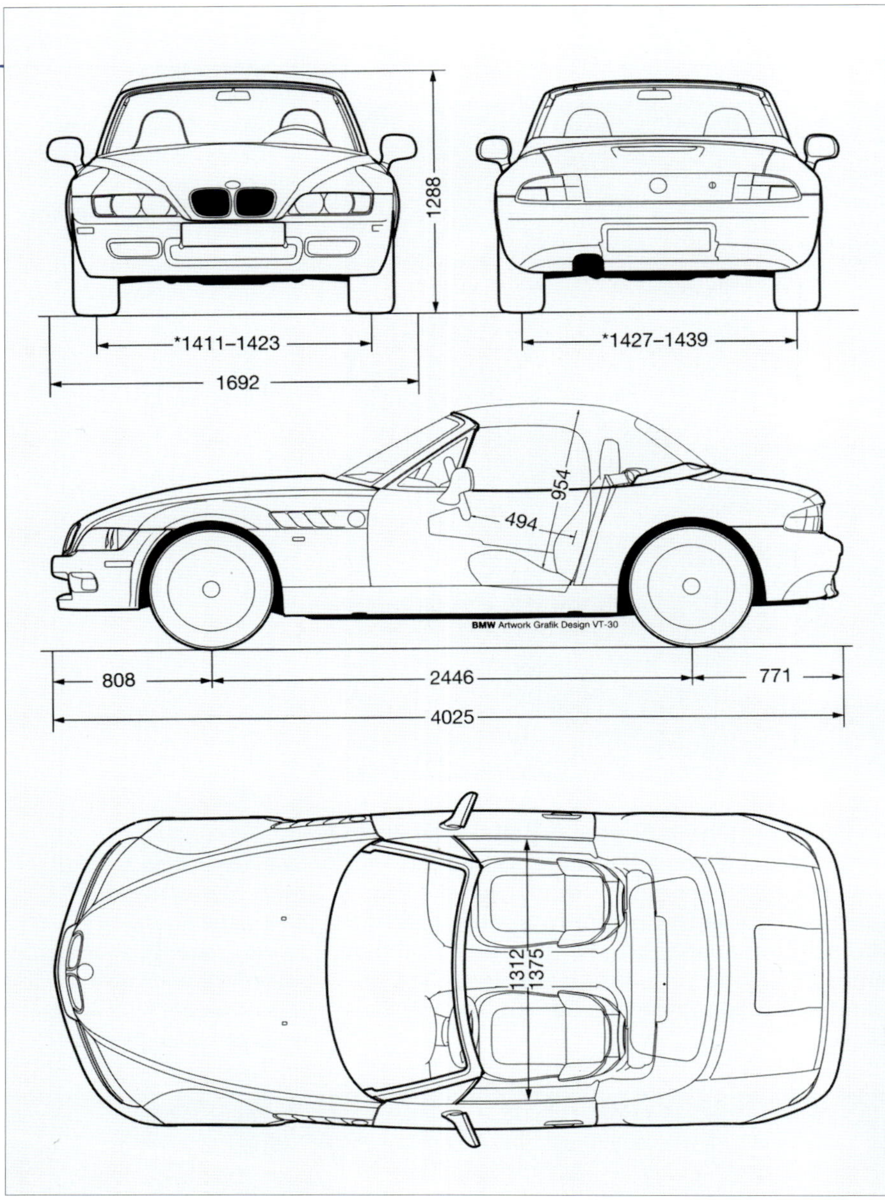

Oben: Abmessungen des BMW Z3 roadsters. Rechts: Bei seiner Einführung gab es den Wagen mit einem 1,8-, einem 1,9- und mit einem 2,8-Liter-Motor. Die technischen Daten finden sich im Anhang dieses Buches.

Warum war die Wahl auf Spartanburg gefallen? Ganz einfach: Diese Region bot die rundum besten Bedingungen für die Errichtung eines Werkes. Nicht zuletzt stand hier auch ein großes Reservoir von Arbeitskräften zur Verfügung, denn die Wirtschaft, hauptsächlich auf Baumwolle und Obstanbau basierend, ernährte einen zunehmenden Teil der Bevölkerung nicht mehr. Die Aussicht auf neue Arbeitsplätze war verlockend.
Allerdings waren die Anlaufschwierigkeiten größer als gedacht. Obwohl eine Vielzahl von Fachkräften sowie angelernten Arbeitern und Technikern ein mehrmonatiges Training in Deutschland absolvierte, ließ das Qualitätsbewusstsein in der Anlaufphase zu wünschen übrig. Es waren für amerikanische Verhältnisse schon ungewöhnlich strenge Maßstäbe, die der Unternehmer BMW anlegte. Im Übrigen gibt es hier keine »workers«; jeder, der in Spartanburg arbeitet – ganz gleich, in welcher Position – ist ein »associate«. Natürlich ist der Anteil an farbigen Mitarbeitern in diesem Teil Amerikas relativ hoch.
Eine gut ausgebaute Infrastruktur und – last but not least – sehr interessante Steuer- und Abschreibungsmodelle, die wie maßgeschneidert zu dem von BMW vorgelegten Projekt passten, gaben gleichermaßen den Ausschlag für den Standort Spartanburg. Sie müssen auch der französischen Reifenfirma Michelin ins Konzept gepasst haben: Sie besitzt seit einiger Zeit in Spartanburg ebenfalls eine Fabrik. Wenn der Z3 auch ein zu 100 Prozent als »German car« begriffenes Auto ist, wurde es zu 100 Prozent in den USA gebaut. Bis auf die Karosserieschale – die wird bei der Magna Industries Inc. in North Carolina angefertigt – entstand der Roadster komplett in Spartanburg. Und während man in Deutschland die im Jahre 2001 in Dresden entstandene »Gläserne Manufaktur« so sehr bewunderte, praktizierte man

den Automobilbau in Spartanburg seit Anfang an »gläsern«: Im ganzen Werk gibt es so gut wie keine Innenwände. So viel Transparenz im gesamten Fertigungsablauf, im Verwaltungstrakt und in allen anderen Bereichen war nicht nur in den USA bis dato ohne Beispiel.
Anfangs wurden auch Fahrzeuge 3er Reihe in Spartanburg montiert, bis sich erwies, dass der Z3 – der sich mit dem 3er BMW E36 die technische Basis teilt – dank steigender Nachfrage alle verfügbaren Kapazitäten benötigen würde.

Die Presse reagierte unterschiedlich auf das Erscheinen des Z3. Ein BMW, der nicht aus Deutschland kam? Skepsis und Vorbehalte wurden geäußert. Und man suchte förmlich nach Schwachstellen, die bestätigen sollten: Dieses Auto kann gar nicht so gut sein wie ein in Germany gebautes. So äußerte sich auch Michael Harvey von *Autocar*, London, recht kritisch. Er monierte die Passmaße der Karosserie, fand Lackfehler und Verarbeitungsmängel. Einige Kollegen der Regenbogenpresse schlugen in die gleiche Kerbe. Ob davon beeindruckt oder nicht: In Spartanburg hatte man selbstverständlich ebenfalls die Schwachstellen erkannt und arbeitete intensiv an einer stetigen Verbesserung der Qualität – mit Erfolg, darf man sagen.

Schon Ende Juni 2000 wurde für Spartanburg ein weiterer Ausbau beschlossen, ein 300-Millionen-Dollar-Projekt. Ausschlaggebend hierfür war der hervorragende Start des BMW X5. In das »Werk 10« waren bis Anfang des Jahres 2002 bereits 1,4 Milliarden Dollar investiert worden.

Alle BMW Z3 Modelle auf einen Blick

BMW Z3	Roadster 1.8i	(E36-7)	1994-2002
BMW Z3	Roadster 1.9i	(E36-7)	1995-1998
BMW Z3	Roadster 2.0i	(E36-7)	1999-2000
BMW Z3	Roadster 2.2i	(E36-7)	2000-2002
BMW Z3	Roadster 2.8i	(E36-7)	1996-2000
BMW Z3	Roadster 3.0i	(E36-7)	2000-2002
BMW Z3	Coupé 2.8i	(E36-7)	1998-2000
BMW Z3	Coupé 3.0i	(E36-7)	2000-2002
BMW Z3 M	Roadster 3.2	(E36-7)	1997-2000
BMW Z3 M	Coupé 3.2	(E36-7)	1998-2000

Links: Abbildung aus einem Buch über den Z3, das BMW 1995 bei der Werbeagentur SCHOLZ & FRIENDS in Auftrag gab.

»Der Z3 roadster ist elementar. Aber auch ausgesprochen komfortabel. Bei allem Purismus bietet er moderne Technik und hohen Fahrkomfort… Wo das elementare Fahrerlebnis zählt, da wird die Urform automobiler Fortbewegung besonders intensiv empfunden… beim Z3 roadster verbinden sich beste Roadstertradition und Designauffassungen modernen Automobilbaus zu einer einzigartigen Synthese«.

BMW Werbung, 1997

Unten: Motorhaube des Z3 in der Montagehalle.

BMW Z1: »Unvernünftigster aller BMW Typen...«

Das Design des BMW Z1 stammt von dem Niederländer Harm Lagaay, der bei Ford und Porsche tätig gewesen war, ehe er 1985 zur BMW Technik GmbH wechselte, wo er drei Jahre lang blieb; anschließend ging er zu Porsche zurück.

Im September 1986 stellte BMW einen Sportzweisitzer vor, der auf keinem der Serienkonzepte basierte und in jeder Beziehung ein Außenseiter war. Angefertigt wurde der Z1 genannte Roadster bei der Münchner Tochterfirma BMW Technik GmbH nach Entwürfen von Dr.-Ing. Ulrich Bez und Harm Lagaay, der damals Designchef der Tochtergesellschaft war und später zu Porsche wechselte. Wie der Niederländer war auch der aus Schwaben stammende Techniker Bez eigentlich ein Porsche-Mann, seine Arbeit für die BMW Technik GmbH stellte nur ein kurzes Zwischenspiel dar und endete 1988. Später bekleidete er bei Daewoo und Aston Martin hohe Positionen.

Der zunächst als Studienobjekt und gar nicht für die Serie vorgesehene BMW Z1 fand so viel Beifall, dass er dann doch gebaut wurde und sogar eine Auflage von 8000 Exemplaren erlebte. Die Produktion währte bis Ende Juli 1991.

Man kann den Z1 nicht als Vorläufer des Z3 bezeichnen, dennoch ist es angebracht, hier auf den ungewöhnlichen Roadster hinzuweisen, denn er verfügte über die 2,5-Liter-Antriebstechnik und das Fahrwerk des aktuellen 3er BMW E30. Das Chassis des Zweisitzers mit versenkbaren Türen war ein Monocoque-Rahmen aus feuerverzinkten Stahlprofilen; der darauf montierte Kunststoffaufbau bestand aus nur wenigen Komponenten. Die Türen trugen nicht zur Stabilität der Karosserie bei und ließen sich in den relativ hohen Seitenschwellern versenken, so dass mit offenen Türen gefahren werden konnte. Leider stellten sich bei vielen Wagen später Verziehungen ein; das Öffnen und Schließen der Türen funktionierte dann nicht mehr einwandfrei.

Die Frontpartie glich der des BMW M1 und fand sich später ansatzweise auch beim BMW 850i wieder, nur war der Lufteinlass größer und von zwei weiteren Öffnungen flankiert. Das Antriebsaggregat des Z1 war der Sechszylinder-Einspritzmotor des BMW 325i mit 171 PS; beim Fahrwerk kamen eine Schräglenker-Hinterachse und vorn Eingelenk-Federbeine zum Einbau. 66 Fahrzeuge wurden von der Firma ALPINA modifiziert und als ALPINA RLE (Roadster Limited Edition) verkauft. Unterschiede zur Serienversion des Z1 waren ein um 0,2 Liter vergrößerter Hubraum, was 30 Mehr-PS gab, ein geändertes Fahrwerk und Auspuffanlage sowie die mit 4x100er Lochkreis nur diesen Autos vorbehaltene 17-Zoll-Alpina-Felgen. Weitere acht Z1 wurden auf Kundenwunsch von ALPINA auf den Stand des RLE umgebaut. Diese Fahrzeuge mussten anschließend über eine Einzelabnahme beim TÜV für den Straßenverkehr zugelassen werden.

Der Z1 stellte anfangs ein Experiment dar, eine Design- und Konstruktionsstudie. Mit seiner Karosserie aus einigen wenigen Kunststoffteilen war der Wagen der bisher ungewöhnlichste je gebaute BMW.

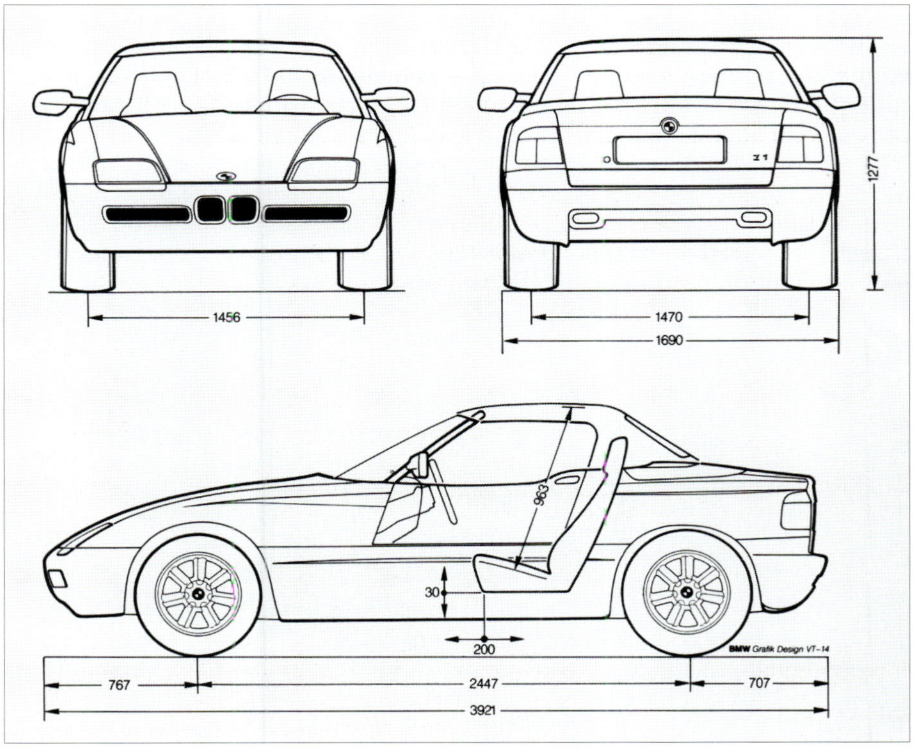

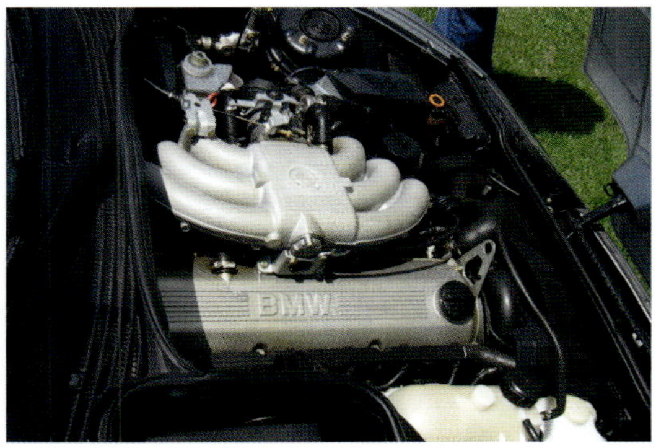

Ein Höchstmaß an Fahrfreude wurde ihm seitens der Presse attestiert. Selbst schlechte Straßen ließen weder Fahrwerksunruhen aufkommen, noch reagierte die Karosserie mit irgendwelchen spürbaren Verwindungen. »Für den Z1-Piloten liegt der Reiz des kleinen Autos aber nicht in den reinen Fahrleistungen«, schrieb ein namhafter Tester, »sondern in der Art und Weise, wie sich dieser unvernünftigste aller BMW Typen fährt«.

Der Z1 wies den 2,5-Liter-Motor des BMW 325i auf; andere Motorisierungen waren für den Zweisitzer nicht vorgesehen.

Rechts: Cabriogenuss pur – im Z3 roadster intensiver als in jedem anderen BMW offener Bauart.

100.000 Roadster in zwanzig Monaten

Als der BMW Z3, intern als Baumuster E36-7 bezeichnet, im Januar 1996 auf der Detroit Motor Show vorgestellt wurde, war ihm bereits Kinoruhm vorausgeeilt. Drei Monate vorher hatte ein neuer James-Bond-Streifen Premiere mit Pierce Brosnan in der Hauptrolle (»Golden Eye«) – hier wirkte ein BMW Roadster der Vorserie als wirkungsvoller, weil gut platzierter Appetitanreger. Das Auto zielte auf einen Markt, der bislang als Domäne des Mazda MX-5, Fiat Barchetta oder MG F-Type gegolten hatte, und mit großem Erfolg: Bereits im Oktober 1997 wurde der hunderttausendste Z3 ausgeliefert. Technisch basierte der Z3 auf dem 3er BMW E36 compact; ab 1998 erhielt er Komponenten des E46 und stellte damit eine Mischung aus beiden dar. Die Bodengruppe entsprach der des compact, einschließlich Federbein-Vordersachse und Schräglenker-Hinterachse, war aber um 255 mm kürzer. Jedoch: Mit einem relativ knapp bemessenen Kofferraum und einem etwas kraftlos wirkenden Heckdesign ließ der Z3 noch Wünsche offen. Auch die formalistischen Dekoelemente an den Flanken überzeugten nicht jeden – sie sollten eine Gedankenverbindung zum BMW 507 bewirken.
Als Motorisierungsvarianten bot BMW zunächst einen 1,8- und einen 1,9-Liter-Vierzylindermotor an, gefolgt von einigen Sechszylindern wie dem 2,8 Liter (März 1997), einem 2,0 Liter mit Doppel-VANOS (April 1999) und einem 231 PS leistungsstarken 3,0 Liter (Sep-

»Hineinschlüpfen und sich wohlfühlen« – so lautete einst ein Slogan, mit dem ein Hersteller von Gesundheitsschuhen warb. Auf den Z3 hätte der Spruch mindestens ebenso zugetroffen.

tember 1999). 2000 mutierte der 2,0 Liter zum 2,2 Liter.
Der Basispreis für den 1,8 Liter Z3 betrug bei seiner Einführung 43.700 D-Mark; für die 100 Mehr-Kubikzentimeter beim 1,9-Liter-Modell waren immerhin 5000 Mark fällig. Die Order einer Getriebeautomatik, einer Klimaanlage, eines Audiosystems und weiterer, in der Zubehörliste verlockend präsentierter Extras konnte sich leicht auf 15.000 D-Mark addieren, was die Rechnung auf einen Betrag von 65.000 Mark oder auch mehr anwachen lassen konnte.

Der Z3 als Coupé – mehr als ein Roadster mit Dach

Ab Frühjahr 1999 präsentierte sich der Roadster (den die Marketing-Yuppies anfangs »roadster« schrieben) in überarbeiteter Form, vorgenommen unter der Regie des fürs Exterieur zuständigen Designers Boyke Boyer. Jetzt wies der Roadster eine gelungenere Heckpartie auf, eine dritte Bremsleuchte im Kofferdeckel, eine modifizierte Front mit Chromringen um die Scheinwerfer sowie neue Achtspeichen-Felgen. Im Cockpit fand man eine neu gestaltete Mittelkonsole und ein kleineres Lenkrad. Kräftigere Hinterradschwingen und eine breitere Spur mit entsprechend bauchigeren Kotflügeln gehörten ebenfalls zu den Modifikationen. Das Verdeck hatte eine Fütterung erhalten, auch gab es auf Wunsch ein Hardtop zum Aufsetzen anstelle des Textilverdecks. Der Schritt zum Coupé war nicht weit – das war im Januar 1998 erschienen.
Entfernt erinnerte die Silhouette des Z3 Coupés mit seiner großen Heckklappe an den guten alten MGB. Die wuchtige Linie des Aufbaus, die sich in einem Schwung bis zum

»Ein Windkraftwerk der besonderen Art... Das Aerodynamik-Paket für den BMW Z3 roadster beschränkt sich nicht auf optische Effekte, sondern bedeutet auch einen Gewinn an Fahrfreude und Individualität...«

BMW Werbung, 1997

Je stärker die Motorisierung, desto größer die Herausforderung, den Z3 möglichst sportiv herzunehmen. Es gab externe Tuner, die – wie zum Beispiel ALPINA – den Motoren die letzten Kraftreserven zu entlocken verstanden.

Roadster mit Rucksack? Das Z3 Coupé erinnerte entfernt an den MGB. Dem Wagen begegnet man heute nur mehr selten, da nur 18.000 Stück produziert wurden. Für gut erhaltene Exemplare werden inzwischen stattliche Liebhaberpreise bezahlt.

hinteren Stoßfänger hinunter zog, hatte etwas Faszinierendes. Die tiefe Sitzposition hinter dem Fahrzeugdrehpunkt machte das Handling zu einem echten Vergnügen. »Mit Logik lässt sich dem Coupé nicht beikommen«, räumte BMW ein. »Aber wer es fährt, bekennt sich leidenschaftlich zu einem fantastischen Sportwagen«. Das Coupé wurde zunächst nur mit dem 192 PS starken 2,8-Liter-Motor angeboten; einige Monate später war aber eine M-Version zu bekommen, motorisiert wie der seit Anfang 1997 gebaute M Roadster.

Auch die Coupés wurden in Spartanburg hergestellt. Über formale Fragen ließ sich streiten; Begeisterung und Ablehnung hielten sich die Waage. Das Z3 Coupé verfügte gegenüber dem Roadster über sehr viel mehr Gepäckraum – was zumindest jene von Vorteil empfanden, die mit die Wagen nicht nur zum nächsten Zigarettenautomaten oder zum Tennisplatz fuhren.

Die Produktion des Z3 ging am 28 Juni 2002 zu Ende. Als Roadster wurde er genau 297.087 mal gebaut, als Coupé rund 18.000 mal.

M3-Power für Roadster und Coupé

Die erfolgreich angelaufenen Roadster-Baureihe erhielt im Januar 1997 Zuwachs in Gestalt eines Modells von ganz besonderem Zuschnitt. Äußerlich an seinen größer dimensionierten Pneus und vier Auspuff-Endrohren erkennbar, hatte dieses Auto die volle M-Power unter der langen Motorhaube – nämlich den 321 PS starken 3,2-Liter Sechszylinder des BMW M3.
Der mit einem Sperrdifferenzial versehene Zweisitzer ließ sich in 5,4 Sekunden von Null auf 100 km/h beschleunigen. Die Getriebeabstufungen waren nicht anders als beim Serienmodell, die Lenkung aber sehr viel direkter. Auch besaß der Z3 M Roadster etwas größere Bremsscheiben. Die Bereifung entsprach der Dimension 225/45 ZR 17 vorn, 245/40 ZR 17 hinten.

Auf solchen Straßen ist der BMW Z3 roadster in seinem Element. Da wünscht man sich 200 Urlaubstage im Jahr!

mit dem M3 Coupé verglich, das so gut wie identische Fahrleistungen bot. Mit 1390 kg Leergewicht war das Z3 M Coupé 70 kg schwerer als das »normale« 3,0 Liter Z Coupé und damit schließlich keine Leichtbau-Affäre. Eine reichhaltigere Ausstattung und (ab 2001) ein größer bauendes 6-Gang-Getriebe waren

Offen oder geschlossen – da muss man sich entscheiden. Das Coupé ist ein völlig anderes Auto und weist auch andere Fahreigenschaften auf als der offene Z3.

Zu den Feinheiten im Detail gehörte eine etwas noblere Innenausstattung und etwas geänderte Ziergitter an den Flanken. Wer ein Hardtop wünschte, konnte es bei der Firma Wiesmann bestellen. Und es gab noch stärker motorisierte Roadster, zum Beispiel von Hartge, wo man einige Fahrzeuge mit 350 PS leistenden 5-Liter-V8-Motoren versah.
Das Z Coupé bot BMW ab Januar 1998 ebenfalls in M-Ausführung an. Seine technische Spezifikation entsprach der des Roadsters.
Die Absatzerwartungen, die BMW – oder genauer: Die BMW M GmbH – an diese Hochleistungs-Sportwagen gestellt hatte, blieben indessen unerfüllt, vor allem beim Coupé. Das mochte mehrere Gründe haben. So war das M Coupé beispielsweise weniger leichtfüßig als es den Anschein hatte, wenn man den Wagen daran schuld. Somit war der Z3 auch schwerer geworden. Und recht teuer war er obendrein: Der M Roadster kostete 2001 rund 97.000 Mark.
Auch formal sprach das Spartanburg-Coupé nicht jeden BMW-Fan an. Doch hinsichtlich Fahrqualität und Motorelastizität wurden den M-Versionen nur beste Noten verliehen. Als »eine wunderbare Herausforderung« bezeichnete Testfahrer Jürg Wick die Eigenschaften des M Coupés, nachdem er es für die *Automobil Revue* ausgiebig um die Kurven des Hockenheimrings gejagt hatte. »Das M Coupé ist kein Dünnbrettbohrer, es wird zum göttlichen Drifter und ist auf der Stoppuhr bei entsprechend kontrollierter Fahrweise enorm schnell... Das M Coupé ist ein ernsthafter Konkurrent zum Porsche Carrera...«

Der Z3 ist schon deshalb zu einer Ikone geworden, weil er der Vorfahr des erfolgreichen Z4 war, durch den er 2002 abgelöst wurde.

Extravaganzen à la carte

Auch der BMW Z3 roadster wurde in der Basisversion reichhaltig genug ausgestattet, um als »komplett« gelten zu dürfen. Gleichwohl war jeder BMW Händler verständlicherweise darauf bedacht, dem Käufer eines Neuwagens möglichst viele Extras anzudienen, denn bei denen war – und ist noch immer – die Marge vergleichsweise interessanter als der Gewinn am Fahrzeug selbst, an dem im Zeitalter immer höherer Rabatterwartungen seitens des Kunden nicht mehr viel hängen bleibt. Der Absatz

Im Zubehörkatalog von 1997 war auch schicke Kleidung für Cabrio-Enthusiasten zu finden.

Beim Z3 hatte man die Wahl zwischen einer einfarbigen Lederausstattung in Schwarz oder Beige oder einer Bicolor-Ausführung in Dunkelrot, Violett, Beige oder Moosgrün. Entweder ließ man nur die Polster kontrastfarbig ausführen, oder auch Armaturentafel, Lenkrad und Schalthebelbalg. Bei den Lackierungen standen 1996 elf Farben zur Wahl.

an individuellem Zubehör und auch die Vermittlung von Dienstleistungen – Kaufpreisfinanzierung, Leasing – mussten das kompensieren.

Aber es handelte sich ja um Dinge, die ihren teils hohen Preis wert waren, wie ein Tempomat, Front- und Heckspoiler, Audiosysteme oder ein Windschott. Und gerade bei einem Liebhaberwagen, wie ihn der Z3 zweifellos darstellte, legten viele Käufer Wert auf eine weitgehende Individualisierung. Diverse Lederausstattungen standen für den Z3 zur Wahl, Felgen in fünf verschiedenen Designs, man konnte sich einen speziellen Schaltknauf in Holz, Alu oder Leder wünschen, es gab eine Gepäckbrücke mit dazugehörigem Koffer, schließlich auch schicke Cabrio-Bekleidung für modebewusste BMW Enthusiasten bis hin zum »Westernhut aus feinsten Kaninchenhaaren« für stolze 258 D-Mark – schließlich wurde der offene Wagen ja im Land der Cowboys gebaut…

Was einst nur weitaus teureren Luxussportwagen vorbehalten war, bot BMW auch im Z3 an: ein Holzlenkrad in Kombination mit farbigem Leder nach Wahl.

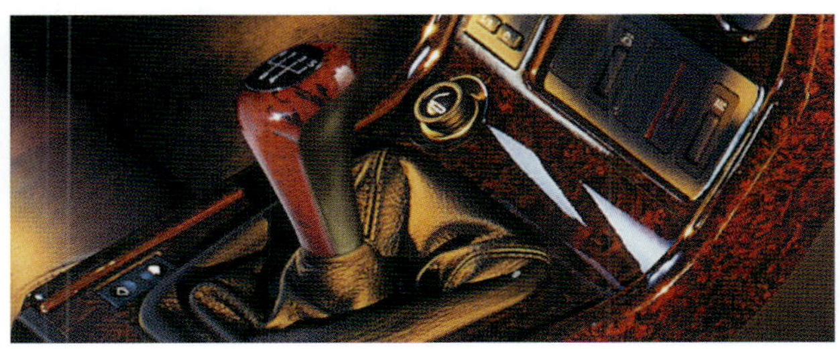

Fünf verschiedene Schaltknauf-Ausführungen standen im Angebot, und wie bei allen klassischen Sportzweisitzern gab es für den Z3 roadster auch eine Gepäckbrücke.

325 Ci
ALOHA STATE

BMW E46
1998-2004

Karriere eines Multimillionärs

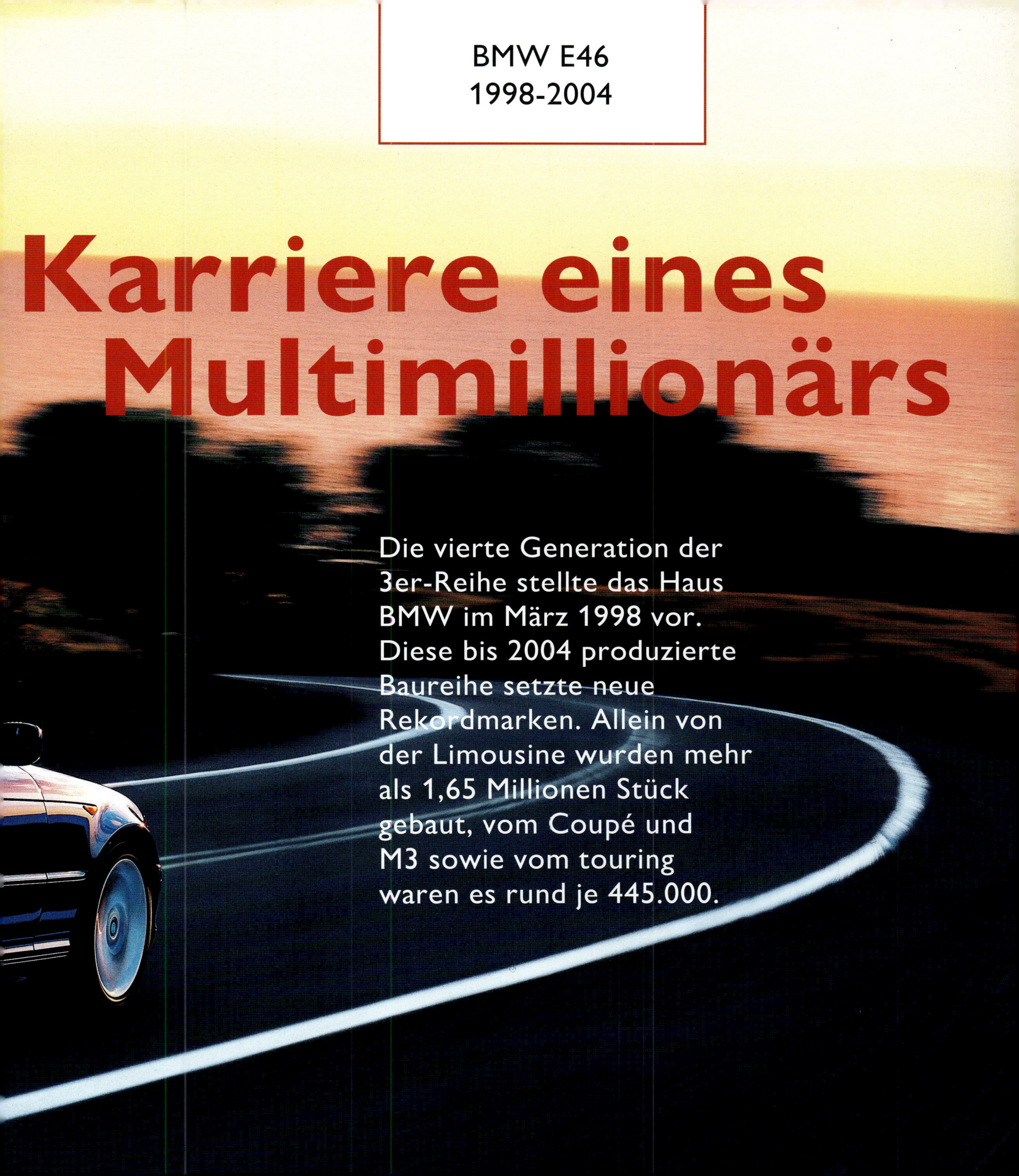

Die vierte Generation der 3er-Reihe stellte das Haus BMW im März 1998 vor. Diese bis 2004 produzierte Baureihe setzte neue Rekordmarken. Allein von der Limousine wurden mehr als 1,65 Millionen Stück gebaut, vom Coupé und M3 sowie vom touring waren es rund je 445.000.

BMW E46 1998-2004

Mit dem E46 setzte BMW die Reihe seines 3er-Erfolges fort. Das Auto hatte wieder einige stilistische Besonderheiten, wenngleich man auch die Gesamtlinie des Vorgängers beibehalten hatte. Aber es gab doch feine Unterschiede. So zog sich jetzt die Motorhaube bis zu den Stoßfängern herunter, was dem breiten Powerdome mit der Doppelniere einen anderen, großzügigeren Akzent gab.

Besonders auffallend war beim im Mai 1998 eingeführten E46 die Form der Scheinwerfer mit ihrer unteren, in zwei leichten Bögen verlaufenden Kante, die Kühler-Doppelniere war wie beim 5er (E39) Bestandteil der Motorhaube. Die Heckleuchten waren größer geworden und hatten eine L-förmige Gestalt bekommen. Zur Serienausstattung gehörten jetzt Front- sowie Seiten- und Kopf-Airbags, ein in der Vertikalen verstellbares Lenkrad (wahlweise mit Multifunktionen) und eine Vielzahl weiterer Komfortdetails.
Der in ihrem Profil noch ein wenig keilförmiger erscheinenden Limousine mit hohem Heck folgte im September 1999 das Kombimodell touring, bezeichnet als Modelljahrgang 2000. Zunächst waren die Vierzylinderversionen 316i und 318i sowie ein Sechszylinder (dohc,1895 ccm) als 320i im Programm, letzterer als Vierventiler. Im Jahr 2000 folgten ein 330i, ein 320d und ein 330d. Erst Ende 2001 kam ein 115 PS starker Turbodiesel 318d hinzu. Den 3,0-Liter-Benziner mit 231 PS sowie den Diesel mit 184 PS erhielt man auch in X-Version mit permanentem Allradantrieb.

In jeder Hinsicht runderneuert präsentierte BMW im Mai 1998 die Dreier-Reihe.

Die Extras für den touring

Ganz besondere Erwartungen verbanden sich seitens BMW mit der Modellvariante touring (den man bei BMW noch immer mit kleinen Buchstaben schrieb). In umfangreichen Pres-

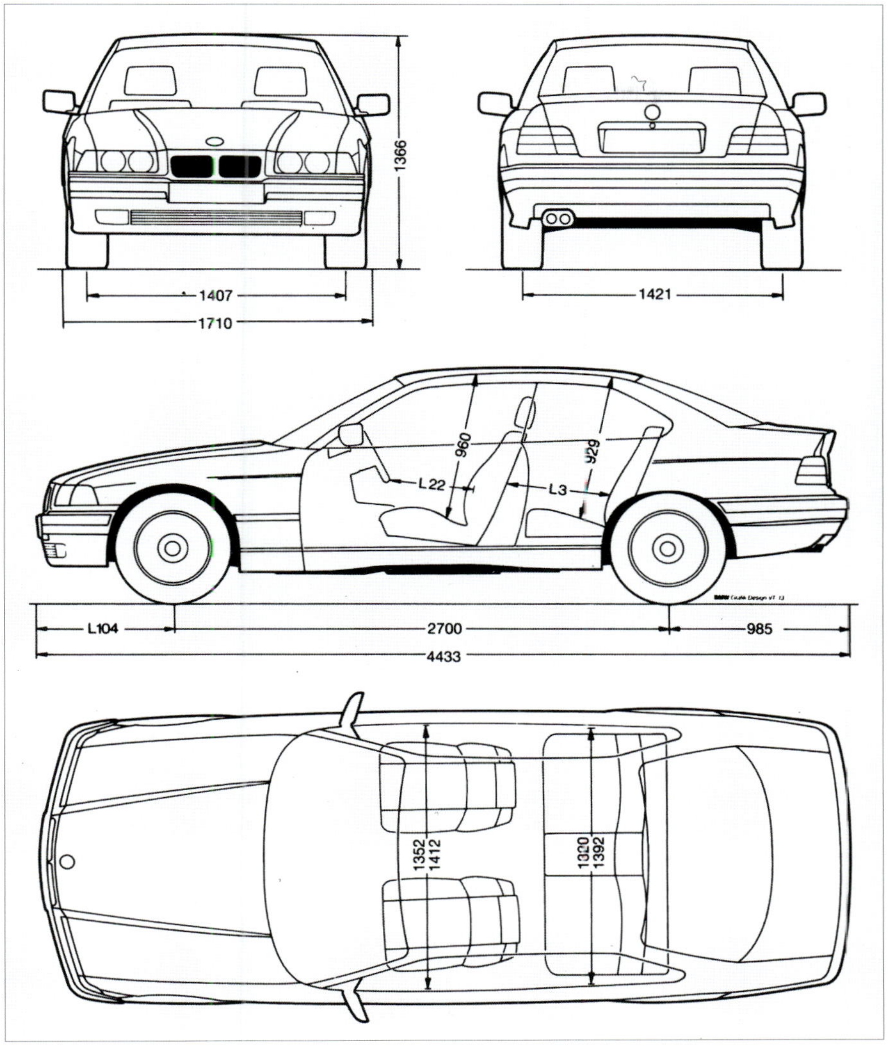

Der E46 gab sein Debüt auf dem Genfer Automobilsalon im März 1998; die Auslieferung begann Anfang Mai.

setexten schilderte man dessen Besonderheiten. So wies man auf das Rollo und das Trennnetz hin, auf die Verhältnis 2 zu 1 teilbare Rückenlehne und auf die – allerdings nicht serienmäßig vorhandene – Dachreling hin, ferner auf »Elektrochrome Spiegel«. BMW führte automatisch abblendbare Rückspiegel als erster Hersteller nicht nur für innen, sondern auch für außen ein. Der so genannte EC-Spiegel besteht aus einer klaren und einer Spiegelglasscheibe, die einen hauchdünnen Film eines Mediums einschließen. Wird dieses Medium unter Spannung gesetzt, ändert es seine Lichtdurchlässigkeit und der Spiegel dunkelt ab. Gesteuert wird dieser Vorgang durch zwei lichtempfindliche Sensoren. Je nach Bedarf drosselt das System den Reflexionsgrad stufenlos von sechzig bis zehn Prozent.

Schöner parken dank PDC

Park Distance Control: Viele Paris-Reisende erinnern sich an frühere Zeiten, als es nicht üblich war, beim Parken am Straßenrand den Gang einzulegen oder die Handbremse zu ziehen. Hatte man sich in eine Parklücke gequetscht, rangierte man nach Gehör... Vorder- und Hintermann hatten meist noch etwas Luft und »gaben nach«... So wurde jeder Zentimeter Straßenrad genutzt.
Hätte es eine Park Distance Control schon gegeben, hätte man sie damals zumindest in französischen Großstädten ignoriert. Rücksichtsvolleren Naturen erleichterte PDC mit seinen akustischen Signalen das Ein- und Aus-

Der E46 touring ließ sich besser beladen als seine Vorgänger. Er war das ideale Urlaubsauto.

Aus der Mittelarmlehne im Fond ließ sich ein Ablagefach herausklappen.

parken auf engstem Raum. Ultraschallsensoren an der Rück- bzw. an der Vorder- und Rückseite des Fahrzeugs berechnen die Position möglicher Hindernisse. Ein Piepston zeigt an, wie viel Platz noch zur Verfügung steht. Je dichter man an ein Hindernis herankommt, desto kürzer werden dessen Intervalle. Ist der Abstand geringer als 30 cm, ertönt ein warnender Dauerton.
Zusätzlich zur akustischen Einparkhilfe erschien eine schematische Darstellung des Fahrzeugs und der Hindernisse im Display und erleichterte so insbesondere das rückwärtige Ein- und Ausparken. Reifendruck-Kontrolle oder

Neupreise BMW 3er E46 1999 in DM

Limousine	
316i	24.000,–
318i	25.800,–
320i	29.550,–
325i	31.500,–
330i	35.200,–
318d	25.800,–
320d	27.650,–
330d	34.350,–
Limousine Aufpreis Allrad	
325xi	2.300,–
330xi	2.300,–
330xd	2.300,–
Limousine Exclusive	
316i	27.850,–
318i	29.550,–
320i	32.670,–
325i	34.620,–
330i	38.050,–
318d	29.650,–
320d	31.400,–
330d	37.200,–
Coupé	
318Ci	27.700,–
320Ci	30.700,–
325Ci	33.500,–
330Ci	36.600,–
330Cd	35.750,–
Cabrio	
318Ci	33.800,–
320Ci	36.700,–
325Ci	38.900,–
330Ci	41.850,–
touring	
316i	25.750,–
318i	27.800,–
320i	30.950,–
325i	32.900,–
330i	36.600,–
318d	27.550,–
320d	29.650,–
330d	35.750,–
compact	
316ti	20.950,–
318ti	22.700,–
325ti	29.600,–
318td	22.500,–
320td	24.250,–

auch RDC: Das Reifendruck-Kontrollsystem war ab 1999 bei BMW zu bekommen; es überwachte mithilfe von Sensoren an allen vier Rädern elektronisch den Reifenfülldruck. Je nach Modell und Ausstattung ermöglichte die Reifendruckanzeige eine Kontrolle des aktuellen Reifendrucks im Control Display bzw. in der Instrumentenkombination (ab März 2014 wurden alle BMW Neufahrzeuge mit diesem System ausgestattet).
BMW bot seither alle Kompletträder mit sternmarkierten Reifen mit RDC-Sensoren an. Bei einem Reifenwechsel sorgen Experten für die einwandfreie Funktion des Reifendruck-Kontrollsystems, stellen den richtigen Reifenfülldruck ein und programmieren das RDC-System entsprechend.
Für den touring bekam man auf Wunsch eine Ausstattung in Edelholz und/oder in Echtleder, elektrisch sich eng anlegende Außenspiegel, ein Glasschiebe/-hebedach, Sitzheizung vorn, Sportsitze und Xenonlicht.

Ganz links: Zur Vorstellung des neuen E46 touring im Juli 1999 von der BMW Presseabteilung herausgegebene Broschüre.

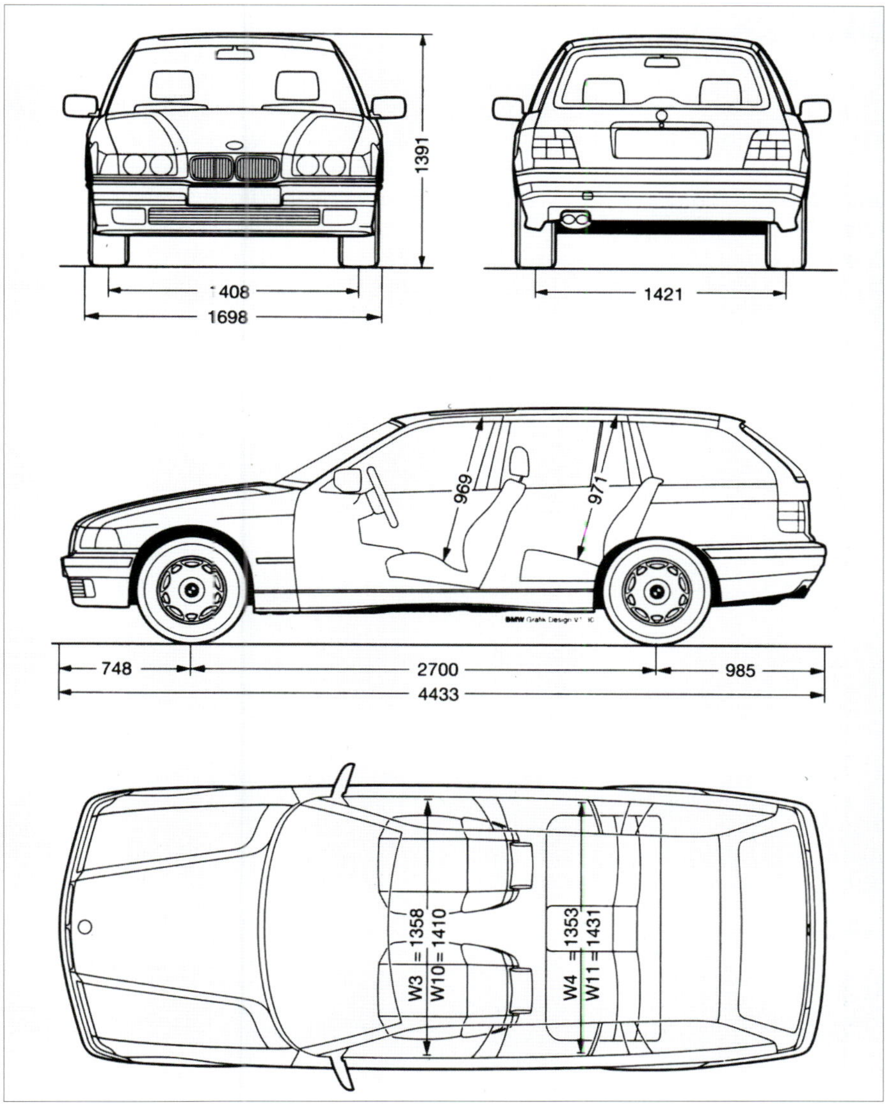

Die Abmessungen des E46 touring.

Die Lehne der Fondsitzbank ließ sich in zwei ungleichen Teilen flach klappen. Unten: Mit dem touring in den Wintersport.

Freude am Fahren, wörtlich genommen! Rechts: Das Platzangebot des Viertürers konnte sich sehen lassen.

Besser sehen, besser aussehen

Xenonlicht war im Jahr 1999 noch nicht allzu oft anzutreffen, wies aber eine enorme Reihe von Vorteilen auf: Zunächst helleres Licht, denn Xenonlampen erreichen deutlich höhere Lichtströme als herkömmliche Halogenlampen. Dann geringerer Energieverbrauch: Im Dauerbetrieb haben Xenonlampen eine geringere Leistungsaufnahme. Ist das Licht während 30 Prozent der Motorenlaufzeit eingeschaltet, ergibt sich eine Reduktion des CO^2-Ausstoßes von ungefähr 1,3 g/km. Xenonlampen besitzen zudem eine dreifach höhere Lichtausbeute. Auch die höhere Lebensdauer fällt ins Gewicht. Sie beträgt im Durchschnitt 2000 Stunden im Vergleich zu einer H7-Halogenlampe mit 450 Stunden. Diese durchschnittliche Lebensdauer wird in Deutschland unter Verwendung eines vom KBA definierten Prüfzyklus ermittelt, der

Bis im Frühjahr 2000 das neue Cabriolet der Reihe E46 verfügbar war, wurde weiterhin der offene E36 angeboten.

die Nutzungsbedingungen der Lampe im Straßenverkehr nachbilden soll. Dann die höhere Leuchtdichte; diese ist bei einer Xenonlampe rund dreimal so hoch wie bei einer H7-Lampe. Die Lichtabstrahlfläche war bei gleichem Lichtstrom geringer, zudem erhitzte sich das Leuchtmittel wen ger stark. Das ermöglichte kompaktere Bauformen der Scheinwerfer (Ellipsoid-Reflektoren und Sammellinsen). Genannt sei auch die tageslichtähnliche Lichtfarbe – bläuliches Licht macht munterer und steigert die Konzentrationsfähigkeit, und bei guten Sichtverhältnissen hat Xenonlicht eine kontrastverstärkende Wirkung. BMW verfügt über ein großes Leuchtmittel-Studio mit Prüflabor, wo solche Untersuchungen sämtlich in eigener Regie, als unabhängig von der Zulieferinustrie, durchgeführt werden konnten.

Oben: BMW 3er Coupé Clubsport; rechts der Viertürer, unten das erst 2000 auf den Markt gebrachte Cabriolet.

Bauzeiten der Basismodelle BMW E46

316i	105 PS	01/1999 - 02/2005
316i	115 PS	12/2001 - 02/2005
316i compact	115 PS	06/2001 - 01/2005
318i	118 PS	05/1998 - 08/2001
318i	143 PS	09/2001 - 02/2005
318i compact	143 PS	09/2001 - 01/2005
320i	150 PS	05/1998 - 08/2000
320i	170 PS	09/2000 - 02/2005
323i	170 PS	05/1998 - 08/2000
325i	192 PS	09/2000 - 02/2005
325ti	192 PS	03/2003 - 01/2005
325ti compact	192 PS	06/2001 - 03/2003
325xi	192 PS	09/2000 - 02/2005
328i	193 PS	05/1998 - 06/2000
330i	231 PS	06/2000 - 02/2005
330xi	231 PS	09/2000 - 02/2005
318d	115 PS	09/2001 - 02/2005
318td compact	150 PS	03/2003 - 01/2005
320d	136 PS	05/1998 - 08/2001
320d	150 PS	09/2001 - 02/2005
320td compact	150 PS	09/2001 - 01/2005
330d	184 PS	09/1999 - 02/2003
330d	204 PS	03/2003 - 02/2005
330xd	184 PS	09/2000 - 02/2003
330xd	204 PS	06/2003 - 02/2005

Für den E46 standen jede Menge Felgen in den unterschiedlichsten Designs zur Verfügung.

Doppel-VANOS und Valvetronic

Im Laufe der nachfolgenden Jahre bot BMW für den E46 – wie bei seinen Vorgängern – eine Reihe neuer Motorisierungsvarianten an, mit denen immer neue Käuferpotenziale erschlossen wurden. So erfolgte schon 1998 die Einführung eines neuen, 193 PS starken 328i, bei dessen Vierventil-dohc-Motor beide Nockenwellen elektronisch verstellbar waren (Doppel-VANOS), was eine noch effizientere Kraftstoffnutzung erlaubte, und im Jahr 2000 folgte mit gleicher Technik ein neuer 320i mit 170 PS. BMW offerierte beide Motorisierungen in der Limousine, im touring und im Coupé, wahlweise auch mit Allradantrieb (328iX, 328iX). Auf dem Genfer Salon 1999 hatten die Bayerischen Motoren Werke erstmals den E46 auch als Zweitürer gezeigt; das neue 3er Coupé, das ein Jahr nach der viertürigen Limousine erschien, gab als 320Ci sein Debüt und wies eine stärker geneigte Frontscheibe als das Coupé E36 auf, was die Dachpartie kürzer wirken ließ – eben coupéartiger.

Im Juni 2000 folgte der 330Ci mit 2979-cm³-Vierventilmotor, 2001 der 318Ci, ein Vierzylinder ebenfalls als Vierventiler, aber mit elektronisch geregelter Ventilsteuerung (Valvetronic) – ein Motor, der 143 PS leistete. Und 2003 wurde das Coupé auch mit 3,0-Liter-Dieselmotor (Common-Rail-Einspritztechnik) geliefert, ein bärenstarker Sechszylinder mit 204 PS.

So schön kann Technik sein! Obere Bildreihe: Der Aluminium-Sechszylinder M52, rechts daneben der 2,0 Liter Diesel M47. Untere Reihe: 1,9 Liter Vierzylinder-Benziner M43 und noch einmal ein Doppel-VANOS-M52.

BMW 320d von 2002.

Der Sechszylinder-Dieselmotor des BMW 320d von 2002.

»Der perfekt ausgewogene 328Ci beherrscht alle Spielarten... Er ist traumhaft wie eine Torte, die nicht dick macht!«

Auto Zeitung, 1999

Rennwagen-Power im M3

Auch einen M3 in der Baureihe E46 kündigte BMW im Juni 2000 an. Der Wagen erschien in der Coupéversion und wies eine variable Differenzialsperre mit automatischem, elektronisch gesteuertem Traktionsausgleich an. Dieser M3 war zugleich der erste BMW, dessen Grundpreis 100.000 Mark betrug – allerdings einschließlich Leder-Vollausstattung, Klimaautomatik, dynamischer Stabilitätskontrolle (DSC) und vieler anderer Extras. Die auffällige, als Stoßfänger ausgebildete Bugschürze mit extrem breitem Lufteinlass und integrierten Nebelleuchten verfehlte ihre aggressive Wirkung nicht. Der Verzicht auf Gummileisten an Front und Heck ließ das Auto noch »bulliger« erscheinen.

»...die Motoren (Vierzylinder-Benziner ab 105 PS, Diesel ab 115 PS) sind hochwertig und als Sechszylinder mit 2,0 und 2,8 Liter Hubraum sehr laufruhig und leistungsfähig. Das Fahrwerk ist in allen Karosserieformen sportlich ausgelegt«.

mobile.de, 2014

343 PS bei einem Eigengewicht von nur 1550 Kilogramm – dieser Sechszylinder hatte die Beschleunigung eines Rennwagens und war mit seiner auf 250 km/h abgeregelten Höchstgeschwindigkeit keineswegs am Limit seiner Fähigkeiten angelangt.
Im September des Jahres 2001 wurde auf Basis des E46 auf der IAA ein neues Cabriolet gezeigt, das zunächst mit einem 1995-cm³-Vierzylindermotor angeboten wurde und als 318i figurierte. Die Maschine hatte 143 (statt vorher 118) PS und wies zwei obenliegende Nockenwellen, 16 Ventile und Valvetronic auf. 2002 folgte wie beim Coupé ein Modell 330i. Der Rahmen der extrem geneigten Windschutzscheibe des zweitürigen Viersitzers war als Überrollbügel ausgelegt. Der geräumige Viersitzer, wahlweise mit 5-Gang-Getriebe oder Automatik erhältlich, übertraf an Eleganz seine offenen Vorgänger; das elektro-mechanisch versenkbare Verdeck ließ sich zur Gänze versenken. Das optional erhältliche sequenzielle Getriebe ließ sich durch Drucktasten in den Lenkradspeichen betätigen.

Zweitüriger E46 325ti. Bei dieser Aufnahme ist die Ausprägung der oberen, aerodynamisch ausgeklügelten Abrisskante besonders gut erkennbar.

E46 compact mit Premium-Anspruch

Mit einem neuen compact auf Basis des E46 startete BMW im Mai 2001 einen Versuch, dieses interessante Segment durch einen Wagen mit Premium-Charakter zu besetzen. Im November 2000 war der Prototyp vorgestellt worden. Mit seinen beiden Einzelscheinwerfern und einer stark der aktuellen Keilform entsprechenden Karosserielinie gab sich der neue compact noch gedrungener, noch schnittiger als sein Vorgänger, wobei kaum auffiel, dass dieses Modell den gleichen Radstand wie die Limousine hatte, nur in der Gesamtlänge durch sein Stummelheck doch 28 Zentimeter kürzer war. Im Frühjahr 2003 gab es stärker konturierte Seitenschweller und eine modifizierte Heckpartie mit anderen Rückleuchten. Den als E46-5 bezeichneten Wagen gab es anfangs nur als 316ti und 325ti mit Motoren aus dem aktuellen Baukastenprogramm, aber wie üblich kamen schon bald weitere Varianten wie der 320td

und ein 325ti in M-Version (ab 2003) hinzu. Ab April 2003 stattete man den Compact (jetzt groß geschrieben) mit einem 6-Gang-Getriebe aus.
Der E46 als M3 Cabriolet, angeboten ab dem Jahr 2001, war eine besonders reizvolle Variante eines sympathischen Themas, aber das 343 PS starke (3246 cm³) Traumauto kostete auch den stolzen Preis von 60.700 Euro.
Im Oktober 2002 gab ein weiterer 3er BMW der Superlative seine Vorstellung (wurde aber erst 2003 in Genf offiziell dem Publikum präsentiert): der M3 CSL. Das von der BMW M GmbH geschaffene Leichtbau-Coupé mit seinem auf 360 PS getrimmten 2ohc-Vierventiler mit einem Drehmoment von 370 Nm hatte ein spezielles Hochleistungs-Fahrwerk und sollte nur in kleiner Stückzahl entstehen. Der Wagen stellte die Basis für ein erfolgreiches Wettbewerbsfahrzeug dar.

Dem Nachfolger des E46 hatte man eine neue Wagenfront gegeben, bei der die Leuchteinheiten spitz in die Flanken übergingen.

Presse- und Besitzerstimmen

Der bis 2004 produzierte E46 stand wie seine Vorgänger oft genug im Mittelpunkt des Interesses der internationalen Motorpresse. Und der Zeit entsprechend, diente auch das Internet mit unzähligen Foren und Portalen zunehmend als Plattform des Informations- und Meinungsaustausches. So konnte man im *autoplenum* beispielsweise 2012 die Äußerung

»Gemäß fahr- und laufleistungsabhängiger Intervallanzeige (Bordcomputer) ist im Schnitt nur ca. alle 25.000 km oder alle zwei Jahre ein Ölwechselservice und ca. alle 50.000 km eine Inspektion fällig. Verschleißteile sind preisgünstig und auf Langlebigkeit ausgelegt, wie z. B. die Auspuffanlage. Allerdings sind die Werkstattstundenpreise hoch.«

ADAC-Test, 2003

Durch die schwarz mattierten B- und C-Säulen gab es auch beim Modell touring über die seitliche Fensterfront keine Betonung der Senkrechten, was der gestreckten Silhouette zugute kam. Und das hintere Seitenfenster wies sogar einen kleinen »Hofmeister-Knick« auf.

Unten: BMW E46 Compact mit einer Spezial-Auspuffanlage von Eisenmann.

eines E46-Besitzers lesen, er sei »bis jetzt 140.000 Kilometer gefahren, keine großen Reparaturen, verbrauche im Schnitt um die 9,5 Liter auf 100 km auch bei zügiger Fahrt... Leider fängt er langsam das Rosten an«. Ein anderer Besitzer setzte den Kommentar ins Netz: »Ich besitze seit nun zwei Jahren ein E46 Cabrio in Saphirschwarz. Das Fahrzeug ist im Mai 2005 vom Band gelaufen. Zum Preis-/Leistungsverhältnis: Stimmt bei diesem Fahrzeug, wenn man bedenkt, was die Dinger neu kosten. Meinen hab ich 2010 mit 26.000 km gekauft und 18.900 Euro bezahlt. Ursprünglicher Listenpreis mit meiner Ausstattung: 45.500 Euro«.

Besitzer eines 316 ti Compact: »Ich habe den BMW 316ti Compact im Dezember 2012 für 6000 Euro gebraucht gekauft mit einem Kilometerstand von 62.000. Nun hat der Gute die 92.000 km-Marke überschritten. Das Auto lief bis jetzt immer zuverlässig und hat mich immer an den Ort gebracht, wo ich hin wollte. Das Design ist sportlich und vor allem übersichtlich beim Parken. Bei dem kleinen Auto benötigt man kein PDC«.

Und so urteilte 2014 *mobile.de*: »Der 1998 gelaunchte 3er BMW E46 steht in der Tradition seiner Vorgänger und ist das Urmodell einer kompakten Sportlimousine. Das bis auf die Motoren neuentwickelte Auto der gehobenen Mittelklasse legt den Fokus auf Fahrer, die eine sportliche Fahrweise bevorzugen. Raum für Passagiere und deren Gepäck ist ausreichend, wenn auch keineswegs üppig vorhanden. Wettbewerber wie die Mercedes-Benz C-Klasse haben hier mehr zu bieten.

Dafür sind die Motoren (Vierzylinder-Benziner ab 105 PS, Diesel ab 115 PS) hochwertig und als Sechszylinder mit 2,0 und 2,8 Liter Hub-

raum sehr laufruhig und leistungsfähig. Das Fahrwerk ist in allen Karosserieformen sportlich ausgelegt.
ABS gibt es ebenso wie Front- und Kopfairbags serienmäßig, den Schleuderschutz ESP gab es anfangs nur für die Topmodelle ohne Aufpreis. Im Euro NCAP-Crashtest erreichte diese Baureihe des BMW 3er vier von fünf Sternen für die Insassensicherheit, ein gutes Ergebnis.
Insgesamt ist der BMW 3er sehr ordentlich verarbeitet. Der gesamte Innenraum wirkt auch im Alter hochwertig. Lob sammelt der BMW zudem beim TÜV für den guten Rostschutz und die standfeste Technik. Auch Beleuchtung und Lenkungsspiel werden überdurchschnittlich selten bemängelt. Bei diesem BMW-Modell gab es jedoch eine große Fehlerquelle: die Aufhängung der Hinterachse, die man daher unbedingt kontrollieren sollte. Bei Modellen der ersten Baujahre riss sie in zahlreichen Fällen ab – eine wesentlich haltbarere Ausführung bekam man beim BMW Händler erst nachträglich eingebaut. Diese 3er-Generation fällt beim TÜV zudem mit ungleichmäßig wirkender Handbremse und aufquellenden Bremsschläuchen auf. Rückrufe galten Seitenairbag, Bremspedal und der bereits angesprochenen Hinterachse«.

Eine Torte, die nicht dick macht

Tester und Besitzer waren sich einig: Die Elektrik sowie die Motoren der Modellreihe E46 waren generell unauffällig und nach Aussage des ADAC für hohe Laufleistungen gut. Eine Ausnahme bildeten manche Dieselfahrzeuge, besonders die Turbos: Diese blieben gelegentlich liegen. Bei normaler Fahrweise genehmigen sich die Benziner rund 8,0 bis 10 Liter auf 100 Kilometer, die Diesel starten bei etwa 6,5 bis 7 Liter.
Dieselmodelle mit geringen Laufleistungen sind gesucht. Trotz des geringen Verbrauchs gelten sie als sehr durchzugsstark. Knifflig bei dieser Baureihe: Ursache für unrunden Motorlauf kann der Tempomat sein.
Das Magazin *Sport Auto* urteilte über den E46: »Von den Antriebskomponenten bis zur Zentralverriegelung, von der Blechstruktur bis zur Sicherheitstechnik erfüllt der BMW E46 weit höhere Anforderungen als sein Vorgänger...«, und die in Köln erscheinende *Auto Zeitung* schwärmte in einem Testbericht: »Der perfekt ausgewogene 328Ci beherrscht alle Spielarten... Er ist traumhaft wie eine Torte, die nicht dick macht!«
Ingenieure des ADAC veröffentlichten im April 2002 einen Report über den damals aktuellen 320i und führten unter anderem aus:

Der E46 im Crashtest. Nach dem Euro NCAP-Verfahren wird mit unterschiedlicher Gewichtung bewertet: Schutz erwachsener Insassen, Fußgängerschutz, Schutz von im Fahrzeugfond sitzenden Kindern sowie unfallvorbeugende Sicherheitsmerkmale eines Fahrzeugs. Beim Frontalcrashtest prallt das Fahrzeug mit einer Geschwindigkeit von 64 km/h und einer Überdeckung von 40% auf eine Aluminiumbarriere. Der Test simuliert einen Zusammenstoß zwei gleicher Fahrzeuge, die jeweils mit 55 km/h unterwegs sind.

Burkard Bovensiepens ALPINA-Manufaktur machte aus dem E46 einen traumhaft schönen B3. Traditionell wiesen die Fahrzeuge aus Buchloe eine dunkelblaue Lackierung auf.

Etwas bunter gibt sich der als Werbefahrzeug lackierte E 46 eines Bremer BMW Händlers (ganz rechts).

»Die Baureihe E46 überzeugt durch hervorragende Straßenlage und aufgrund des Heckantriebs überdurchschnittlich hoher Dynamik, weniger aufgrund des doch eher beengten Platzangebots, insbesondere beim touring.

Auch in der ADAC-Pannenstatistik ist der BMW nicht frei von Kritik, insbesondere die unterdimensionierte Hinterachsbefestigung der Limousine bis Baujahr 2000 stellte einen sicherheitsrelevanten Mangel dar. Empfehlung: Über alle Zweifel erhaben sind die wunderbar weich laufenden und durchzugskräftigen Sechszylinder-Benzinmotoren, die jedoch den beherzten Tritt auf Gaspedal mit einem doch recht hohen Kraftstoffverbrauch quittieren.«

ADAC-Lob: »Besonders gute Bremsen«

Gelobt wurden die sehr gute Verarbeitung, die leichte, funktionelle Bedienung, das straffe, doch komfortable Fahrwerk, die gut geformten Sitze, der laufruhige Motor, die sichere Straßenlage, die »besonders guten« Bremsen und der hohe Sicherheitsstandard. Bemängelt wurden die zu kurzen hinteren Kopfstützen.
»Türen und Klappen schließen leicht und satt. Im Innenraum gefallen die hochwertigen, nobel anmutenden Materialien, die sich angenehm anfühlen. Die Tür- und Kofferraumverriegelung lässt sich auch mit einer Fernbedienung aktivieren. Der Unterboden ist durchgehend geschlossen und recht glattflächig. Das reduziert verbrauchserhöhende Luftwirbel und verhindert Eindringen von Straßenschmutz in den Motorraum«. Aber: Eine Dachreling war nur »gegen Aufpreis erhältlich, die Stoßfänger sind lackiert und deshalb kratzempfindlich, und bei einer Reifenpanne muss man sich mit einem schmalen Notrad begnügen...«
Als Raumwunder ließ sich der touring nicht bezeichnen: »Für die Fahrzeugklasse ist das Kofferraumvolumen noch zufriedenstellend (340 Liter). Wenn die Rücksitzlehne vorgeklappt ist, können 685 Liter Gepäck verstaut werden (gemessen bis Fensterunterkante). Sperrige Gegenstände lassen sich nicht gut verstauen, weil das Heck sehr schräg ist.« Das traf aber wirklich nur für sehr lange und zugleich hohe Ladegüter zu; hier war eben ein Volvo V70 unschlagbar – der aber auch in einer anderen Liga als ein BMW 3er touring spielte.

Vom Grafiker Norbert Schäfer stammen die Darstellung des SMG-Getriebes und der Durchblick beim E46 touring.

BMW
MODE
LIM
MODE
SPORT
ECO PRO

Vorsprung durch Qualität

Besser nutzbarer Innenraum, noch höherwertige Ausstattung, aber unter Beibehaltung möglichst vieler bisheriger Stilelemente – das waren die Vorgaben für den 2005 präsentierten Nachfolger des E46 gewesen, für den wieder eine umfassende Motorisierungspalette zur Wahl stand.

BMW E90 2005-2013

Die fünfte Generation der 3er-Reihe erschien Anfang 2005 und setzte den Welterfolg dieser Klasse fort. Ab September 2005 war auch wieder eine Touring-Version erhältlich. Wie die 3er Limousine E90 verfügte auch der fünftürige Touring E91 über neue Motoren, kräftiger als ihre Vorgänger und dennoch wirtschaftlicher im Verbrauch. Als Modell 325i mit 218 PS – das waren 26 PS mehr als vorher – wies er nämlich ein geringeres Gewicht auf, dank Verwendung von Leichtmetall am Fahrwerk und Magnesium für Kurbelgehäuse und andere Motorteile. Der Dreiliter war der weltweit leichteste Sechszylinder seiner Größe.

Zunehmender Beliebtheit erfreute sich der BMW Touring. Serienmäßig erhielt er ein 6-Gang-Handschaltgetriebe (optional: 6-Stufen-Automatik) mit engen Abstufungen. Die Optik des Wagens wies eine dynamische Silhouette auf mit einer Dachlinie, die weich zum Schrägheck abfiel, wobei die Scheibenflächen coupéhaft klein wirkten – dem aktuellen Trend folgend, der die einst so gepriesenen Vorteile großzügiger Fensterflächen ignorierte. Auch auf ein Ersatzrad wurde verzichtet. Die europäische Pannenstatistik bewies, dass Reifendefekte so selten auftraten, dass Autofahrer oft mehr als 100.000 Kilometer zurücklegten, ohne dass sie ein Rad wechseln mussten. Allerdings trug ein Umstand zu der Langlebigkeit der modernen Reifen bei: Der Wechsel von Sommer- zu Winterreifen und umgekehrt, je nach Jahreszeit. Das hatte einen geringeren Verschleiß der Pneus zur Folge und bescherte ihnen eine längere Lebensdauer.

Evolutionsprozess: Vom E46 zum E90

Wenden wir uns aber zuächst der Limousine zu. Der E36 war der bisher meistgekaufte BMW gewesen. Die vierte Generation des 3er,

E92 Coupé in metallic-roter Lackierung, Modell 2005, und das gleiche Modell in Silbergrau.

Wie schon beim Vorgängermodell, war auch beim neuen Dreier der Touring besonders beliebt.

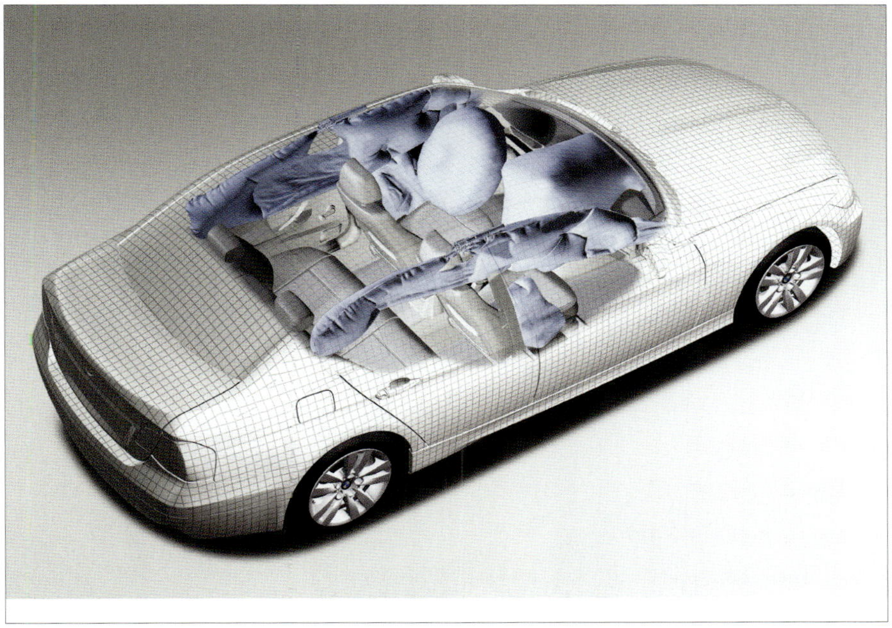

CAD-Darstellung des Antriebsschemas beim E90. Darunter: Eine maximal mögliche Zahl von Airbags schützt die Insassen auf allen Plätzen bei einem Unfall.

als E46 im Frühjahr 1998 eingeführt, kam zunächst wieder als viertürige Limousine auf den Markt, dem das Coupé mit Jahresabstand folgte. Auffallend war nicht nur die aerodynamisch noch effizientere Frontgestaltung, sondern auch die stärkere Akzentuierung der Heckpartie. Aber auch im Interieur gab es Optimierungen, so beispielsweise bei den großen Rundinstrumenten, durch raffinierte Ablagemöglichkeiten und viele gut durchdachte Details zur Entlastung des Fahrers und zur Steigerung des Komforts seiner Passagiere.
Mit E90 bezeichnete BMW die gesamte 2005 präsentierte Nachfolge-Baureihe, zugleich aber bekamen die einzelnen Bauausführungen dieser Reihe eigene Typencodes:

E90	Limousine	(2005-2012)
E90N	Limousine LCI	(2008-2012)
E91	Touring	(2005-2013)
E91N	Touring LCI	(2008-2013)
E92	Coupé	(2006-2010)
E92N	Coupé LCI	(2013-2013)
E93	Cabriolet	(2007-2013)
E93N	Cabriolet LCI	(2010-2014)
E90/91/92/93 S M3		(2007-2014)

Als erstes Modell der neuen Baureihe kam im März 2005 die viertürige Limousine E90 auf den Markt. Im September 2005 wurde die eingangs erwähnte, bei BMW Touring genannte Kombiversion E91 eingeführt. Das Coupé E92 erschien im September 2006, das Cabriolet E93 folgte im März 2007. Während die beiden Letzteren vier Sitze aufwiesen, wurden die Limousine und Touring als Fünfsitzer gebaut. Der M3 mit neukonstruiertem V8-Motor erschien im Herbst 2007 zunächst nur als Coupé. Im Frühjahr 2008 wurde die M3-Palette durch den Stufenheck-Viertürer erweitert und anschließend durch das Cabrio komplettiert. Im September 2008 wurden Limousine und Touring überarbeitet, ein Facelift für Coupé und Cabrio folgte im März 2010. Und falls Ihnen die Abkürzung LCI Rätsel aufgibt: Es be-

Der Kombiwagen E91 war im Vergleich zu seinem Vorgänger etwas geräumiger. Übernommen hatte man die asymmetrisch umlegbaren Fond-Rückenlehnen.

deutet »Lifecycle Impulse«, und das steht in der Fachsprache für das von uns Laien gewöhnlich benutzte Wort »Facelift«.

Neues Coupé mit xDrive

Als »Eleganz in höchster Vollendung« bezeichnete die BMW Werbung das im September 2006 neu herausgekommene Coupé E92 der Baureihe E90. Nicht eine Variante der Limousine war dieses Modell, sondern es wies ein eigenes Karosserie- und Interieur-Design auf.

Links: BMW 335i vor einer bei den Fotografen so beliebten Bergkulissen
Rechts: Innnenraumansicht einer 335i-Limousine.

Die Stahlleichtbau-Karosserie verlieh dem Wagen höhere Festigkeit bei geringerem Gewicht. Dieses Coupé war auch als erstes mit dem xDrive-Allradantrieb erhältlich. An Motorisierungen bot BMW drei Benziner von 218 bis 306 PS sowie den 330d als 231-PS-Diesel an. Die so beliebt gewordenen »Corona-Ringe« als Tagfahrlicht (Bi-Xenon) gehörten ebenso zur Serienausstattung wie automatische Gurtbringer für die vorderen Sitze oder das 6-Gang-Handschaltgetriebe. Und 440 Liter Kofferraumvolumen konnten sich ebenfalls sehen lassen. Der Durchstieg zum Fond erfolgte nach Entriegelung der Vordersitze.
Die Silhouette des sportlich gestreckt wirkenden Wagens mit ihrer sanft bis in den Heckabschluss verlaufenden Dachlinie verlieh dem Coupé einen ganz spezifischen Charakter.
Im Herbst 2007 erschien die vierte Generation des M3 auf der Basis des BMW 3er Coupés. im Herbst folgte die neue M3 Limousine, Anfang 2008 ein Cabrio. Ästhetik, hohes Leistungspotenzial und volle Alltagstauglichkeit kennzeichneten die Fahrzeuge.

In vier Sekunden auf 100 km/h

Ganz neu war 2007 ein V8-Aggregat mit vier Liter Hubraum und satten 420 PS, eigens für die M-Reihe entwickelt. Der Motor wies Einzeldrosselklappen, eine variable Nockenwellenverstellung (Doppel-VANOS) und Bremsenergie-Rekuperation auf, dabei wog der V8 weniger als sein Sechszylinder-Vorgänger. In nur 4,9 Sekunden war man von Null auf Hundert...
Einen besonderen Charakter verlieh dem Fahrzeug ein vollkommen neu entwickeltes Fahrwerk mit eigener, M-typischer Achskinetik und überwiegend Aluminiumkomponenten, einer aggressiver gestalteten Frontpartie sowie waagerechten »Kiemen« (zur zusätzlichen Brem-

Das als E93 bezeichnete Cabriolet mit hellbeiger Lederausstattung.

Pures Frischluft-Fahrvergnügen im offenen BMW; hier ein Modell von 2006. Ab 2010 gab es das Cabrio auch in M3-Spezifikation.

senbelüftung) in den vorderen Seitenwänden, dazu kraftvoll ausgeformte Seitenschweller. Zur Motorisierung passten das manuelle 6-Gang-Getriebe und der M-Drive zum Einstellen von Motorkennlinien.
Im September 2008 gab es im Rahmen von LCI-Maßnahmen ein Facelifting für die Limousine und und den Touring. Front- und Heckschürze, die Außenspiegel, die Leuchten sowie Motorhaube und Heckklappe hatte man geändert, auch die Spur verbreitert. Die BMW Niere war neu gestaltet und die seitliche Linienführung optisch gestreckt worden. Einige bisherige Sonderausstattungen, wie das Lederlenkrad mit Multifunktionstasten, gehörten jetzt zum Serienumfang, eine Marketingpolitik, die bei BMW Tradition hat.
Auch der 320d war nun – wie schon die Modelle 330d, 325i, 330i sowie 335i – mit dem xDrive genannten Allradantrieb erhältlich. Im März 2010 spendierte BMW auch dem Coupé und dem Cabriolet eine Verjüngungskur, und den leistungsstarken M3 bekam man jetzt ebenfalls als Cabrio: sehr schnell, sehr schön, sehr teuer.
Im September 2011 erfolgte schließlich die Ankündigung des E90-Nachfolgers, als Baureihe F30 bezeichnet, für das Frühjahr 2012.

Rechts: Haute Couture aus dem Allgäu – ALPINA D3 Baujahr 2005.
Unten: ALPINA B3 Biturbo Coupé von 2008.

Vorderachse

Die Auswahl an Felgen war für den E90 besonders groß. Auch Fremdanbieter mischten hier kräftig mit.

Hinterachse mit Kardanwelle.

Scheinwerferpartie nach dem Facelifting vom September 2007. Das untere Foto zeigt ein Coupé des Baujahres 2006. Rechts oben: Blick auf den Arbeitsplatz in einer Limousine von 2010.

»Wer einen BMW mit Dieselmotor will, sollte darauf achten, dass dieser einen Rußpartikelfilter hat – den beliebten 320d gab es anfangs auch ohne. Zwar kann ein Filter nachgerüstet werden, doch wenn er fehlt, bekommt der Wagen keine grüne Umweltplakette«.

Testbericht in DIE WELT, Juli 2013

BMW E90 im Test der Fachpresse

Im Oktober 2011 veröffentlichte die Auto Zeitung eines Testbericht über den jüngsten F90, in welchem Holger Eckhard schrieb: »Der 3er bleibt auch in der aktuellen Version seinem Image treu. Der Bayer setzt die sportlichen Akzente in der umkämpften Mittelklasse. Er gilt als schlank, sportlich und fahrdynamisch top. Großer Komfort und ein ansprechendes Raumangebot stehen erst in zweiter Linie zur Diskussion, wenn die Sprache auf einen 3er BMW kommt. Tatsächlich bleibt sich die 1975 eingeführte Modellreihe auch in der aktuellen Version treu. Der E90, wie er intern genannt wird, vereint die dynamischen Tugenden allerdings vermehrt mit ausgesprochener Sparsamkeit. Das EfficientDynamics genannte Programm umfasst je nach Motorisierung neben Start-Stopp-Systemen, Schaltpunktanzeigen, bedarfsgesteuerten Nebenaggregaten, abkoppelbaren Klimakompressoren auch verschließbare Lamellen im Kühlergrill. Sowohl die Zweiliter-Benziner in 318i und 320i als auch die Vierzylinder-Turbodiesel gehören nicht nur zu den leistungsfähigsten Aggregaten in der Mittelklasse, sondern auch zu den sparsams-

2008er E90 Viertürer in den Alpen. Der Wagen auf dem Foto links ist ein M3 von 2006.

ten. Selbst die Dreiliter-Reihensechszylinder – sie gelten als besonders laufruhig und harmonisch in der Leistungsentfaltung – überraschen mit verhältnismäßig niedrigen Verbräuchen.« Nicht zu Unrecht werde der 335i mit seinem 306 PS starken Turbo-Sechszylinder als »kleiner M3« bezeichnet, besonders in der Coupé-Variante. »Mit guten Fahrleistungen und schnellen Rundenzeiten auf den Handlingkursen erobern die 3er regelmäßig hohe Punktzahlen in unseren Vergleichstests. Dabei sind die heckangetriebenen Modelle denen mit optionalem Allrad mindestens ebenbürtig. Das zusätzliche Gewicht des Allradantriebs drückt auf die Dynamik. Einen heckgetriebenen 3er mit deaktiviertem DSC (ESP) am Limit zu bewegen, fordert allerdings immer den Einsatz aller fünf Sinne«.

E92 Coupé von 2011 eines BMW-Fans in Luxemburg.

Kein Raumwunder, aber kluge Raumausnutzung

Im Fazit dieser eingehenden Beurteilung heißt es: »Der BMW 3er verkörpert den viel beschworenen Fahrspaß wie kaum ein anderes Modell in der Mittelklasse. Die Freude hinter dem Lenkrad kommt selbst in den schwächer motorisierten Versionen nicht zu kurz. Außer-

Neupreise BMW E90 bei Einführung
(Euro inkl. Mehrwertsteuer)

Limousine			
318i	26.569,83	325d	36.520,70
320i	28.570,26	330d	40.521,55
325i	33.648,27	335d	45.137,93
330i	37.956,89		
335i	40.521,55	Coupé	
318d	29.288,36	325i	36.777,16
320d	31.750,43	330i	41.137,07
325d	34.981,89	335i	44.317,24
330d	38.982,76	330d	42.162,93
335d	43.599,14	335d	47.394,83
Touring		Aufpreis für Allrad	
318i	28.108,62	325xi	2.564,65
320i	30.109,05	330xi	2.564,65
325i	35.187,07	330xd	2.564,65
330i	39.495,70		
335i	42.060,35	Cabriolet	
318d	30.827,15	325i	44.500,–
320d	33.699,57	335i	50.750,–

dem ist er einer der wenigen Vertreter dieser Klasse mit klassischem Heckantrieb und einer nahezu ausgewogenen Gewichtsverteilung. Die durchweg straff abgestimmten 3er hinken beim Federungskomfort allerdings etwas hinterher. Ein Raumwunder darf der Kunde ebenfalls nicht erwarten, wohl aber eine kluge Raumausnutzung. Dazu kommen ein hohes Qualitätsniveau sowie ein hoher Bedienkomfort und der durchweg dynamische und sparsame Antrieb.« In Australien orientieren sich Autokäufer gern am 2006 gegründeten Car Advice. Matt Camp-

Zwei Bayern in Spanien: E92 Coupés unterschiedlicher Ausführung mit entsprechender Felgenbestückung.

»Dass sportliches Image… eine Gratwanderung sein kann, zeigen 3er-Fahrer, die mit ihrem tiefergelegten Gefährt schon mal eine Tempo-30-Zone mit einer Schnellstraße verwechseln. Davon unberührt bleibt aber der gute Ruf des Mittelklassemodells, den es sich nach den Achsproblemen der Vergangenheit inzwischen erarbeitet hat…«

Handelsblatt, März 2014

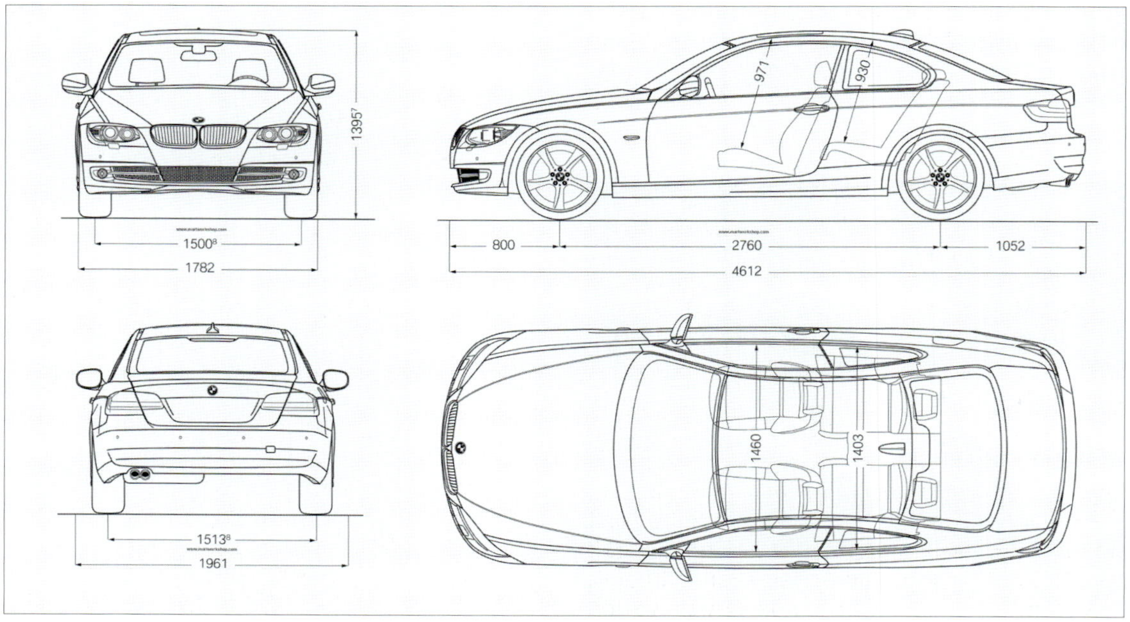

Abmessungen des E92 Coupés von 2007.

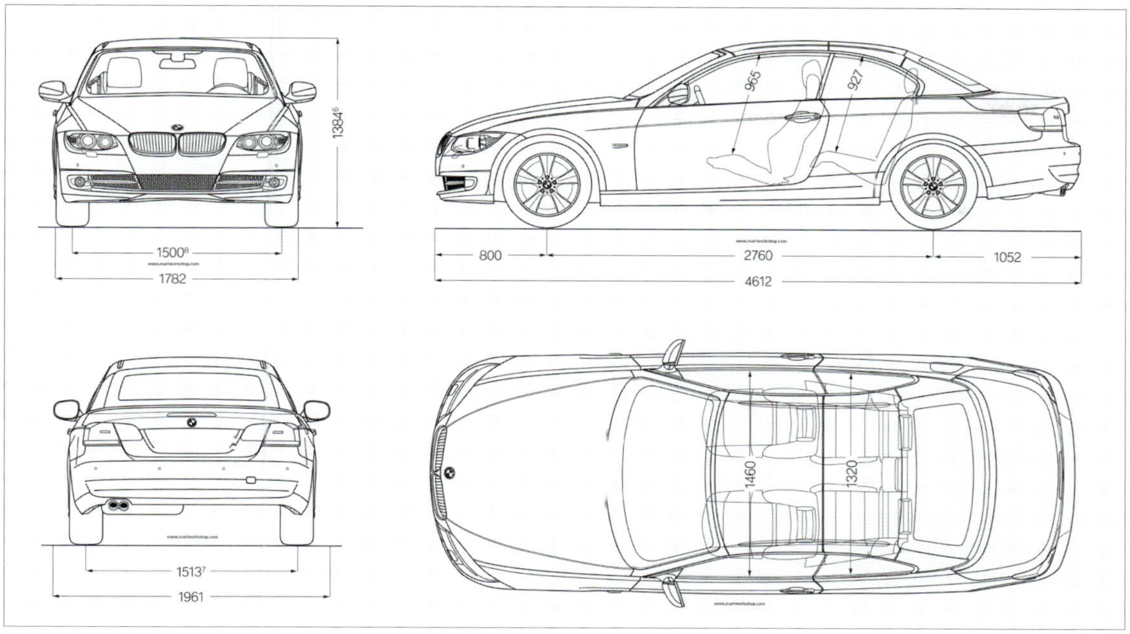

Abmessungen des BMW E93 Cabriolets. Auf längeren Touren haben zwei Personen mehr Komfort als vier.

bell, einer des heute 20 Personen umfassenden Teams, schrieb 2009 über das 320d Coupé, das in Down Under stolze 61.000 Austral-Dollar (40.700 Euro) kostete, was für australische Verhältnisse ein sehr hoher Preis ist (wobei zu berücksichtigen wäre, dass einige BMW Modelle in der Exportversion reichhaltiger ausgestattet sind):

»Es ist nicht leicht, BMW irgendwelche Fehler anzukreiden; die Firma produziert die perfektesten Fahrmaschinen. Das gilt für den M3 ebenso wie für den M5, den 6er und so auch für den 320d. Dieses Modell kann alles, was man von einem 3er BMW erwartet und ist darüber hinaus enorm wirtschaftlich zu fahren. Der 320d beschleunigt von Null auf 100 km/h in 8,3 Sekunden. Aber eigentlich zählt weniger die Beschleunigung als das enorme Drehmoment, das sich bei Überholvorgängen nutzen lässt. Die Leistung der Maschine ist mehr als ausreichend, um einen mit fünf Personen besetzten Wagen im Bergland um Brisbane bei aufgedrehter Klimaanlage flott zu bewegen; auch macht die Maschine keinen Lärm – dass sie ein Diesel ist, hört man nur außen.... Wie ich schon vor Jahren gesagt habe: BMW baut keine langweiligen Autos, egal um welches Modell es sich handelt. Jedes Auto mit dem weiß-blauen Emblem auf der Motorhaube lässt sich wie ein Sportwagen fahren.« Längst besaß die Marke BMW bei den Aussies jenes Image, das einst exklusiv die britischen Sportwagen für sich beanspruchen konnten. Nicht weniger als 189 verschiedene Exemplare der Baureihe E90, verteilt über die gesamte Bauzeit 2005-2012, bewegten die Redakteure und Tester des Fachmagazins auto, motor und sport und dokumentierten aus der Fülle ihrer Eindrücke alles Wesentliche. Nachfolgend ein Auszug aus

Blick unter die Motorhaube eines BMW 335i Sechszylinders von 2008.

Oben ein F30, links dessen Vorgänger E90 von 2009.

einem Plädoyer für schnelle BMW Cabriolets: »Der offene Dreier von BMW bietet Luftfahrt für jeden Geschmack.
Die Frage ist: Wächst mit den Pferdestärken auch das Fahrvergnügen?«
Woher der Spaß am Autofahren denn eigentlich komme, wurde gefragt. »In den meisten Fällen, das darf wohl bei einem so emotionsgeladenen Thema unwidersprochen bleiben, ist es der Motor, der den Charakter eines Autos und den Fahreindruck prägt. Starke Maschinen sind da im Vorteil. Ihre Kraftreserven können einem gelassenen Fahrstil dienlich sein, sie machen das Fahren angenehm und komfortabel, auch wenn der Fahrer nur in Ausnahmefällen die Gelegenheit wahrnimmt, die Fülle der Leistung und des Drehmoments voll

auszuschöpfen. Jene Automodelle, die eine besonders breite Motorisierungspalette zu bieten haben, beweisen das eindeutig: Es ist ohne Zweifel viel vergnüglicher in einem Mercedes E 420 zu fahren als in einem E 200 Diesel. Ausgerechnet beim Cabrio, jener Abart des Automobils, die schon den Weg zum Ziel macht, soll das anders sein – das behaupten jedenfalls durchaus ernstzunehmende Zeitgenossen, denen nicht unterstellt werden darf, dass sie dem bescheideneren Antrieb den Vorzug geben, weil sie sich stärkere Maschinen nicht leisten können.

»Kein Mensch braucht ein Cabrio, das 250 km/h läuft«

»Im Vordergrund, so ihre Argumente, stehen schließlich das geöffnete Verdeck, der brausende Fahrtwind und der unmittelbare Kontakt zur Umgebung. Die mehr oder weniger frische Luft ist die gleiche für den Fahrer des bescheidenen Vierzylinders wie für den Zwölfzylinder-Protz. Außerdem sollte Cabrio-Fahrern nichts ferner liegen als der beharrliche Tritt aufs Gaspedal, um – meist ohnehin eine Illusion – ein paar Minuten früher anzukommen. Ob man da unterwegs in zwölf Sekunden auf 100 beschleunigen kann oder in nur sieben, das spielt nun wirklich keine Rolle...«

»Die Wahrheit liegt, wie so oft, in der Mitte. Kein Mensch braucht ein Cabrio, das 250 km/h läuft. Und keiner ist verrückt, der Hubraum und Leistung die Rolle der wahren Spaßmacher zuordnet. Im Fall eines der attraktivsten Cabrios unserer Zeit, dem offenen Viersitzer von BMW, kommt jeder auf seine Rechnung.«

Weißer E90 Viertürer und ein Coupé in Metallic-Rot von 2011.

E90 Limousine in Silber und mit Felgen im Speichendesign.

Getunter- und Serien-BMW

»Sie ist sportlich, schick und außerdem auch solide – TÜV-Prüfer haben an der fünften Generation des BMW 3er wenig auszusetzen. Bei der Hauptuntersuchung fällt die im Jahr 2012 abgelöste Baureihe selten negativ auf...«

DIE WELT,
Juli 2013

Es gibt nichts, was es nicht gibt, zumindest für den E90. Zum Beispiel einen Sicherheitskäfig bei der (dakargelben und tiefergelegten) M3 Limousine für den Fall, dass der Fahrer seine getunte BMW-Welt auf den Kopf zu stellen gedenkt.

E90 Limousine.

E90 Touring, Limousine und Coupé: So viel Übereinstimmung im Design innerhalb einer Fahrzeugfamilie findet man bei anderen Fabrikaten nur selten.

Es muss nicht immer Schwarz sein. Rotbraunes Leder ist ein Klassiker unter den Sonderausstattungen.

Und was ist mit der Limousine? *AutoBild* veröffetnlichte im September 2009 einen Testbericht, der einem 320d von 2005 galt und war positiv beeindruckt: »Das spielerische Handling. Seit Generationen ist es ein wichtiges Argument für den BMW 3er. Die Baureihe E90

Scheinwerferkegel in einer Linkskurve.

Unten: Es gibt verschiedene Domstreben, auch von Fremdherstellern, zum nachträglichen Einbau in den BMW E90.

»Er gilt als schlank, sportlich und fahrdynamisch top. Großer Komfort und ein ansprechendes Raumangebot stehen erst in zweiter Linie zur Diskussion, wenn die Sprache auf einen 3er-BMW kommt. Der E90 vereint die dynamischen Tugenden vermehrt mit ausgesprochener Sparsamkeit...«

Auto Zeitung, Oktober 2011

Azurblaues E90 Coupé eines britischen BMW-Enthusiasten.

»BMW hat dazugelernt: nach Jahrzehnten des Getriebeheulens und Achsenklapperns präsentiert sich der Ende 2004 eingeführte 3er Baureihe E90 als nahezu fehlerfreier Gebrauchtwagen. Endlich…«

AutoBild, September 2009

Produktion des E90 im BMW Werk Leipzig, 2005-2009.

macht da keine Ausnahme, legte aber beim Platzangebot zu – auch hinten können Erwachsene in Würde sitzen. Die Motoren sind echte Langläufer, besitzen kettengetriebene Nockenwellen – Zahnriemenwechsel nicht nötig. Und endlich hält auch das Fahrwerk durch.« Notiert wurde auch, was Ärger macht: »Das harte Fahrwerk. Leute, die ihre Kiste sowieso sofort tieferlegen, wird es zwar nicht stören. Wohl aber Autofahrer, die viel und weit fahren, daher gewissen Wert auf Komfort legen. Der 3er rollt zwar relativ komfortabel ab, gibt aber größere Buckel unnachgiebig an seine Insassen weiter. Das können andere besser, ohne deshalb bei sportlicher Fahrweise wesentlich langsamer zu sein«.

BMW F30
2011-2019

Global Player

»Für alle, die unter Autofahren nicht nur ein Von-A-nach-B-Kommen verstehen, ist der BMW 3er ein bezahlbarer Traumwagen... Neuer Anzug und sehnigere Proportionen: Der 3er, guter Kumpel aller Lust-Autofahrer, startet rundum erneuert in seine sechste Generation...« (ams)

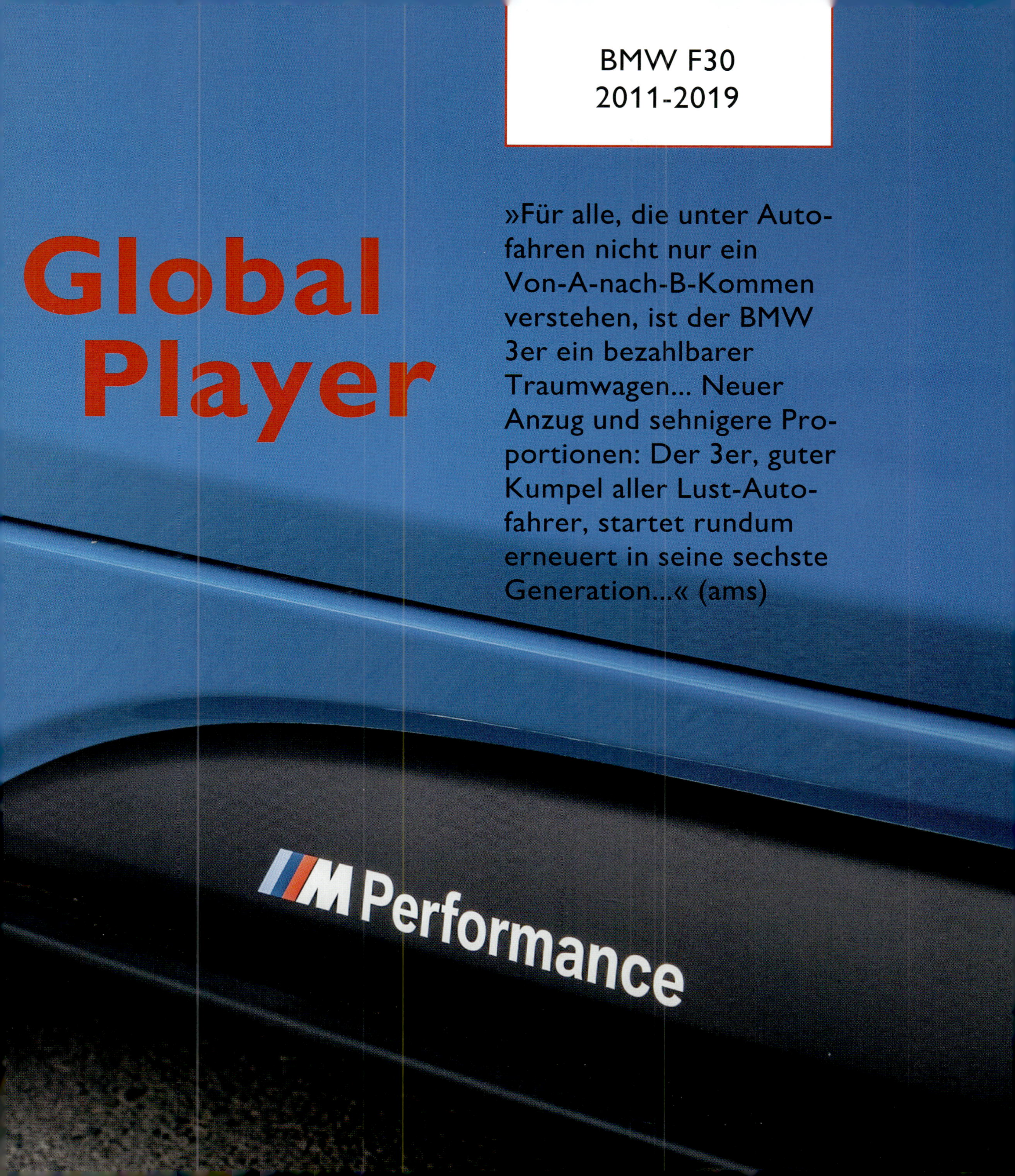

BMW F30 2011-2019

Im Herbst 2011 präsentierte BMW mit der Baureihe F30 die sechste 3er-Generation. Sechs Generationen – auf entsprechende Menschenleben bezogen, säße in einem nagelneuen F30 ein Führerschein-Neuling, dessen Ur-Ur-Urgroßvater mit achtzehn Jahren vielleicht Zeuge der ersten Benzinkutschen-Demonstration anno 1885 auf dem Mannheimer Kopfsteinpflaster gewesen wäre.

Für sechs BMW Baureihen-Generationen war die Zeit aber nicht um einhundertdreißig Jahre vorangeschritten, sondern nur um siebenunddreißig. Was im Automobilbau dennoch eine lange Zeitspanne ist. Vor allem bei Herstellern, die es gewöhnt sind, wenige große und damit eindrückliche Schritte zu tun statt unzählige kleine von geringerer Nachhaltigkeit.

Retter des Weltklimas – oder ein wenig schizophren?

Unmittelbar nach dem Erscheinen der neuen 3er-Reihe unterzog das Magazin *auto, motor und sport* einen 320d einem Test unter der Headline »Sportler im Limousinen-Kostüm«. Redakteur Alexander Bloch schrieb: »Für alle, die unter Autofahren nicht nur Von-A-nach-B-Kommen verstehen, ist der BMW 3er ein bezahlbarer Traumwagen... Neuer Anzug und sehnigere Proportionen: Der BMW 3er, guter Kumpel aller Lust-Autofahrer, startet rundum erneuert in seine sechste Generation. Ist er auch nach siebenunddeißig Jahren noch das Ideal einer Sportlimousine?«
Ein wenig schizophren seien diese bayerischen Motorenwerkler ja schon, schrieb Alexander Bloch. »Sie steigen aus der Formel 1 aus, stellen Joschka Fischer als Berater ein, streichen den saugenden Reihensechszylinder, hadern renditegetrieben mit einem Supersportwagen und wollen mit Vans den Familienfrieden und mit Elektroautos das Weltklima retten. So nüchtern, so korrekt, doch dann das: Wie von

Jede Seite des F30 lässt sich als »Schokoladenseite« bezeichnen. Ein in jeder Hinsicht gelungenes Design!

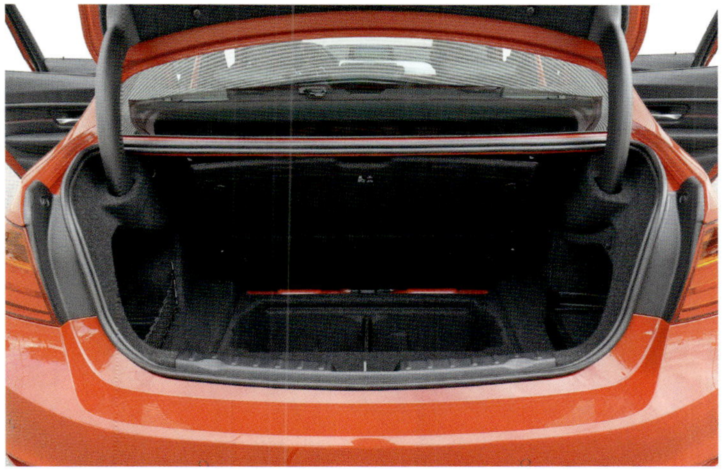

einer Horde Audi A4 gejagt, zirkelt sich der neue F30 mit Dynamik und Agilität beschwingt ins Sportfahrerherz. Wer so was entwickelt, muss Freude am Fahren wirklich noch wertschätzen. Kein Grund also für den BMW 320d, so grimmig aus den zugespitzten Bi-Xenon-Scheinwerfern mit LED-Augenbrauen zu linsen...«

Dass er in praktischen Dingen noch nie ganz vorne gewesen sei störte seine Fans bisher so sehr wie eine freie Autobahn, hieß es weiter. »Auch wenn es hinten jetzt einen Tick luftiger zugeht, so wissen sie doch, dass eine breitere Spur und der längere Radstand ebenso der Fahrdynamik dienen. Immerhin, die Aussage: Liebling, der Neue hat jetzt 1,5 Zentimeter mehr Knieraum für die Kinder, ist nicht geflunkert. Wahrscheinlich fällt der Satz bei dem Dienstwagen-König BMW 3er aber gar nicht so oft. Jedenfalls lässt es sich in den bequemen Fondsesseln mit vier Zentimetern mehr Sitztiefe im BMW 320d sehr passabel reisen«. Doch Tester Bloch äußerte auch Kritik. Er rügte eine angeblich nur mäßige Verarbeitung, die üppigen Aufpreise für Extras, einen mäßigen Abrollkomfort, die etwas zu enge Ladeluke, auch seien die Instrumente schlecht ablesbar... Wer etwas zu kritisieren finden möchte, wird immer etwas finden. Die »nur mäßige Verarbeitung« lässt die überwiegende Zahl treuer BMW Kunden aber nicht gelten. Allenfalls bei der frühen Spartanburg-Produktion gab es hinsichtlich Finish einiges auszusetzen.

Als erstes Modell der Baureihe kam im Februar 2012 die viertürige Limousine F30 auf den Markt. Der Touring F31 wurde seit August 2012 verkauft, wobei er online am 13. Mai 2012 vorgestellt wurde. Live konnte man ihn erstmals auf der AMI Leipzig sehen.

Das Coupé und das Cabriolet wurden jetzt als eigene Baureihe (4er) konzipiert und entwickelt, um eine höhere Positionierung im Ver-

Sechs Generationen des BMW 3er mit dem jüngsten Spross im Vordergrund. Rechts daneben Blick auf die Armaturen im F30 von 2011, darunter die Fondsitze und der Kofferraum.

Oben: E93 Cabrio 325i von 2010.

Unten: M3 Cabrio. Die Entscheidung für die »richtige« Lackierung fällt nicht leicht.

Der neue 320d vor der Kulisse des BMW-«Vierzylinders« in München.

gleich zu Limousine und Touring abzugeben. Verkaufsstart war am 5. Oktober 2013. Dementsprechend sollten Coupé und Cabrio in der M-Variante als M4, alle anderen Ausführungen des Sportmodells als M3 angeboten werden. Die Plattform teilte er sich mit dem seit Spätsommer 2011 verkauften BMW 1er.

Wesentliche Unterschiede zum Vorgänger

Alle angebotenen Motoren waren Turboaggregate; vormals angebotene Reihensechszylinder-Otto-Saugmotoren sollten durch Turbo-Vierzylinder ersetzt werden.
Bereits bei der Markteinführung waren ähnlich wie beim 1er Ausstattungslinien (*Sport Line*, *Modern Line* und *Luxury Line*) verfügbar, und die 6-Gang-Automatik wurde durch die 8-stufige 8HP-Automatik von ZF ersetzt. Das iDrive-System war nun auch ohne Navigationssystem Bestandteil der Serienausstattung. Die Seitenblinker waren in die Außenspiegel integriert, und über einen Schalter konnten die Charakteristik von Fahrwerk und Antriebsstrang beeinflusst werden. Das Gewicht wurde um bis zu 40 Kilogramm reduziert.

Die Kampagne für den BMW Gran Turismo

Mit ersten Anzeigen begann Mitte Mai 2013 die Kampagne für den neuen BMW 3er Gran Turismo. Es folgen ein TV-Spot und weitere Maßnahmen in Print und online. Umgesetzt hat die integrierte Kampagne die Agentur Serviceplan, Hamburg.
Die deutschlandweite Markteinführung des neuen Modells war am 15. Juni bei allen BMW Partnern abgeschlossen.

Amerikanischer 335i Gran Turismo. Dieses Blau ist in den USA sehr beliebt.

»Mit dem Gran Turismo präsentiert BMW ein innovatives und eigenständiges Konzept innerhalb der erfolgreichen BMW 3er Reihe. Das Konzept vereint die sportlich dynamischen Gene der Limousine mit der Funktionalität und Vielseitigkeit des Touring, ergänzt um ein erlebbares Plus an Raum und Reisekomfort. Das perfekte Zusammenspiel von Form und Raum ist auch Thema der aktuellen Kampagne und wird über alle Kanäle aktiviert«, sagte Johannes Seibert, Leiter Marketing, BMW Deutsch-

Die GT-Fließheck-Version des BMW GT ist formal sehr reizvoll.

Der amerikanische Designer Page Beermann schuf die GT-Fließheck-Variante der Limousine, genannt F31.

land. Der Claim verdeutlicht den Fokus: »Erleben Sie eine neue Größe. Der neue BMW 3er Gran Turismo«.
In der Printkampagne wurde die Geräumigkeit durch die Beleuchtung des Innenraums inszeniert, während gleichzeitig das Design von außen hervorgehoben wurde: »Einzigartig außen. Eindrucksvoll innen« titelte dazu eine Headline. Alle Anzeigen waren mit einem QR-Code versehen, der auf ein Web-Special führt. Zusätzlich wurden im Printbereich Magazinbanderolen eingesetzt: Außen sahen die Leser eine Designskizze, beim Aufklappen enthüllte die Banderole Details des Modells.
Um Design und Raumfreiheit ging es auch im TV-Spot, der auf reichweitenstarken Sendern lief. Vor dem eigentlichen Spot gab es eine Sonderwerbeform: Aus dem Logo der TV-Station heraus fuhr eine 3D-Animation des BMW 3er Gran Turismo ins Bild, die Kamera steuerte am Fahrzeug entlang und durch das Seitenfenster hinein in den Innenraum des Fahrzeugs. Aus dem Bildschirm heraus startete dann der eigentliche TV-Spot und zeigte das neue Modell aus unterschiedlichen Perspektiven.
Jeweils innerhalb von drei Monaten nach Produktionsstart soll bei BMW die sogenannte Stückzahl-Kammlinie der Fertigungs-Rentabilität erreicht werden. Im Februar 2012 war es für die Limousine (F30) soweit. Der Touring (F31) erreichte seinen »Punkt« im August 2012, der Gran Turismo (F34) bereits im Juni 2013.
In einem Interview der Redaktion des *BMW Blog* mit dem Exterieur-Designer Page Beermann sagte dieser, worin die Idee zum GT begründet lag. »Es handelt sich um einen funktionalen Mix aus diversen Designlösungen vor allem für das Fahrzeugheck bei einem sportlichen Wagen«, sagte Beermann, der aus den

Abmessungen des F31 Gran Turismo (GT).

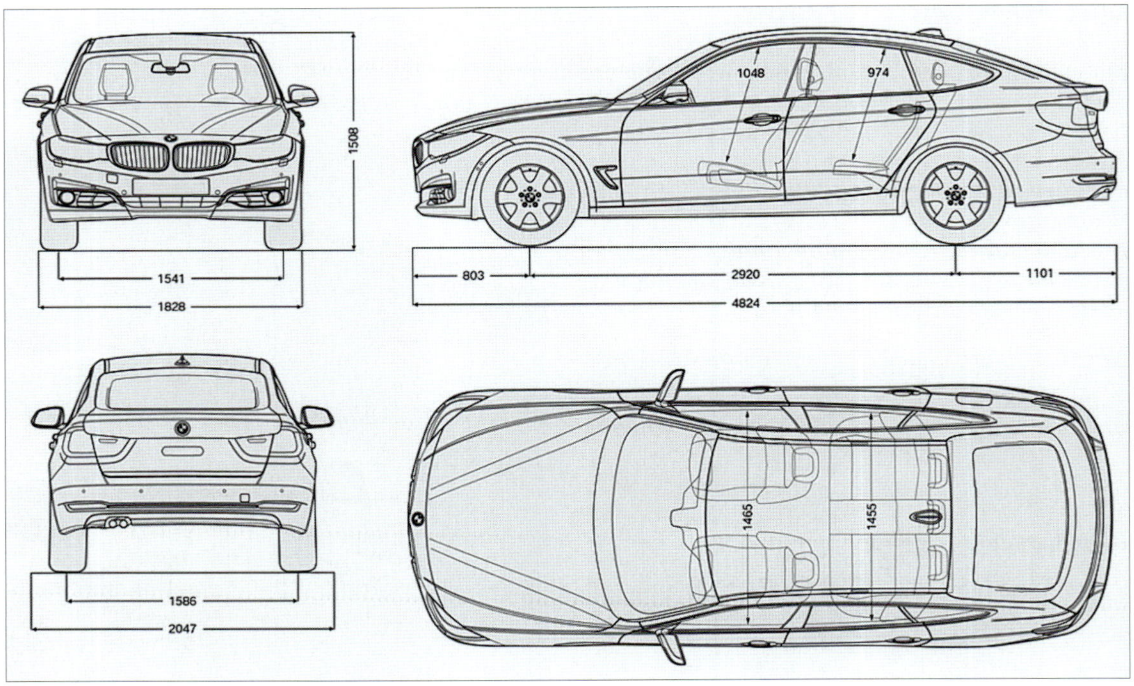

USA kommt, wo er 1995 am Art Center College of Design in Kalifornien sein Diplom erwarb. »Ich wollte eine Form schaffen, die sowohl den Intellekt als auch das ästhetische Empfinden des Kunden anspricht... viele Käufer sagen, der Wagen habe sie sofort emotional angesprochen...«

Der F34 ist als ein sehr großes Fließheck-Coupé mit extra großem Kofferraum zu begreifen. Die Seitenscheiben sind rahmenlos. Das viertürige Fahrzeug wurde wie die Limousine in den vier verschiedenen Ausstattungsversionen *M-Sportpaket*, *Sport Line*, *Luxury Line* und *Modern Line* angeboten, die sich durch Ausstattungsmerkmale voneinander unterschieden. Bei der Markteinführung war der 3er Gran Turismo ferner in fünf Motorvarianten erhältlich: Es gab zwei 2,0-Liter-Vierzylinder-Turbodiesel und drei Benzinmotoren mit zwei bis drei Liter Hubraum als Vier bzw. als Sechszylinder. Seit Juli 2013 bot BMW auch einen zweifach turbogeladenen 2,0-Liter-Vierzylinder-Diesel an sowie seit März 2014 zwei 3,0-Liter-Reihensechszylinder-Dieselmotoren.

Fertigung am laufenden Band... Diese Lackfarbe ragt aus der Woge weißer und silberner Karosserien angenehm heraus.

Links daneben: Heckbürzel des GT.

»Ich wollte eine Form schaffen, die sowohl den Intellekt als auch das ästhetische Empfinden des Kunden anspricht... viele Käufer sagen, der Wagen habe sie sofort emotional angesprochen...«

Page Beermann, Designer des BMW GT

Unterwegs im BMW GT von 2013.

BMW 328i Baujahr 2012, mit Lederausstattung.

Mehr Platz dank größerer Abmessungen

Im Vergleich zum Vorgänger E90 ist die Limousine um fast zehn Zentimeter länger. Der Radstand wuchs um 5 Zentimeter, und Im Hinblick auf den Fußgängerschutz wurde außerdem die Motorhaube etwas höher gesetzt. Die Spurweite wurde sowohl vorne als auch hinten vergrößert. Insgesamt haben dadurch die Passagiere im Fond 15 mm mehr Beinfreiheit und 8 mm mehr Kopffreiheit. Mit dem Modell F30 wuchs das Fahrzeug der 3er-Baureihe erstmals auf eine Breite von mehr als 2000 mm über die Außenspiegel und darf – strenggenommen – die teilweise auf zwei Meter Breite begrenzte linke Spur in Baustellen nicht mehr befahren. Die Maße des Touring gleichen bis auf die Fahrzeughöhe denen der Limousine.

Serienmäßig Klimaautomatik, neues Motorenangebot

Im Vergleich zum Vorgänger war der Umfang der Serienausstattung leicht angewachsen. So war er nun serienmäßig mit einer Klimaautomatik ausgestattet und ab März 2013 mit einer Freisprecheinrichtung und USB-Schnittstelle. Außerdem waren neben einigen Assistenz-

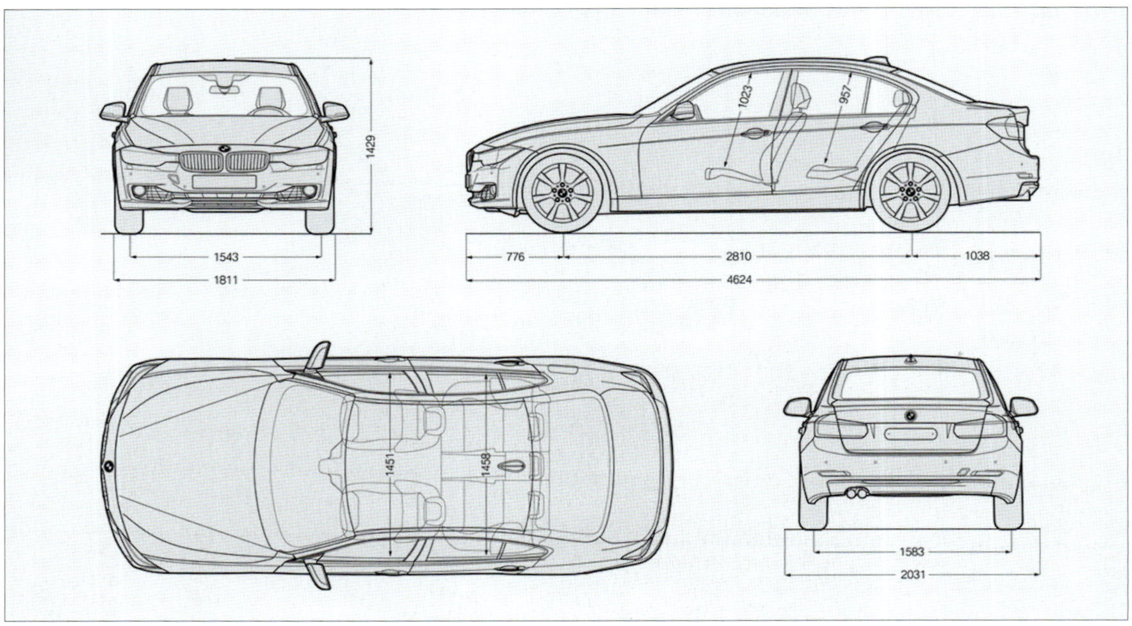

Oben: Interieur einer F30 Limousine in US-Ausführung.

Rechts: Abmessungen der F30 Limousine.

Oben: Eher ungewohnter Anblick: Ein 328i mit »Go faster«-Streifen aus dem »M Performance«-Zubehör-Programm.

Links: Das selbe Auto mit edler Lederausstattung, spezieller Pedalerie und natürlich einem »M Performance«-Emblem rechts oberhalb des Handschuhfachs.

BMW F30 in US-amerikanischer Exportausführung.

war die Geschwindigkeitsregelung nur noch in Verbindung mit einer Freisprecheinrichtung und der Servotronic-Lenkung erhältlich.
Das Topmodell 335i hatte den gleichen Motor N55 wie der Vorgänger E90. Die Dieselmotoren blieben weitestgehend unverändert, so kam unter anderem der bekannte Vierzylinder-Reihenmotor N47 zum Einsatz. Im März 2012 wurde das Motorenangebot um drei weitere Antriebe (320i, 316d, 318d) ergänzt. Der BMW 330d mit 190 kW (258 PS) wurde im Juli 2012 eingeführt, seit Sommer 2013 war in der Limousine auch der 335d erhältlich. Ende 2012 wurde das Angebot außerdem um den 316i und den 320i in der Version EfficientDynamics Edition erweitert. Und seit November 2012 gab es das Hybridmodell ActiveHybrid 3 Gran Turismo (F34).
Im Juni 2013 wurde dann innerhalb der BMW 3er-Reihe erstmals die fünftürige Schrägheckvariante Gran Turismo eingeführt. Die Silhouette ähnelt der eines Coupés, jedoch sind die Maße der Karosserie gegenüber der Limousine wesentlich größer, so dass der Gran Turismo die Bauarten Limousine und Touring vereint. Die verlängerte Bodengruppe des 3er Gran Turismo ist weitgehend identisch zur Bodengrup-

Eine Flotte Streifenwagen der bayerischen Polizei. Die Fahrzeuge sind mit Kennzeichen unterwegs, die man eher einem Ingolstädter Fabrikat zuordnen würde.

systemen wie Spurverlassenswarnung oder einem Head-Up-Display weitere Sonderausstattungen nun auch im 3er erhältlich (z.B. Sitzheizung für die hinteren Sitzplätze). Auch waren nun einige Sonderausstattungen nur noch in Paketkombinationen verfügbar. Beispielsweise

N13 Dreizylinder-Turbomotor, wie er im Hybridmodell zum Einsatz kommt.

pe der nur in China vermarkteten 3er Langversion (F35).
Die Benzinmotoren arbeiten mit einer strahlgeführten Direkteinspritzung (High Precision Injection) und einem TwinPower-Turbo, der über zwei Abgaseinströmöffnungen verfügt (TwinScroll-Lader). Die Sechszylinder-Reihenmotoren N53 ohne Turbolader aus dem 325i/330i wurden durch neue Vierzylinder-Reihenturbomotoren N20 (320i/328i) mit zwei Liter Hubraum ersetzt. Die nicht aufgeladenen Vierzylinder des Vorgängers (N43) wurden durch den N13 ersetzt.

BMW F30 Limousine von 2011 in ihrem naturgegebenen Habitat. Die kompakte Sportlimousine setzte hier nach wie vor die Standards in ihrem Segment.

Manuelles 6-Gang-Getriebe serienmäßig, perfekte Fahrzeugabstimmung

Serienmäßig wurde im BMW F30 ein 6-Gang-Schaltgetriebe angeboten, optional verfügbar war die 8-Gang-Automatik ZF-8HP. Beide Getriebetypen unterstützen das Auto-Start-Stopp-System.
Über einen Fahrerlebnisschalter auf der Mittelkonsole konnte Motorcharakteristik, Fahrstabilitätsregelung, Kennlinie der Lenkung, das Schaltprogramm sowie die Schaltdynamik des Automatikgetriebes verändert werden. Es stehen dabei die Modi Comfort, Sport und Eco Pro zur Verfügung. In Verbindung mit bestimmten Sonderausstattungen gibt es auch einen Sport+-Modus. Bei Wahl der optionalen adaptiven Dämpfersteuerung (Adaptives Fahrwerk) ließ sich auch die Stoßdämpferkennlinie beeinflussen. Bei Fahrzeugen mit dem Navigationssystem Professional ließen sich auf dem Bildschirm der Mittelkonsole die aktuellen Motorleistungs- und Drehmomentwerte anzeigen.

Elektromechanische Servolenkung oder Servotronic

In allen Versionen war eine elektromechanische Servolenkung serienmäßig. Optional wurde eine Servotronic (geschwindigkeitsabhängige Lenkunterstützung) oder eine variable Sportlenkung angeboten; diese passte das Übersetzungsverhältnis im Lenkgetriebe abhängig vom Lenkradeinschlag an. Dabei wurden die für große Radeinschläge erforderlichen Lenkradbewegungen um bis zu 25 Prozent reduziert. Die jeweilige Lenkübersetzung wurde rein mechanisch durch eine variable Übersetzung der Zahnstange bewirkt.

Auswahl verschiedener Fahrwerke

Neben dem serienmäßigen Fahrwerk sind ein M-Sportfahrwerk und ein adaptives Fahrwerk erhältlich, das Fahrzeug wird bei beiden Fahrwerken um 10 Millimeter tiefergelegt. Beim adaptiven Fahrwerk kann über eine Dämpfersteuerung die Kennlinie des Fahrwerks verändert werden. Die Achslastverteilung beträgt 50:50.

Die Touring-Version des 3ers erfreute sich auch in der F30-Generation aufgrund ihrer hohen Praktikabilität großer Beliebtheit.

Das Fahrzeug hatte vorne eine Doppelgelenk-Zugstrebenvorderachse. Zugstreben, Querlenker und Schwenklager waren aus Aluminium gefertigt. Die Hinterräder waren an einer Fünflenker-Hinterachse aufgehängt.
Serienmäßig verfügten alle Modelle über Hinterradantrieb, und einige Modelle konnten, wie üblich, Aufpreis mit Allradantrieb ausgestattet werden.

Kleine Bremsen oder große Bremsen?

Alle Modelle bis und mit 328i/330d (inklusive Allrad) wiesen vorne 330 x 24 Millimeter große Bremsscheiben mit 1-Kolben-Faustsätteln auf. Hinten waren 300 x 20 Millimeter große Bremsscheiben, ebenfalls mit 1-Kolben Faustsätteln montiert.
Die leistungsstärksten Modelle 335i bzw. 335i xDrive und 335dX besaßen die »kleine« M-Sportbremse. Diese hatte vorne 340 x 30 Millimeter große Bremsscheiben mit 4-Kolben-Bremssätteln. Auf der Hinterachse waren 330 x 20 Millimeter große Bremsscheiben mit 1-Kolben-Bremssätteln montiert.
Optional wurde eine M-Sportbremse (blau lackierte Bremssättel) angeboten; sie bestand aus Aluminium-Festsätteln mit 4-Kolben-Zangen vorn und 2-Kolben-Zangen hinten sowie

größer dimensionierten Leichtbau-Bremsscheiben. Die Option M Sportbremsen, die man ab Werk bestellen konnte, fiel unterschiedlich aus, je nach Modell. Die Sechszylinder-Modelle und 328i, 325d erhielten Bremsscheiben mit einem Durchmesser von 370 Millimeter vorne. Alle anderen Modelle bekamen 340-mm-Scheiben.

Bei Bremsscheiben mit einem Durchmesser über 340 Millimeter waren 18 Zoll oder größere Felgen von BMW erforderlich.
Für die Modelle mit originalen Bremsen und 340 mm großen Bremsscheiben vorne, konnte man nachträglich angelochte und genutete Bremsscheiben von BMW kaufen. Weiterhin waren die 18 Zoll M Performance Bremsen bestellbar. Diese ergaben für alle Fahrzeuge vorne angelochte und genutete Scheiben in der Größe 370 x 30 Millimeter mit 4-Kolben-Festsattel und hinten angelochte und genutete 345 x 24mm große Bremsscheiben mit zwei Kolben. Sie waren verfügbar in den verschiedenen Bremssattelfarben Gelb, Orange, Rot.

Qual der Wahl: Ausstattungsversionen

Optional waren für den F30 drei verschiedene Ausstattungslinien (*Sport Line*, *Luxury Line* und *Modern Line*) erhältlich. Diese unterschieden sich hauptsächlich in einigen farblichen Akzenten und abweichender Innenausstattung. Daneben war der Umfang der Serienausstattung etwas größer. Seit Juli 2012 gab es zusätzlich das *M Sportpaket*.

Sport Line

Bei dieser Ausstattungslinie sollte im Innenraum der sportliche Charakter des Autos mit roten Akzenten unterstützt werden. So war an Lenkrad und an den Polsterungen eine rote Kontrastnaht angebracht. Unterhalb der Interieurleisten befand sich ebenfalls eine rote oder schwarz hochglänzende Akzentleiste. Im Exterieur waren viele Teile, wie die Außenspie-

»Einen Dreizylinder zu bauen, stellt für uns überhaupt kein Problem dar... wir halbieren einfach einen Sechszylindermotor«.

Ein anonymer Ingenieur im FIZ, 2013.

Links: BMW 340i Modell M Sport von 2015.

Unten: BMW 328i Touring Baujahr 2014.

Schnappschuss von einem F30 mit der modifizierten Frontpartie von 2015, deren Änderungen unter einer Tarnfolie so gut wie unmöglich auszumachen sind.

In den USA angebotene Räder für den F30 von einem Hersteller mit dem passenden Namen Velgen Inc.

gel oder die Lufteinlässe an der Front, in schwarz hochglänzend, auch gehörten bei der Sport Line Sportsitze zum Paket. Durch ein umfangreiches Zubehör-Programm ließ sich die Individualisierung in jeder Beziehung noch toppen.

Luxury Line

Bei der Luxury Line sollte der F30 eher klassisch wirken. Dazu trugen Interieurleisten aus Holz und verchromte Zierleisten bei.

Modern Line

Mit dieser sollte, wie der Name schon andeutet, das Auto moderner wirken. Dafür befanden sich im Innenraum ebenfalls einige Chromleisten. Im Außendesign wurden viele Teile mattverchromt ausgeführt. Serienmäßig waren die Sitze mit einer Stoff/Lederkombination bezogen.

M Sportpaket

Den Buchstaben hat BMW sozusagen gepachtert. Ein M-Paket war für den F30 seit dem Mai 2012 bestellbar. Exklusiv für das M-Paket konnte das Fahrzeug in der Farbe Estorilblau geliefert werden. Die Front- und Heckschürze unterschieden sich deutlich von den anderen Modellen.

Zu den technischen Ausstattungsmerkmalen zählten ein Sportfahrwerk mit 10 Millimeter Tieferlegung (auch separat erhältlich) sowie die optionale »M Sport-Bremse« mit knallblauen Bremssätteln.

Noch mehr Komfort unterwegs durch Fahrassistenzsysteme

Bei Unterschreitung eines eingestellten Abstandes zum vorausfahrenden Fahrzeug bremste das Auto automatisch auf die Geschwindigkeit des vorausfahrenden Fahrzeugs. Die maximale Verzögerung betrug hierbei 4 m/s^2. Reichte diese Verzögerung nicht aus, wurde der Fahrer durch akustische und optische Signale aufgefordert, selbst einzugreifen. Ein Head-up-Display (HUD) projizierte Informationen an die Windschutzscheibe, so dass der Fahrer zum Ablesen der Geschwindigkeit oder der Route nicht mehr den Blick von der Straße abwenden musste. Ferner wurden mit dem Surround View durch Kameras die Fahrbahnbereiche seitlich und hinter dem Fahrzeug (Top View und Rückfahrkamera) sowie die Bereiche rechts und links von der Fahrzeugfront (Side View) erfasst und auf dem Bildschirm im Innenraum angezeigt. Die Kameras dazu be-

fanden sich in Außenspiegeln, Kofferraumklappe und im Stoßfänger seitlich vorn.
Außerdem war ein Parkassistent verfügbar. Mit Hilfe von Ultraschallsensoren vermaß das System bei einer Fahrgeschwindigkeit bis zu 36 km/h permanent Länge und Breite von Parklücken am Straßenrand. Die Stellplätze mussten die Fahrzeuglänge um mindestens 1,20 Meter überschreiten, damit das System die Lenkbewegungen beim Einparken übernehmen konnte. Fahrer oder Fahrerin mussten hierbei nur noch das Gas- und Bremspedal bedienen.

BMW 340i: Neuer 326-PS-Motor für den Dreier

Anfang Dezember 2014 gab BMW bekannt, es würde binnen kurzem ein neuer BMW 340i kommen. Mit 326 PS aus dem Dreiliter-Sechszylinder sollte er die Lücke zwischen 335i und M3 schließen. Alle anderen 3er, so war geplant, würden sich einem Facelifting zu unterziehen haben. Wer mit seiner Schätzung im unteren Leistungsbereich bereits jetzt mit Dreizylindern gerechnet hatte, der lag im Augenblick noch falsch. Der 3er machte dem MINI One keine Konkurrenz und war auch kein 1er BMW. Doch das Gerücht um einen Dreizylinder BMW 3er hatte sich nicht von ungefähr gebildet. Das FIZ beschäftigte zu viele Mitarbeiter, als dass nicht die eine oder andere Information über Entwicklungsprojekte nach außen drangen,

BMW 3er Plug-in-Hybrid – Übergangstechnologie?

In der zweiten Jahreshälfte 2014 arbeitete BMW emsig am 3er Plug-in-Hybrid, dessen Durchstarten für 2016 geplant war. Einige Journalisten hatten den Prototyp des kommenden

Im Rahmen der kontinuierlichen Modellpflege zeigte die 2015er-Ausgabe des 3er BMW eine nochmals leicht nachgeschärfte Optik.

Rechts: Der F30 Hybrid Prototyp an der Tankstelle... Werden wir in Zukunft nur mehr mit »Saft« aus der Steckdose unterwegs sein?

Schnittmodell des Dreizylinders als benzin-elektrisches Triebwerk mit 70 kW starkem E-Motor.

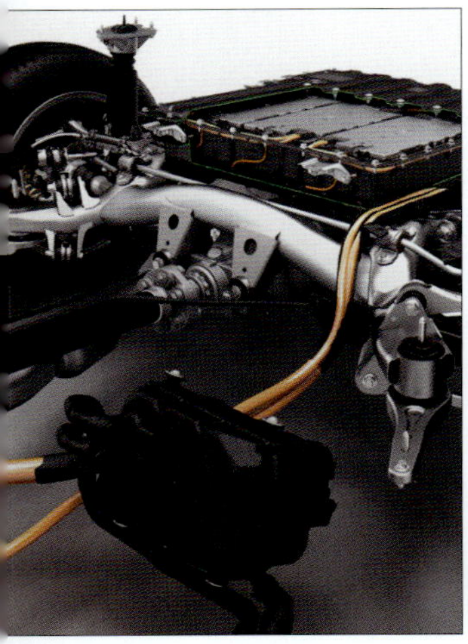

Mit Hilfe des eDrive-Schalters am Fuß des Wählhebels der 8-Gang-Automatik konnte der Fahrer zwischen den Fahrmodi Comfort, Max eDrive und Save Battery wählen. Im Comfort Modus entscheidet das Fahrzeug selbst, wann die Nutzung des einen oder des anderen Motors sinnvoll war.

Teilzeit-Stromers 2014 bereits gefahren... Dieser 3er trug vorne und hinten die neuerdings bei Erlkönigen so beliebte Tarnfolie, auf dem Beifahrersitz überwachte ein Techniker am Laptop die ersten Probefahrten.
Dieser Plug-in-Hybrid galt offiziell als Prototyp. »Doch schon die ersten Meter machen klar, dass die Bayern beim Hybrid-Kurs kräftig umschwenken«, berichtete einer der kritischen Tester. Denn unter der Haube arbeitete erstmals ein Vierzylinder-Benziner (statt wie bisher ein aufgeladener Sechszylinder) zusammen mit dem E-Motor. »Der Trend heißt eindeutig: Leistung und Preis des teuren Antriebs müssen runter, damit die Verkaufszahlen steigen. Die waren bislang, wie bei allen deutschen Edelmarken, eher mau. Der X6 Active Hybrid wurde bereits wieder eingestellt. 5er und 7er blieben nur Mauerblümchen, weil zu teuer und nicht sparsam genug. Die Kunden haben diese Feigenblatt-Hybriden schnell erkannt und abgelehnt. Lediglich ein paar Kilometer weit mit Strom schleichen, das reicht nicht aus, um in Amerika oder Europa eine schmackhafte Alternative zu bieten«. Das mit dem Feigenblatt war nett gesagt...

Der 5,5 kWh-Akku reichte für 35 Kilometer E-Mobilität

Das sollte der kommende 3er Plug-in-Hybrid besser machen: 35 Kilometer weit oder maximal 120 km/h schnell sollte er elektrisch fahren – dafür waren die elektrischen Komponenten deutlich gewachsen. Ein 70 kW starker E-Motor schob die Limousine im Stadtbetrieb ausreichend flott an, die 5,5 kWh große Lithium-Ionen-Batterie garantierte eine halbwegs

zufriedenstellende Reichweite. Der 2,0-Liter-Vierzylinder-Benziner dagegen beschränkte sich auf 180 PS. Das Zusammenspiel der beiden Motoren regelte im Prototypen die zusätzliche E-Drive-Taste vorm Schalthebel. Der Hybrid startete in der Schalterposition Auto mit der Kraft beider Motoren, dann schoben maximal 245 PS Systemleistung in unter sieben Sekunden auf 100 km/h. Bei ersten Testfahrten ruckelte der Motor gelegentlich beim Zuschalten...« Aber das schaffen andere deutsche Hybriden nicht besser, fügte der Tester hinzu. »Einmal die Taste Max E-Drive drücken, aktiviert den reinen Strombetrieb für 35 Kilometer. Noch einmal drücken, bringt »Save Battery.« Dann erhielt der Akku immer mindestens 50 Prozent seiner Kapazität und der Benziner lud ihn auf, um später noch genug Saft für eine reine Stadtfahrt zu behalten.
Die Batterien im Heck schränkten den Kofferraum auf 400 Liter ein. Der Hybrid-3er wog 165 Kilogramm mehr als der reine Benziner, sollte aber laut Norm nur 2,1 Liter auf 100 Kilometer verbrauchen – weil er das erste Drittel der Strecke rein elektrisch fuhr. Wer viel in der Stadt fuhr und regelmäßig auflud, könnte mit dem Ladekabel-3er billiger fahren als mit einem Dieselmodell. BMW brauchte dringend mehr Hybridverkäufe, um den Flottenverbrauch bis 2021 auf die vorgeschriebenen 95 Gramm CO_2 je Kilometer zu senken. Deshalb wollten die Bayern mit einem Preis-Bonbon nachlegen: Der Hybrid sollte zwischen den 38.550 Euro für den 328i und den 39.650 Euro für den 325d liegen. 2015 sah es aus, als sei es möglich, dass Hybriden bei BMW künftig weiter vorn mitmischen...

Gegen alle Tradition: Dreier mit drei Zylindern

2015, so war vorgesehen, sollten F30, F31 und F34 an der Front eine leichte ILC-Überarbeitung als ein Facelift bekommen. Auch für die Scheinwerfer gab es kleine Retuschen, und im Innenraumwerden standen neue Designs und Polsterstoff zur Auswahl. Als der Neue 2015 auf den Markt kam, befanden sich die wichtigsten Änderungen jedoch unter der Motorhaube. So erhielt der 3er den 1,5-Liter-Dreizylinder als Basismotor, der 136 PS entwickelte. Der damalige BMW Entwicklungsvorstand Herbert Diess kündigte in einem Gespräch mit *auto, motor und sport* an, dass der Dreizylinder künftig in weiteren BMW-Baureihen zum Einsatz käme. »Dreizylinder sind sehr charakterstarke Motoren«, auch was den Sound und die Gasannahme beträfe. Ein Dreizylinder passe also sehr gut zu BMW, so Diess. Daher könne er sich gut vorstellen, dieses effiziente Aggregat auch in anderen Baureihen einzusetzen. Im BMW i8 sei der Motor bereits sehr gut angekommen. »Wir haben dieses Triebwerk gerade sehr erfolgreich präsentiert und gezeigt, welch enormes Potenzial der Dreizylinder bietet«, erklärte der Entwicklungschef. »Die Reaktion der Kunden, die ihn bisher fahren konnten, war durchweg positiv«.

BMW Dreizylinder-Turbomotor Typ N13.

Neben dem für 3er Liebhaber eher schwer zu schluckenden Dreizylinder und dem im Rahmen der Frühjahrs-Modellpflege 2015 eingeführten neuen B48-Vierzylinder im 320i, der, wie sein Vorgänger, auf 184 PS (135 kW) justiert war, und dem ebenfalls eingeführten neuen 340i mit 326 PS (240 kW) starkem Sechszylinder, wartete man jedoch vorerst vergebens auf den schon länger erwarteten Serienstart einer aktuellen Plug-in-Hybrid-Version.
Im Sommer beging BMW den vierzigsten Jahrestag des 3er-Debüts, das 1975 auf der Frankfurter IAA das Publikum begeistert hatte. Statt aufwändige Feierlichkeiten auszurichten, wurden die Medien mit einschlägigen Retro-

»Wir haben gezeigt, welch enormes Potenzial der Dreizylinder bietet... Die Reaktion der Kunden, die ihn bisher fahren konnten, war durchweg positiv«.

Herbert Diess, BMW Entwicklungsvorstand, 2015 in auto, motor und sport

Rechts: Von außen recht unscheinbar, hatte es der 340i faustdick unter der Haube – sein 3,0-Liter-Reihensechszylinder glänzte mit einer Leistung von 326 PS (240 kW).

spektiven über die Mittelklasse-Baureihe gefüttert, aber die Münchener kehrten schnell zum »business as usual« in Form der Sommer-Modellpflege für die inzwischen sechste 3er-Generation zurück. Die Veränderungen waren in optischer und vor allem technischer Hinsicht recht umfangreich, sodass man eher von einem veritablen Facelift sprechen konnte.

Neue Diesel

Der nicht unumstrittene Dreizylinder hatte deutlich mehr innere Werte als viele BMW-Fans für möglich hielten…

Im Zentrum stand der Übergang zu einer neuen Generation von Vierzylinder-Dieselmotoren. So sorgte im 318d Gran Turismo und im 320d Gran Turismo ein auf 150 PS (110 kW) bzw. 190 PS (140 kW) leistungsgesteigertes 2,0-Liter-Triebwerk mit aktualisierter BMW TwinPower Turbo Technologie für Vortrieb. Als Beschleunigungszeiten für den Standardsprint auf 100 km/h standen nun 9,3 Sekunden (handgeschaltet) bzw. 7,8 Sekunden zu Buche. Zugleich führten Maßnahmen zur weiteren Effizienzsteigerung für nochmals reduzierte Verbrauchswerte. Der Dieselkonsum beschränkte sich gemäß seinerzeit aktueller NEFZ-Norm auf durchschnittlich 4,5 bis 4,7 bzw. 4,6 bis 4,8 Liter pro 100 Kilometer.

Ein Hoch auf den Baukasten

Nicht nur die Selbstzünder, sondern auch sämtliche Ottomotoren entstammten jetzt dem neu entwickelten, modularen EfficientDynamics Motorenbaukasten. Von Beginn an für heiße Diskussionen sorgte dabei der erstmals im 318i eingesetzte Dreizylinder-Benziner, der das bisherige Vierzylinder-Triebwerk des nun entfallenen 316i als Einstiegsmotorisierung ablöste. Das turbogeladene 1,5-Liter-Triebwerk stellte 136 PS (100 kW) bereit und begnügte sich – durchzugsstark und sortentypisch knurrend – mit einem Norm-Durchschnittsverbrauch von 5,1 bis 5,5 Liter auf 100 Kilometer. Mental allerdings musste der fehlende Zylinder, üblicherweise als klassisches Kleinwagenmerkmal wahrgenommen, von nicht geringen Teilen des interessierten Publikums erst einmal »bewältigt« werden…

Der darüber positionierte, 2,0 Liter Hubraum aufweisende Vierzylinder-Ottomotor in 320i Limousine und Touring lieferte 184 PS (135 kW) bei Norm-Verbrauchswerten von durchschnittlich 5,3 bis 6,3 Liter pro 100 Kilometer. Weltpremiere feierte hier die auf 252 PS (185 kW) justierte Version des gleichen Vierzylinder-Aggregats in der 330i Limousine bzw. dem 330i Touring. Letzter in der Nicht-M-Palette verbliebener Sechszylinder war das 3,0-Liter-Aggregat in den Topmodellen 340i Limousine und 340i Touring. Der Reihenmotor stellte satte 326 PS (240 kW) zur Verfügung, 20 PS (15 kW) mehr als das Vorgängertriebwerk im Vorgängermodell 335i. Insgesamt hatten die Entwickler bei der neuen Motorengeneration Verbrauchseinsparungen von bis zu 11 % erzielen können.

Freunde besonders effizienzoptimierter Motorisierungen kamen beim neuen, ausschließlich als Limousine lieferbaren 320d EfficientDynamics Edition auf ihre Kosten. In Kombination mit der optionalen 8-Gang Steptronic und Serienbereifung kamen Norm-Verbrauchswerte von 3,8 bis 4,3 Liter auf 100 Kilometer zustande, wobei im günstigsten Fall auch die magische 100 g/km-Schwelle bei den CO_2-Emissionen unterboten wurde.

Der 330i hatte sich vom traditionsreichen Sechszylinder verabschiedet. Jetzt sorgte ein Turbo-Vierzylinder für energischen Vortrieb.

Plug-in-Hybrid im Anmarsch

Noch einen Schritt weiter ging das noch in Planung befindliche Plug-in-Hybrid-Modell 330e, dessen baldige Markteinführung die Münchener schon einmal für das Folgejahr ankündigten. Mit einer Systemleistung von 252 PS (185 kW) folgte es dem bisherigen Modell Active Hybrid 3 nach, das noch mit insgesamt 340 PS (250 kW) aufgewartet hatte. Deutlich modernisierte Technik und der Übergang zum aktuellen 2,0-Liter-Vierzylinder gegenüber dem bisherigen 3,0-Liter-Sechszylinder als Verbrenneranntrieb führte hier zu einem wahren Effizienzsprung: Als Durchschnitts-Normverbrauch des neuen Modell wurde nur noch 2,0 Liter auf 100 Kilometer und als CO_2-Emissionen 47 g/km angegeben.
Im Rahmen der Modellpflege hatten die Entwickler auch einiges Augenmerk auf die Getriebe gelegt. So gab es bei den manuellen 6-Gang-Schaltboxen nun beim Herunterschalten eine automatische Zwischengasfunktion, und die Steptronic ermöglichte, ebenfalls beim Herunterschalten, neuerdings mehrfache Folgeschaltungen, was sich positiv auf den Schaltkomfort und die Akustik auswirkte. Auch dessen Segel-Funktion wirkte sich günstig auf Kraftstoffverbrauch und Emissionen aus.

Feinschliff am Fahrwerk

Chassisseitig zeigten die aktualisierten 3er-Modelle ebenfalls nochmalige Verfeinerungen in Form von weiterentwickelten Dämpfern, einem straffer abgestimmten Fahrwerk und einer noch präziser arbeitenden Lenkung. Das alles diente, BMW-typisch, der weiteren Steigerung des Fahrdynamikpotenzials, ohne Komfortaspekte zu vernachlässigen. Alle neuen Modelle konnten auf Wunsch mit dem Permanent-Allradantrieb xDrive kombiniert werden.

Leichte Retuschen an der Optik

Am in seinen Grundzügen unveränderten Exterieur des modernisierten 3ers setzten in ihrer Form modifizierte Frontscheinwerfer neue Akzente in puncto Dynamik. Gleiches galt für die breiteren seitlichen Lufteinlässe in der Frontschürze und eine betont skulpturale Ausführung des vorderen und hinteren Stoßfängers. Zugleich wurde der zentrale Lufteinlass filigraner gestaltet. Heckseitig gab es ebenfalls neugestaltete Leuchteinheiten mit veränderter Grafik, wobei Bremslicht und Blinker nun serienmäßig in LED-Technik gehalten waren. Wie bei Modellpflegemaßnahmen üblich, präsentierte sich auch das 3er-Interieur im Detail verbessert – etwa durch eine modifizierte Mittelkonsole – und in der Substanz hochwertiger, zum Beispiel durch neue Bezugsmaterialien, Chromapplikationen und Hochglanzoberflächen.

Neben der klassischen BMW-Niere entwickelten sich die vorderen Leuchteinheiten zum bevorzugten Thema der Designer. Moderne Techniken wie Xenon-, Bi-Xenon und LED-Licht, die wenig Einbauraum beanspruchten, eröffneten vielfältige Gestaltungsmöglichkeiten, um im Sinne der Marken- und Modellidentifikation einen hohen Wiedererkennungswert zu schaffen.

Auch innen aufgefrischt

Fortgeführt wurde die Strategie, den Kunden jeweils unterschiedlich zugeschnittene Ausstattungslinien anzubieten. Neben der Basisausstattung standen hier jetzt die neu ins Programm genommene Linie Advantage sowie die Sport Line und die Luxury Line zur Wahl. Ergänzend gab es auch wieder das M Sportpaket zu ordern.
Mit der rasanten Entwicklung Schritt haltend, wurde unter anderem auch das Thema Fahrerinformation mit Vorrang behandelt. Kennzeichnend waren hier vor allem Funktionalitätsverbesserungen an den Navigationssystemen, deren Ablesbarkeit auch vom neugestalteten 8,8-Zoll-Display mit vergrößerter Glasfläche profitierte.
Auf den Markt kamen die aufgefrischten Mo-

Es dauerte eine Weile, bis die Münchener endlich eine Plug-in-Hybrid-Version des 3ers serienreif hatten. Aber auch der 330e konnte die Grenzen der Mitte der 2010er-Jahre gegebenen technischen Möglichkeiten nicht sprengen.

Rechts: Schöne neue Welt: Die Verfügbarkeit von Ladestationen im öffentlichen Raum steckte noch in den Anfängen.

Die Welt der Plug-in-Hybride war auch bei BMW zwangsläufig durch Kompromisse gekennzeichnet.

delle im Juli 2015 – natürlich zu leicht angepassten Listenpreisen.
Wenige Wochen später gab es für die neuen 3er bereits etwas zu feiern, und der Anlass war nicht gerade unbedeutend: Das 10-millionste seit Markteinführung der Baureihe anno 1975 gefertigte Exemplar verließ Anfang September das Münchner BMW-Werk. Wie gewohnt, kein Grund für aufwendige Feierlichkeiten, sondern Ansporn, die am Horizont immer deutlicher erkennbaren Herausforderungen in puncto Technologiewandel mit all seinen Aspekten anzugehen.
Während die turnusmäßige Herbst-Modellpflege am gerade erst eingeführten aktualisierten 3er bis auf wenige Details spurlos vorüberging, rückte BMW noch einmal den Plug-in-Hybrid 330e, dessen Erscheinen auf das Frühjahr 2016 terminiert war, ins Blickfeld. Nun gab es erstmals konkretere Technikspezifikationen sowie Leistungs- und Verbrauchsdaten. Das Powerteam bestand, wie bekannt, aus dem neuen 2,0-Liter-Vierzylinder, der hier 184 PS (135 kW) leistete und einer 88 PS (65 kW) starken E-Maschine. Das Drehmomentmaximum des kombinierten Antriebs erreichte 420 Nm. Integriert war eine Boost-Funktion, die permanent 100 Nm und kurzfristig bis zu 250 zusätzliche Newtonmeter bereitstellte. Die damit erreichbaren Fahrleistungen erfüllten gewohntes BMW-Niveau. Die Beschleunigung von 0 bis 100 km/h erfolgte in 6,1 Sekunden, als Höchstgeschwindigkeit wurden 225 km/h angegeben. Die Leistungsfähigkeit des elektrischen Antriebsteils fiel im Rahmen der zu diesem Zeitpunkt gegebenen technischen Möglichkeiten eher diskret aus – nicht anders als bei vergleichbaren Fahrzeugen des Wettbewerbs. An Bord des 330e befand sich eine Lithium-Ionen-Hochvoltbatterie mit einer Nettokapazität von 5,7 kWh. Diese ermöglichte eine vollelektrische Reichweite von maximal 40 Kilometer bei auf 120 km/h begrenzter Höchstgeschwindigkeit. Als Termin für die Markteinführung des Plug-in-Hybrid-Modells wurde der März 2016 kommuniziert.

Neue Selbstzünder

Ab demselben Monat kamen auch die Selbstzünder-Modelle 325d Limousine und Touring in den Genuss einer neuen Dieselmotorgeneration. Ausgestattet mit der aktuelle Ausführung der BMW TwinPower Turbo Technologie einschließlich Stufenaufladung und Common-Rail-Direkteinspritzung stellten die 2,0-Liter-Vierzylinder nun eine Höchstleistung von 224 PS (165 kW) bereit – 6 PS (5 kW) mehr als zuvor. Als Kraftübertragung standen sowohl das manuelle 6-Gang-Getriebe wie die bekannte 8-Gang-Steptronic zur Wahl. Die neuen Antriebsaggregate resultierten einerseits in einem weiter gesteigerten Spurtvermögen mit Beschleunigungszeiten bis zu 6,1 Sekunden für den Standardsprint auf 100 km/h und andererseits in reduzierten Norm-Verbrauchswerten, die, je nach Karosserieausführung und gewählter Bereifung, im Durchschnitt zwischen 4,4 und 5,2 Liter lagen. In der Alltagsrealität konnte man hier getrost 1 bis 1,5 Liter hinzuaddieren.
Der nun endlich verfügbare Plug-in-Hybrid

330e stand für 43.500,00 Euro in den Preislisten und bewegte sich damit im gleichen Preisfenster wie der 330i. Bei den kursierenden Kraftstoffverbrauchsangaben, die unter unrealistischen Normbedingungen ermittelt worden waren und auf diese Weise den Flottenverbrauch der Modellpalette mindern helfen sollten, galt es aber, mit Blick auf die reale Fahrpraxis ganz tief Luft zu holen. Wer nicht konsequent mit voll aufgeladener Batterie den Elektroantrieb in dessen limitiertem Einsatzbereich nutzte, sondern dies nur sporadisch tat, musste auf Kraftstoffverbrauchswerte von um die 7 Liter pro 100 Kilometer gefasst sein – kaum weniger als beim 330i.

Neues Werk

Eine unternehmensstrategisch weitreichende Maßnahme wurde Mitte Juni in Angriff genommen. Im Beisein unter anderem des BMW Produktionsvorstandes Oliver Zipse wurde im mexikanischen San Luis Potosí der erste Spatenstich für eine neue Fertigungsstätte gesetzt. Die Planung sah vor, ab 2019 vor Ort Fahrzeuge der 3er-Reihe zu produzieren, um damit nicht zuletzt die Märkte der Freihandelszone NAFTA, bestehend aus den USA, Kanada und Mexiko, zu beliefern. Der einen Investitionsumfang von ca. 1 Mrd. US-Dollar erfordernde Neubau wurde als Vollwerk mit den Bereichen Karosseriebau, Lackiererei und Montage ausgelegt. Besonderheiten waren ein innovatives Produktionssystem und weitreichende Nachhaltigkeitsstandards, beispielsweise eine zu 100 % CO_2-freie Stromversorgung des Produktionsstandorts.

Trotz aller Aktualisierungen konnte sich der GT nicht aus seinem Nischendasein befreien.

Turnusmäßige Auffrischung

Die Sommer-Modellpflege vom Juli 2016 brachte der 3er-Reihe nur wenige nennenswerte Veränderungen. Vor allem gehörten dazu weitere Aktualisierungen in den Bereichen Informationssysteme und Konnektivität. Es gab eine neue, besonders übersichtliche Menüdarstellung samt erhöhter Bildschirmauflösung für das Control Display und das optionale Navigationssystem Professional wies nun eine nutzerfreundlichere Anzeige- und Bedienlogik sowie eine erweiterte Spracherkennung auf. Die neue Funktion Natural Language erlaubte jetzt die Eingabe frei formulierter Anweisungen. Darüber hinaus wurde als Sonderausstattung nun die Telefoniefunktion Wireless Charging angeboten, die induktives Laden in einer dafür vorgesehenen Mobiltelefon-Ablage in der Mittelkonsole erlaubte.
Die als dritte Aufbauvariante seit 2013 ange-

Oben: Mit dem Permanent-Allradantrieb xDrive war der 3er bestens für winterliche Verhältnisse gerüstet.

Links: Symbolischer erster Spatenstich für das neue BMW Werk in Mexiko.

Mehr Platz und mehr Ladekapazität ging beim 5-türigen Gran Turismo ein Stück weit auf Kosten der Fahragilität.

botene 5-türige Gran-Turismo-Version des 3ers vollzog ebenfalls ab Juli 2016 in gegenüber den anderen 3er-Modellen leicht eigenständiger Form – und damit gemäß ihrer Positionierung im Programm – eine erste größere Modellpflegemaßnahme. Äußerlich kennzeichnend waren unter anderem leichte Karosserieretuschen an Front und Heck sowie neue serienmäßige LED-Scheinwerfer.
Entsprechend aufgewertet präsentierte sich das Interieur der Fließheck-Limousine. Zum Einsatz kamen nun schwarze Hochglanzoberflächen in Kombination mit Galvanik- und Chromakzenten, die das gehobene Ambiente betonten. Auch Konnektivität und Informationssysteme der Gran-Turismo-Version wurden auf den aktuellen Stand der 3er-Reihe gebracht. Dazu gehörten unter anderem auch die serienmäßige Einbindung von Mobiltelefonen über Bluetooth sowie im weiteren Sinne die nun auf Wunsch spezifizierbare Möglichkeit, geeignete Smartphones induktiv aufladen zu können.
Synchronisiert mit den klassischen 3er-Modellen wurde jetzt auch die Palette der für den GT verfügbaren Motorvarianten. Zwar wurde der neue sparsame Dreizylinder-Benziner erst gar nicht ins Programm aufgenommen, doch alle Vierzylinder-Ottomotoren sowie der Sechszylinder des 340i wurden auf die neueste Triebwerksgeneration umgestellt. Bei den Selbstzünder-Modellen waren die Motoren von 318d und 320d schon im Juli 2015 auf den aktuellen Stand gebracht worden, sodass jetzt der 325d mit seinem neuen 2,0-Liter-Vierzylinder nachzog. Bei den Sechszylindern 330d und 335d blieb jedoch vorerst, wie bei Limousine und Touring, alles beim Alten. Auf Wunsch konnten die GT-Modelle 320i, 330i, 340i, 320d und 330d mit dem xDrive Allradantrieb ausgerüstet werden, der beim Diesel-Topmodell 335d zum Serienumfang zählte.

Ein Jubiläum, nicht nur von regionaler Bedeutung: Im Beisein bayerischer Polit-Prominenz feierte BMW den 50. Jahrestag seiner Präsenz in der Region Niederbayern.

Runde Jubiläen

Das Jahr 2017 startete im Januar gleich mit einer großen Jubiläumsfeier. Vor genau 50 Jahren hatte die BMW AG die Hans Glas GmbH, einen ambitionierten, aber kapitalschwachen niederbayerischen Zweirad- und vor allem Pkw-Hersteller samt dessen Produktionsstandorte in Dingolfing und Landshut übernommen. Damit war zugleich das Startsignal für die dortige BMW-Fertigung gegeben worden, die aktuell den Bau des 10-millionsten Pkw vermelden konnte. Zu diesem Anlass waren 700 Gäste aus dem Unternehmen sowie zahlreiche Politprominenz erschienen.

Unaufhaltsame Digitalisierung

Im Rahmen der ebenfalls im Januar präsentierten Frühjahrs-Modellpflege hatten sich die Entwickler im Fall der 3er-Reihe wieder verstärkt der Anzeigetechnologie im Cockpit zugewandt. Ab März 2017 wurde das Multifunktionale Instrumentendisplay als Sonderausstattung angeboten. Das volldigitale TFT-Farbdisplay in Black-Panel-Technologie zeigte fahrrelevante Informationen in individuell wählbarem Design an. Farbgebung, Grafik-Darstellung und Auswahl der Inhalte variierten dabei in Abhängigkeit vom jeweils gewählten Fahrmodus.
Nach dem besten Verkaufsstart aller Zeiten stellten die Münchener im Mai des Jahres neu zusammengestellte und strukturierte Ausstattungspakete vor, die, neben anderen Modellreihen, im Lauf des Sommers auch für die verschiedenen 3er-Versionen verfügbar gemacht wurden. Das Innovationspaket fasste bedeutende Neuerungen aus den Bereichen Assistenzsysteme, Komfort und Lichttechnik zusammen, das Business Package richtete sich an Viel- und Langstreckenfahrer und beinhaltete Merkmale wie hochwertige Navigationssysteme und komfortsteigernde Ausstattungselemente. Das Entertainment Paket umfasste unter anderem ein hochwertiges Surround Sound System, einen DAB-Tuner und zusätzliche Konnektivitätsschnittstellen. Das Winterfreude Paket bot im Wesentlichen Stand- und Lenkradheizung sowie Packlösungen für Wintersportutensilien, während das Exklusiv Paket Merkmale wie Metallic-Lackierung, Panorama-Glasdach und elektrisch verstellbare Sitze enthielt.

Erste Sondermodelle

Wenige Wochen später lancierten die Münchener drei Sondermodelle, die unter anderem für die 3er-Reihe verfügbar gemacht wurden – eine im Wettbewerbsumfeld durchaus beliebte Strategie zur Vertriebsunterstützung, die BMW

Die immer größer werdenden Displays auf den Armaturentafeln waren Exponenten der mit hohem Tempo voranschreitenden Digitalisierung – das sprichwörtliche »Handy auf Rädern« kam unaufhaltsam näher. Die Kundschaft wurde dabei nicht immer mitgenommen.

sonst kaum einmal verfolgte. Wie bei solchen Editionsmodellen üblich, waren die Modelle der Edition Sport Line Shadow, der Edition Luxury Line Purity und der Edition M Sport Shadow mit zum Teil exklusiven Ausstattungsumfängen dotiert, die den jeweiligen Fahrzeugen einen stärker individualisierten Charakter verliehen. Erhältlich waren die Sondermodelle für 3er-Limousine und -Touring in Verbindung mit allen angebotenen Motorisierungen.
Das Unternehmen beendete das Jahr 2017, nach einer erfolgreich verlaufenen IAA, auf der unter anderem der neue X3 sein Debüt gegeben hatte, mit einer ausgezeichneten Absatzbilanz, an der 3er wesentlichen Anteil hatte.

Diesel jetzt auch mit AdBlue

Den nächsten Schritt in puncto Emissionsschutz tat BMW im Rahmen der Frühjahrs-Modellpflege 2018. Alle auch in der 3er-Reihe eingesetzten Dieselmotoren wurden nun serienmäßig mit der sogenannten BMW BluePerformance Technologie ausgestattet – dabei handelte es sich um nichts anderes als die vom Wettbewerb bereits bekannte Ergänzung des bisher schon vorhandenen NO_x-Speicherkatalysators um ein SCR-System samt AdBlue-Einspritzung. Damit konnte der Stickoxid-Ausstoß der Selbstzünder höchst wirksam reduziert werden. Ebenfalls angekündigt wurde, dass ab März des Jahres auch die allradgetriebenen Modelle 320d xDrive Limousine und Touring sowie der 320d xDrive Gran Turismo serienmäßig mit der 8-Gang-Steptronic ausgestattet werden.

Automatik auf dem Vormarsch

In einer zweiten Stufe wurden rund vier Monate später weitere acht 3er-Modelle serienmäßig mit dem automatischen Steptronic-Getriebe ausgestattet – ein neuerlicher Fingerzeig, dass, wie auch beim Wettbewerb, mechanisch betätigte Kraftübertragungen allmählich zum Auslaufmodell wurden – übrigens nicht unbedingt zur hellen Freude eher traditionalistisch eingestellter BMW-Fahrer und -Enthusiasten... Aktuell waren von dieser Maßnahme die Modelle 320i Gran Turismo, 320i xDrive Gran Turismo, 320i xDrive Limousine und Touring, 330i Limousine und Touring sowie 340i Limousine und 340i xDrive Limousine betroffen. Gleichzeitig wurden alle in Deutschland angebotenen Benzinmotor- und Plug-in-Hybrid-Modelle von BMW serienmäßig mit einem Otto-Partikelfilter ausgestattet, womit die Abgasnorm Euro 6d-TEMP erfüllt werden konnte.

BMW G20
ab 2019

Die nächste Generation

Erprobungs und Abstimmungsfahrten auf der Nürburgring-Nordschleife gehörten auch im Vorfeld der G20-Präsentation zum Pflichtprogramm.

Besser als rund? Die neue, laut BMW, »spangenförmige« Gestaltung der Cockpitinstrumentierung im G20 war für manchen Traditionalisten eher modernistisch als praktisch.

Ein nur schlecht gehütetes Geheimnis lüfteten die Münchener dann im August 2018: Die nächste, oder präziser gesagt: die inzwischen siebte 3er-Generation befand sich im letzten Entwicklungsstadium, wie ein wie zufällig veröffentlichter, gleichwohl offizieller Bericht über abschließende Abstimmungsfahrten auf der Nürburgring-Nordschleife wissen ließ. Nur wenige Tage später ließ man die Katze aus dem Sack: Die Weltpremiere der neuen Baureihe, zunächst in Form der intern als G20 bezeichneten Limousine, sollte auf dem Pariser Autosalon Anfang Oktober stattfinden.

Betriebssysteme werden immer wichtiger

Doch bevor es so weit war, stellten die Entwickler das neue, vollständig digitale Anzeige- und Bedienkonzept BMW Operating System 7.0 vor, das auch in der neuen 3er-Generation zum Einsatz kam. Es zeichnete sich unter anderem durch weiter individualisierbare Inhalte aus, wobei im Info Display erstmals eine Abkehr von nachgebildeten analogen Rundinstrumenten vollzogen wurde. Stattdessen waren nun auf den ersten Blick etwas gewöhnungsbedürftige Designelemente – BMW nannte ihr Aussehen »spangenförmig« – zu sehen, die sich zur Mitte hin öffneten. Gestalterische Idee dahinter war, im Cockpit eine formale Anbindung an das BMW-typische Vieraugengesicht zu schaffen. In praktischer Hinsicht bot diese Lösung Vorteile, da sie in der Mitte des Info Displays mehr Platz zur Anzeige von Navigationsinhalten vorhielt. Weiter perfektioniert zeigte sich darüber hinaus auch die Möglichkeit, auf dem Wege eines Remote Software Upgrade, »over the air« von Weiterentwicklungen zu profitieren – was dem Hersteller natürlich auch die Gelegenheit bot, noch einmal eine zusätzliche Bezahlschranke einzuziehen, wenn neue Funktionen und Services verfügbar gemacht wurden…

Premiere in Paris

Als sich am 2. Oktober in Paris der Vorhang über der neuen 3er-Reihe-Generation hob, der bis dato wichtigsten Baureihe der Münchener, präsentierte sich zunächst nur die 4-türige Limousine; die Touring-Version sollte später

Ob Trockeneis-Schwaden, Vorhang oder transparentes Tuch: Fahrzeugpremieren, wie die der neuen 3er-Generation auf dem Pariser Salon im Herbst 2018, haben auch heute manchmal noch etwas Magisches.

nachgeschoben werden. BMW postulierte explizit, dass die Neuauflage »an die sportliche Tradition der Baureihe« anknüpfe und – wenig überraschend – wieder einmal »neue Maßstäbe für Fahrdynamik, (...) Premium-Qualität und Innovation im Mittelklasse-Segment« setze. Zunächst fiel auf, das die Fahrzeugdimensionen, wie heutzutage üblich, weiter gewachsen waren. In der Länge hatte der neue 3er gegenüber der Vorgängergeneration um 76 mm zugelegt, in der Breite um 16 und in der Höhe nur um 1 mm. Der Radstand war um 41 mm verlängert worden, die Spurweiten vorne und hinten um 43 bzw. 21 mm.

Im Zeichen der Kontinuität

Im äußeren Erscheinungsbild hatte wieder einmal die Losung »Evolution statt Revolution« gegolten, da die Wiedererkennbarkeit eines 3ers aus Marketingsicht stets ein hohes Gut darstellt. Dennoch wirkte der Neue etwas extrovertierter gestaltet, vor allem an der Front – BMW bezeichnete die Linie als »neue Designsprache«. Hier hatten sich Niere und Leuchteinheiten noch weiter von klassischen Vorbildern entfernt. Erstere war noch stärker horizontal ausgerichtet und reichte bis in die Ebene der Fronthaube hinein, während die Scheinwerferkontur, zuvor eher ruhig und klar gehalten, nun flacher, zerklüfteter und dynamischer gezeichnet war. Abgesehen davon, wirkte der Karosseriekörper insgesamt jedoch weniger straff als zuvor, sondern eher rundlich-aerodynamischer geformt. Dazu passte die andere optische Auffälligkeit: die im Gegensatz zu den vorderen markant ausgebuchteten hinteren Kotflügel – in dieser Ausprägung eine Novität in der 3er-Reihe. Sie boten Platz für die vergrößerte Spurweite und groß dimensionierte Rad-/Reifen-Kombinationen. Am gestalterisch weniger im Fokus stehenden Heck dominierten horizontale, breitenbetonende Linien sowie, dazu passend, flache, abgedunkelte Leuchteinheiten mit L-förmigen Lichtern.

Das Interieur präsentierte sich entsprechend weitgehend überarbeitet, sprich: modernisiert. Es gab neue Sitze mit verbesserten Bezugsmaterialien, ein ebenfalls neugestaltetes Sport-Lederlenkrad mit Multifunktionstasten, mehr und größere Ablagen sowie eine bessere Rundumsicht. Ein deutlicher Fortschritt war der optimierte Akustikkomfort durch eine leiser arbeitende Klimaanlage, vor allem aber durch aerodynamische Feinarbeit an A-Säulen, Windschutzscheibe und Türen. Schon in der Basisausführung gehörte das sogenannte BMW Live Cockpit mit Radio Professional zum Standardumfang, das mit sechs Lautsprechern und einer Leistung von 100 Watt aufwartete.

Instrumentenkombi und Control Display, beide neugestaltet, bildeten nun einen großflächigen Anzeigeverbund, der Start-Stopp-Knopf wanderte auf die Mittelkonsole. Optimierte Bedienlogik und Ergonomie prägten das Bild. Darüber hinaus zeigten sich alle Schmuckelemente in aktualisierter Optik. Erhalten blieben dagegen die zur Wahl stehenden, jeweils prägend zugeschnittenen Ausstattungslinien Advantage, Sport Line, Luxury Line und M Sport. Dank der vergrößerten Fahrzeugmaße profitierten die Passagiere auch von einem etwas verbesserten Raumangebot – bisher nicht gerade die größte Stärke des 3ers...

Designsprache mit modischen Anwandlungen: Geschärfte Kanten an Front und Flanke sowie vor allem die bauchig herausgezogenen hinteren Kotflügel prägten die Designsprache des neuen 3er BMW.

Überarbeitete Motorenpalette

Achtung: »TwinPower Turbo« meint bei BMW nicht zwei Turbolader, sondern einen, der mit TwinScroll-Technik ausgestattet ist.

Antriebseitig griff die neue 3er-Generation auf einen Mix bekannter, aber auch neuer Antriebsaggregate zurück, wobei sowohl sämtliche Otto- wie Dieselmotoren mit der TwinPower Turbo Technologie von BMW versehen. Bei den Benzinern waren zur Markteinführung zunächst 320i und 330i lieferbar. Beide wurden von dem bereits wenige Monate zuvor eingeführten 2,0-Liter-Vierzylinder neuester Entwicklungsstufe angetrieben, der im Fall des 320i wie bisher 184 PS (135 kW) bei 5000 – 6500/min sowie ein maximales Drehmoment von 300 Nm bereitstellte, das zwischen 1350 und 4000/min anlag. Im 330i war das hochmoderne Aggregat nun auf 258 PS (190 kW) leistungsgesteigert worden. Der Drehmomentbestwert erreichte hier 400 Nm bei 1550 – 4400/min.

Bei allen angebotenen Otto-Motorisierungen handelte es sich einheitlich um den 2,0-Liter-Vierzylinder der Baureihe B48.

Bei den anfangs verfügbaren Vierzylinder-Selbstzündern 318d und 320d bzw. 320d xDrive kam jetzt, dank zweistufiger Turboaufladung und höherem Einspritzdruck, zwar keine höhere Leistungsausbeute, dafür aber ein Mehr an Durchzugskraft sowie ein weiterer Zuwachs an Effizienz, das heißt: ein geringerer Kraftstoffverbrauch, zum Tragen. Die Höchstleistungen betrugen hier unverändert 150 PS (110 kW) bzw. 190 PS (140 kW).

Eine besonders souveräne Kraftentfaltung, kombiniert mit hoher Laufkultur und genügsamem Kraftstoffkonsum, zeigte jedoch das nun durch einen 3,0 Liter großen Reihensechszylinder-Diesel jüngster Generation motorisierte Modell 330d. Zu Buche standen statt der bisherigen 258 PS (190 kW) nun 265 PS (195 kW) bei 4000/min sowie ein Drehmomentmaximum von 580 Nm, das zwischen 1600 und 3000/min mobilisiert wurde.

Sämtliche Dieselantriebe der 3er-Reihe waren im Rahmen des Modellwechsel darüber hinaus auch nach der Abgasnorm Euro 6d-TEMP zertifiziert.

Vorangekündigt für den Sommer 2019 wurden zunächst auch zwei weitere Motorisierungsvarianten: der notorisch säumige Plug-in-Hybrid 330e und die High-Performance-Version M340i xDrive mit neuem Reihensechszylinder-Ottomotor, der eine Höchstleistung von 374 PS (275 kW) lieferte.

xDrive noch effizienter

In puncto Kraftübertragung tat sich bei den G20-Modellen vergleichsweise wenig. Die 6-Gang Handschaltung gehörte nur noch bei 318d und 320d zum Serienumfang, während ansonsten die weiter in ihrem Wirkungsgrad

optimierte 8-Gang Steptronic zum Einsatz kam.
Im Gegensatz dazu war für das Permanent-Allradsystem xDrive ein bedeutender Innovationsschritt zu vermelden: Es verteilte die vom Motor bereitgestel te Antriebskraft nun bedarfsgerecht vollvariabel auf Vorder- und Hinterräder. Eine laut BMW »heckbasierte« Auslegung des Systems sollte das BMW-typisch auf hohe Agilität ausgerichtete Handling des 3ers unter allen Bedingungen sicherstellen und zugleich Über- oder Untersteuertendenzen bei engagierter Kurvenfahrt bereits im Ansatz unterbinden.

»Rolling chassis« der neuen 3er-Generation.

Verfeinerungen an der Fahrwerksabstimmung

Obwohl fahrwerkseitig weder der Raum noch die Notwendigkeit für tiefgreifende Verbesserungen vorhanden war – sofern man, was der Fall war, die seit Jahren bewährte Grundauslegung im Wesentlichen beibehalten wollte – hatten die Entwicklungsschwerpunkte auf den klassischen Feldern weiter gesteigerte Fahrdynamik, optimierte Lenkpräzision sowie nochmalige Verbesserung der Bremsleistung gelegen. Die vergrößerten Spurweiten des neuen Modells bildeten hier, im Zusammenwirken mit der erheblich höheren Karosseriesteifigkeit, die Basis für gezielte Detailarbeit an Ausführung und Abstimmung diverser Aufhängungskomponenten. Förderlich war in diesem Zusammenhang, dass die neue 3er Limousine, je nach Modellvariante und ausstattungsbereinigt, um bis zu 55 Kilogramm leichter als das entsprechende Modell der Vorgängerbaureihe ausfiel.
Serienmäßig für alle Versionen war nun auch eine hubabhängige Dämpferregelung eingeführt worden, die zu einer merklichen Beruhigung der Aufbaubewegungen bei Fahrbahnunebenheiten sowie bei zügiger Kurvenfahrt führte.
Für weitere Schärfungen der fahrdynamischen Potenziale standen, wie schon bisher modellabhängig, verschiedene Ausstattungen aus dem M Programm zur Verfügung, beispielsweise das M Sportfahrwerk, das Adaptive M Fahrwerk, die Variable Sportlenkung, die M Sportbremsanlage oder das M Sportdifferenzial.
Was die serienmäßigen Rad-/Reifen-Kombinationen anbetraf, so waren nur die Modelle 320i, 318d und 320d mit 16-Zoll-Leichtmetallrädern versehen, alle anderen rollten auf 17-Zöllern. Natürlich stand auf Wunsch ein breite Auswahl von LM-Rädern der Formate 18 und 19 Zoll, einschließlich Mischbereifung, zur Wahl.

Fluch und Segen zugleich – die Assistenzsysteme

Von unvermeidlich weiter steigender Tendenz waren Anzahl und Funktionsumfänge der zahlreichen verfügbaren Assistenzsysteme, über deren Sinnhaftigkeit man im Einzelfall herzhaft

Schmörkellose Modernität charakterisierte das Cockpit-Layout. Der leicht abgewinkelte zentrale Bedienteil war unverändert Teil der BMW-DNA.

Ein Vierzylinder-330i mit Zubehör aus dem »M Performance«-Programm. Ob hier Optik oder tatsächlicher Nutzwert im Vordergrund standen, blieb nicht zuletzt dem Urteil der Kundschaft überlassen.

Von großem Wert bei harter Beanspruchung war fraglos die Hochleistungsbremsanlage mit innenbelüfteten, gelochten und gerillten vorderen Scheiben.

diskutieren konnte. Serienmäßig an Bord des neuen 3ers waren, neben einem herkömmlichen Tempomaten, unter anderem die – überaus sinnvolle – Auffahr- und Personenwarnung mit City-Bremsfunktion sowie der Spurhalte-Assistent, bei BMW leicht verquast als »Spurverlassenswarnung« bezeichnet. Wer sich noch stärker auf die Wohltaten der »elektronischen Helferlein« verlassen wollte, konnte hier an allen Ecken und Enden aufrüsten, beispielsweise durch einen Abstandsregel-Tempomaten mit Stop & Go-Funktion, eine Verkehrszeichenerkennung oder eine Heckkollisions- und Querverkehrswarnung. Diese und weitere Systeme konnten, auf Wunsch auch in den Sonderausstattungspaketen Driving Assistant bzw., mit noch größerem Umfang, Driving Assistant Professional zusammengefasst, geordert werden. Darüber hinaus gab es natürlich auch bekannte Optionen, von der piependen Park Distance Control über den Parkassistenten und den komplexen Parkassistenten Plus bis zum Head-Up Display.
Einen großen Schritt in Richtung Digitalisierung hatte BMW ja bereits kurz zuvor mit der Präsentation des Operating System 7.0 getan, der neuen technischen Basis für zahlreiche Bedien- und Anzeigefunktionalitäten. Es bildete in der neuen 3er Limousine auch die Basis für die Premiere des auf Wunsch spezifizierbaren sogenannten Intelligent Personal Assistant, sozusagen der Alexa bzw. Siri im Kraftfahrzeug. In Kombination mit dem – ebenfalls aufpreispflichtigen – Live Cockpit Professional stand das System ab November bereit, um die Fahrzeugbedienung sowie den Zugriff auf Funktionen und Informationen sprachbasiert zu steuern – zumindest für drei Jahre, danach würde ein erwartbar wiederum kostenpflichtiges Remote Software Update fällig werden...
Wenig verwunderlich betrachtete BMW den Intelligent Personal Assistant als perfekten Beifahrer, da er Abläufe und Gewohnheiten lernte und in den relevanten Kontext setzen konnte. Das brachte manche Praxisvorteile, unter anderem im Bereich der Navigationsnutzung, wo er am Ziel beispielsweise Parkplätze oder Lokalitäten suchen und finden konnte, oder auch bei der Suche nach jeweils gewünschter Musik. Bei aller verständlicher Innovationsfreude rückten jedoch Fragen nach Verbleib bzw. Verwendung der über die Fahrzeugnutzer bzw. -nutzerinnen im Lauf der Zeit gesammelten Daten vorerst in den Hintergrund.

Die 50.000-Euro-Schwelle fest im Blick

Die Markteinführung der neuen 3er Limousine war auf Anfang März 2019 terminiert – zu Preisen, die beispielsweise für das Otto-motorisierte Einstiegsmodell 318i, allerdings inklusive der optionale 8-Gang-Steptronic, bei 46.400,00 Euro lagen.

Zu diesem Zeitpunkt war bereits ein umfangreiches Portfolio an sogenannten M Performance Parts verfügbar, das zum einen das äußere Erscheinungsbild und die Atmosphäre im Interieur und andererseits verschiedene Technikkomponenten der neuen 3er Limousine kompromisslos in Richtung Sportlichkeit profilierte – Letztere selbstverständlich ohne die serienmäßigen Motorleistungen anzutasten. Zu den eher optischen Nachschärfungen gehörten beispielsweise zwei unterschiedliche Ausführungen des M Performance Frontsplitters, der M Performance Heckspoiler, der M

Performance Heckdiffusor oder diverse M Performance Radsätze in den Dimensionen 18 bis 20 Zoll. Im Innenraum zählten etwa das M Performance Lenkrad und Schaltpaddles oder spezielle Dekorelemente dazu. Ebenfalls verfügbar war der M Performance Drive Analyser, ein elektronisches Gimmick, das – logischerweise für die Rennstrecke gedacht – Fahrdaten aufzeichnete, samt Kamerahalter für entsprechende Videoaufzeichnungen zur Dokumentation der Resultate mehr oder weniger kompetenter Leistungen an Lenkrad und Gaspedal…

Effiziente Performance-Version

Bereits Mitte November erlebte die vorangekündigte neue Top-Version der 3er Limousine ihr weltweites Debüt auf der Los Angeles Auto Show. Der M340i xDrive trat mit einem umfassend weiterentwickelten 3,0-Liter-Reihensechszylinder an, der in Vollaluminium-Bauweise gehalten war. Das Leistungsvolumen war nun auf 374 PS (275 kW) und ein Drehmomentmaximum von 500 Nm justiert, was das aufgeladene High-Performance-Triebwerk zum bisher stärksten, in der 3er Reihe verbauten Antriebsaggregat qualifizierte. Damit waren Fahrleistungen aus dem Bereich hochrangiger Sportwagen möglich: Für den Standardsprint auf 100 km/h vergingen nur 4,4 Sekunden. Die Verbrauchswerte hielten sich dabei in verhältnismäßig überschaubaren Grenzen. Als Norm-Durchschnitt wurden 7,5 Liter pro 100 Kilometer angegeben; in der Alltagsrealität wurden daraus eher – immer noch günstige – 9 Liter.
Auf die Straße gebracht wurde das beeindruckende Leistungspotenzial durch ein 8-Gang Steptronic Sport Getriebe und den xDrive Allradantrieb mit hinterradbetonter Abstimmung. Die von BMW postulierte »M spezifische Fahrwerkstechnik« bestand im Wesentlichen in einer neuen Abstimmung des bekannten M Sportfahrwerks zum Zweck weiter erhöhter Kurvendynamik, nun unter serienmäßiger Verwendung der neuen hubabhängigen Dämpferregelung. Außerdem an Bord waren Insignien wie die Variable Sportlenkung, das M Sportdifferenzial, die M Sportbremsanlage sowie 18 Zoll messende, mischbereifte M Leichtmetallräder.
Wie üblich war die sportliche Speerspitze unter den 3er Limousinen innen und außen durch modellspezifische Design- und Ausstattungsmerkmale gekennzeichnet. Beispiele waren die spezielle, auf eine Optimierung der Kühlluftzufuhr zielende Gestaltung von Frontschürze, Seitenschweller und Heck oder, neben einer Reihe von Detailveränderungen mit M Signatur, der Einsatz von Sportsitzen mit eigenständiger Polsterung.
Als Termin zur Markteinführung in Europa war vorerst der Sommer 2019 angesetzt; in den USA sollte das Top-Modell noch ein Vierteljahr früher auf den Markt kommen.

Gute Produkte, gute Geschäftszahlen

Die zu Jahresbeginn 2019 vom Unternehmen kommunizierte Jahresabsatzbilanz sah rundum positiv aus, und BMW bezeichnete sich, mit Blick auf den Lieblingswettbewerber aus Stuttgart, wieder einmal als global führender Premiumhersteller – was, bei Licht betrachtet, eher eine Frage der Betrachtungsweise war.
In jedem Fall unstrittig war jedoch, dass die Münchener ein überaus starkes, hochmodernes Fahrzeugprogramm vorweisen konnten,

Kraft und Herrlichkeit bei erstaunlicher Effizienz: Der neue allradgetriebene M340i war – jenseits des M3 -das Spitzenmodell der regulären 3er-Palette. Selbst Im Alltag konsumierte der 374 PS (275 kW) starke 3,0-Liter-Sechszylinder weniger als 10 Liter.

Optimierte Ergonomie und Bedienungserleichterung standen bei den zunehmend digitalisierten Armaturentafeln im Fokus der Entwickler.

Links: Prestigeträchtige Kennzeichnung am Heck: Der M340i schlüpfte leistungsmäßig fast schon in die Rolle früherer M3-Modelle.

Für den stets etwas ungeliebten Gran Turismo brach mit der neuen 3er-Generation allmählich das Ende an.

Mangels überzeugender Absatzzahlen blieb der 3er GT-Version eine neue Modellgeneration verwehrt.

bei dem die 3er Reihe einen unverändert prägenden Einfluss hatte. Nach der Einführung der neuen Fahrzeuggeneration der Limousine stand bei den turnusmäßigen Frühjahrs-Updates nun unter anderem eine Aktualisierung der Gran Turismo-Version auf dem Programm. Nach wie war die 5-türige Fließheck-Limousine in der Modellhierarchie etwas weiter oben positioniert als die anderen 3er-Versionen jenseits der M-Palette, spielte stückzahlmäßig aber weiterhin eine deutlich untergeordnete Rolle. Entsprechend unauffällig fielen Modellpflegemaßnahmen aus. Sie beschränkten sich auf kleinere Designmodifikationen, wie schwarz gefärbte Heckleuchten, neue Lackfarben und ebenfalls neue Leichtmetallräder in der Ausstattungslinie M Sport. Betont werden sollte damit der sportliche Anspruch der Gran Turismo-Modelle.

Rechts: Weihnachtsgrüße aus dem Shoppingparadies München – im Dämmerlicht traten die Konturen eines G20 besonders gut in den Vordergrund.

Genfer Salon im Zeichen der Elektromobilität

Wie allerdings deren weitere Zukunft aussehen sollte, wurde erst im Umfeld des Genfer Salons klar, bei dem BMW mit Nachdruck das Thema Elektromobilität in den Mittelpunkt rückte. Eine neue, an den G20 angelehnte Fahrzeuggeneration des Gran Turismo war nicht mehr in Sicht; stattdessen sollte diese Karosserievariante in Bälde auslaufen und aus dem Programm genommen werden.

Unzweideutig lag der Fokus nun auf der Weiterentwicklung der Elektrifizierung unter anderem auch der 3er-Reihe. Dies resultierte, angesichts des dafür erforderlichen hohen Aufwands, quasi zwangsläufig in einer notwendigen Entschlackung des Modellangebots, von der wenig verkaufsstarke Versionen wie der Gran Turismo betroffen waren. Die Augen waren nun besonders auf die neue 330e Limousine gerichtet, dem mit deutlich verbesserten Kenndaten aufwartenden Plug-in-Hybrid-Modell der neuen 3er-Baureihe, dessen Weltpremiere auf dem Genfer Salon im März 2019 über die Bühne ging.

Gegenüber dem gleichnamigen Vorgängermodell hatte eine aktualisierte Speicher- und E-Antriebstechnologie für eine erkennbare Effizienzsteigerung im Elektrobetrieb gesorgt. Dank eines 12 kWh großen, unter den Rücksitzen platzierten Lithium-Ionen-Akkus waren hier nun, gemäß gültigem WLTP-Fahrzyklus, bis zu 60 Kilometer Reichweite möglich, woraus sich ein (fiktiver) Norm-Kraftstoffverbrauch von 1,6 – 1,9 Liter auf 100 Kilometer errechnete – unter realen Bedingungen wurden hieraus eher 7,5 Liter bei einer durchschnittlichen Elektro-Reichweite von knapp 50 Kilometern. Der Verbrenner-Teil des Powerteams zeigte sich dabei in seinen Leistungswerten unverändert: der turbogeladene 2,0-Liter-Vierzylinder-Benziner stellte wie bisher 184 PS (135 kW) und die E-Maschine weiter 68 PS (50 kW) bereit – machte im Ganzen eine Systemleistung von 252 PS (185 kW). Dank der neuen serienmäßigen XtraBoost-Funktion waren kurzzeitig auch bis zu 41 PS (30 kW) zusätzlich mobilisierbar. Unter allen Umständen genügte dies für souveräne Fahrleistungen. Die Höchstgeschwindigkeit

Das aktualisierte Plug-in-Hybrid-Modell 330e konnte dank verbesserter Batterietechnik nun rund 50 Kilometer vollelektrisch fahren.

Rechts: Nicht dramatisch, aber durchaus wahrnehmbar, reduzierte der Lithium-Ionen-Speicher das Kofferraumvolumen der Limousine.

war im Elektromodus aus nachvollziehbaren Gründen allerdings auf 140 km/h limitiert. Zu haben war der ab August in den Markt eingeführte 330e ab einem vergleichsweise günstigen Einstandspreis von 51.550,00 Euro.

Der Touring kommt dazu

Bereits kurz vorher war von BMW der G21, die Touring-Ausführung des neuen 3ers, vorgestellt worden. Das Messedebüt, also der erste Auftritt vor Publikum, war für die IAA im September anberaumt, wobei der Marktstart noch im selben Monat erfolgen sollte. Die Motorisierungsoptionen waren mit denen der Limousine identisch: Das Angebot umfasste bei den Benzinern den 320i Touring, den 330i Touring, den 330i xDrive Touring sowie den M340i xDrive Touring, während bei den Dieseln der 318d Touring, der 320d Touring, der 320d xDrive Touring, der 330d Touring und der 330d xDrive Touring zur Verfügung standen – die Modelle 320i, M340i xDrive und 318d allerdings erst ab November. Für das Folgejahr wurde der 330e Touring angekündigt, der erste Plug-in-Hybrid als Touring-Version.
In ihrer Ausführung außen und innen sowie unter dem Blech setzten Limousine und Touring

Wie üblich wurde der Touring einige Monate nach der Limousine eingeführt und war anfangs auch nicht mit sämtlichen Motorisierungsoptionen erhältlich.

der neuesten Generation dieselben Akzente, wobei der 5-Türer in puncto Praktikabilität noch einmal mehr von den leicht vergrößerten Fahrzeugdimensionen profitierte. Ansonsten entsprachen Ausstattungs- und neue Designelemente weitestgehend denen des 4-Türers. Nahezu zeitgleich zu dieser Komplettierung des 3er Portfolios wurden die Modifikationen im Rahmen der Herbst-Modellpflege avisiert, wovon aber die Fahrzeuge der 3er-Reihe fast völlig unbehelligt blieben. Ebenfalls im November kamen die Nachzügler-Modelle der Touring-Version auf den Markt, wobei natürlich der

Gemessen am Wettbewerb in ihrem Segment, wartete auch die neue 3er-Generation mit einem praxistauglichen Stauraum auf.

M340i xDrive Touring, als seltene Mixtur aus High-Performance-Attributen und hoher Praxistauglichkeit, die meiste Aufmerksamkeit auf sich zog. Jedoch wurden in dessen Windschatten nun auch der 320i und der 318i als 5-Türer verfügbar gemacht.
Gewissermaßen zur Abrundung eines rundum erfolgreichen Jahres für die 3er-Reihe – und damit auch für BMW – wurde den Modellen der G20-Generation beim bekannten Euro NCAP-Crashtest noch im selben Monat die höchste Bewertung zuerkannt – eine aussagekräftige Bestätigung der höchst seriösen Konstruktionsqualität dieser beliebten Fahrzeuge.

Absatzrekorde am Stück

So verwunderte es nicht, dass die Unternehmenskommunikation im Januar 2020 neue Rekordzahlen bei den Auslieferungszahlen ins Schaufenster stellen konnte – selbstverständlich ohne den süffisanten Hinweis darauf zu unterschlagen, dass BMW seine Position als weltweit führender Premiumhersteller hatte behaupten können. Entsprechend erwartungsfroh definierte man die Absatzprognosen für das gerade gestartete Jahr – freilich hatte man dabei die Rechnung ohne den Wirt gemacht, und der trug den Namen Corona-Pandemie; schon ab Februar entwickelte sich diese unaufhaltsam.

Mild-Hybrid vorerst nur im Diesel

Noch aber war davon bei der Mitte Januar erfolgten Ankündigung der Frühjahrs-Modellpflege keine Rede. Wesentliches Thema für das Jahr 2020 war zunächst die kontinuierliche Einführung der Mild-Hybrid-Technologie in weiteren Teilen der Pkw-Palette von BMW. Das

Die auf Wunsch zweifarbige Lederausstattung verlieh dem 3er-Interieur eine sportlich-edle und dabei wohnliche Anmutung.

betraf mit den Dieselmodellen 320d und 320d xDrive auch die 4- und 5-türigen Modelle der 3er-Reihe, sprich: Limousine und Touring. Zum Einsatz kam hier, wie bekannt, ein 48-Volt-Startergenerator, der eine Zusatzleistung von bis zu 11 PS (8 kW) brachte. Neben einem besonders soft ablaufenden Startvorgang, der die Start-Stopp-Funktion unterstützte, diente der spontan einsetzende elektrische Overboost vor allem zum dynamischeren Beschleunigen und zur allgemeinen Effizienzsteigerung in Verbindung mit dem Betrieb des Verbrennungstriebwerks.

Neues Einstiegsmodell

Die zweite Neuerung bestand in einer Ausweitung der Angebotspalette nach unten: Als neues Einstiegsmodell in die 3er-Reihe fungierte nun der Benziner 318i. Das Modell, sowohl als Limousine wie als Touring verfügbar, griff auf denselben 2,0-Liter-Vierzylinder mit TwinPower Turbo Technologie zurück wie sein größerer Bruder 320i. Im nominell darunter positionierten Modell war dieses Triebwerk allerdings auf 156 PS (115 kW) justiert. Wie inzwischen alle 3er – den M3 natürlich ausgenommen – war der Neuling serienmäßig mit der 8-Gang Steptronic ausgestattet. Als durchschnittliche Normverbräuche wurden 5,7 bis 6,2 Liter auf 100 Kilometer angegeben – Werte, die sich durch veränderte Messzyklen mittlerweile der Realität angenähert hatten. Als Termin für den Produktionsstart war der März 2020 fixiert worden.

Dynamische Kurvenfahrt zählte dank einer weiter verfeinerten Fahrwerksauslegung mehr denn je zu den Kernkompetenzen der G20-Modelle.

Hybrid (beim Diesel) weiter in Aufwind

Die mittlerweile immer drängender gewordene Relevanz einer fortgesetzten Elektrifizierung der Modellpalette war auch das Thema des ebenfalls im März veranstalteten Genfer Salons. Selbstverständlich hatten die Münchener die Signale gehört und verstanden: Nun präsentierten sie in Genf zum einen nicht nur die Touring-Version des Plug-in-Hybrid 330e und im gleichen Zug die xDrive-Ausführungen für Limousine und Touring, sondern mit dem M340d xDrive auch eine weitere mild hybridisierte Modellvariante, die nun auch bei den Selbstzündern die Rolle als besonders sport-

lich profiliertes Topmodell übernahm. Der Power-Diesel war ebenfalls als Limousine und Touring zu bekommen. Als Antrieb diente, wie üblich, ein 3,0-Liter-Reihensechszylinder, der als Spross der neuen modularen Motorenfamilie nun eng mit den anderen bei den 3ern und anderen Pkw-Baureihen von BMW eingesetzten Diesel- und Ottomotoren verwandt war. Das mit zwei Verstell-Turboladern versehene Kraftpaket lieferte maximal 340 PS (250 kW) und einen Drehmomentbestwert von bombastischen 700 Nm. Die über das Mild-Hybrid-Modul zusätzlich verfügbaren 11 PS (8 kW) machten das Aggregat in Sachen Durchzugsvermögen endgültig zu einem Giganten, dessen reale Kraftstoffverbrauchswerte von etwa 7,5 Litern auf 100 Kilometer sich angesichts des gewaltigen verfügbaren Fahrleistungspotenzials überaus bescheiden ausnahmen. Wer nicht ständig mit Druck unterwegs war, konnte auch mit 2 Litern weniger über die Runden kommen. Der für den M340d xDrive in der besonders praktischen Touring-Version aufgerufene Brutto-Listenpreis von 74.900,00 Euro war allerdings auch eine Ansage…

Das nächste neue Betriebssystem

Die im Mai angekündigte Sommer-Modellpflege hielt 2020 für die 3er-Reihe im Wesentlichen die Übernahme des – bis dahin ausschließlich in Verbindung mit dem aufpreispflichtigen Live Cockpit Professional erhältlichen – Operating System 7 in den Serienumfang bereit. Das Anzeige- und Bediensystem bot umfassende Individualisierungs- und Personalisierungsmöglichkeiten, wobei die jeweiligen Inhalte nun über ein 5,1 Zoll messende Control Display angezeigt wurden, das zentraler Teil einer neugestalteten Instrumentenkombination war. Nebenbei war über die ausstattungsabhängige

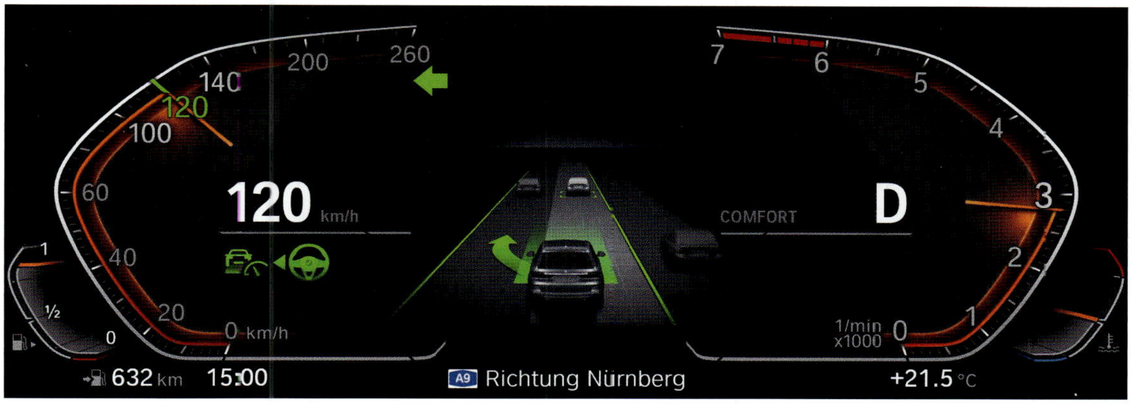

Die in geradezu atemlosen Zyklen aktualisierten Betriebssysteme führten zu immer hochwertigeren, aber auch komplexer konfigurierten Anzeigedisplays.

Smartphone-Integration jetzt auch die Einbindung der immer populärer werden App Android Auto möglich – schließlich sollten auch die Nicht-iPhone-Besitzer unter den BMW-Fahrern und Fahrerinnen im Auto auf Plattformen wie Google Maps zurückgreifen können.
Zur, wie stets, im Vorfeld des kommenden Modelljahrs im September angesetzte Herbst-Modellpflege ließen die Münchener unter anderem wissen, dass mit den Modellen 330d und 330d xDrive, jeweils als Limousine und Touring, nun

Wie viele andere Hersteller, versuchte auch BMW, die Mild-Hybrid-Technologie als kleine, aber Effizienz steigernde Zwischenlösung zur Elektrifizierung auch in der 3er-Reihe möglichst breitflächig auszurollen.

auch die letzten Selbstzünder im 3er-Programm mit dem bekannten Mild-Hybrid-Modul ausgestattet würden. Zudem hatten vor allem Modifikationen am Turbolader einen weiteren Leistungsanstieg des Verbrenners bewirkt: Der 3,0 Liter große Sechszylinder war nun mit einer zweistufigen Aufladung versehen, was in einer Kraftspritze um 21 PS (15 kW) auf 286 PS (210 kW) resultierte, zu denen sich noch die weiteren 11 PS (8 kW) des elektrischen Mild-Hybrid-Zusatzantriebs addierten.
Weitere Schritte in Richtung des Fernziels autonomes Fahren unternahm BMW auch durch eine Erweiterung des Funktionsumfangs des als Sonderausstattung lieferbaren Driving Assistant Professional. Im darin enthaltenen Assistenzsystem Aktive Geschwindigkeitsregelung mit Stop&Go war jetzt auch eine Ampelerkennung integriert. Der elektronische Copilot – oder hatte er bereits das Kommando übernommen? – erkannte Ampeln, bremste regelkonform vor ihnen ab und beschleunigte bei Grün auch wieder aus dem Stand, bis er die Parameter der Aktiven Geschwindigkeitsregelung erreichte. Am Ende entschieden aber immer noch Fahrer bzw. Fahrerin – nicht wenige würden sagen: zum Glück –, ob und in welchem Umfang man die immer komplexer werdenden Unterstützungsleistungen der Assistenzsysteme in Anspruch nehmen wollte oder nicht…

Vor Corona gibt es kein Entkommen

Das katastrophale Voranschreiten der Corona-Pandemie, das 2020 die weltweit wichtigsten Volkswirtschaften in eine nachhaltige Krise stürzte, von der natürlich auch die globale Au-

Aus China für China: Nur auf den zweiten Blick war der mit verlängertem Radstand versehene 325Li zu erkennen, dessen Spezifikationen auf die Erfordernisse des immer wichtiger werdenden dortigen Markts abgestimmt waren.

Nach wie vor relativ kompakt, aber in ihrer Gesamterscheinung von Generation zu Generation stets etwas »erwachsener« wirkend: die klassische 3er Limousine…

tomobilindustrie tangiert wurde, fand in der offiziellen Unternehmenskommunikation merkwürdigerweise kaum statt. Man haderte nicht, sondern zelebrierte lieber »Business as usual« und präsentierte zum Jahresende die, wie üblich, lange Liste von Auszeichnungen, die BMW Fahrzeuge während der vergangenen 12 Monate errungen hatten. Im selben Geist startete man auch ins neue Jahr, obwohl eine generelle Besserung der allgemeinen Situation noch nicht wirklich in Sicht war. Im Fokus stand, wie jedes Jahr, zunächst die Frühjahrs-Modellpflege, die ab März zum Tragen kam.
Für die 3er-Reihe gab es, passend zur seinerzeitigen Stimmungslage, neben diversen Kleinigkeiten nicht viel Neues. Eine Ausnahme bildete das nun ab März auf Wunsch auch für die Limousinen-Version der beiden Spitzenmodelle M340i xDrive und M340d xDrive spezifizierbare M Carbondach. Es brachte eine betont sportive Optik, aber die für das Dach postulierte »Absenkung des Fahrzeugschwerpunkts zugunsten der Agilität« dürfte eher akademischer Natur gewesen sein.

Ausbau des Plug-in-Hybrid-Programms

Jenseits der Modellpflege lancierte BMW zum gleichen Zeitpunkt neue Plug-in-Hybrid-Modelle, darunter den 320e, der als Limousine und Touring heck- und im Fall des 5-Türers alternativ auch allradgetrieben ins Angebot aufgenommen wurde. Den Vortrieb besorgte in allen Fällen ein Hybridsystem, das aus einem 2,0 Liter großen Vierzylinder-Ottomotor mit 163 PS (120 kW) und einem 68 PS (50 kW) leistenden Elektromotor bestand. Die resultierende Systemleistung von 204 PS (150 kW) wurde mittels einer 8-Gang Steptronic auf die Straße gebracht und sorgte im Zusammenspiel mit einem maximalen Systemdrehmoment von 350 Nm für ein BMW-gemäßes Fahrleistungsniveau. Die 320e Limousine sprintete in 7,6 Sekunden von 0 auf 100 km/h und erreichte eine Höchstgeschwindigkeit von 225 km/h, während die korrespondieren Werte für die beiden Touring-Versionen 7,9 Sekunden und 220 km/h bzw. für das xDrive-Modell 8,2 Sekunden und 219 km/h betrugen.
Als Energiespeicher kam in allen Versionen ein weiterentwickelter und bei der BMW Group gefertigter Lithium-Ionen-Akku mit einem Brutto-Energiegehalt von 12,0 kWh und einer Kapazität von 34 Ah zum Einsatz. Die gemäß dem aktuellen WLTP-Testzyklus ermittelten Reichweitenwerte im Elektrobetrieb reichten, je nach Modellausführung, von 46 bis 61 Kilometer. In puncto Höchstgeschwindigkeit war der Elektromodus in allen Fällen auf 140 km/h limitiert. Die Einstandspreise für den 320e lagen zwischen 47 450,- Euro für die Limousine und 51 500,- Euro, die für einen xDrive Touring fällig wurden.
Während für die Schwestermodelle der 4er-Baureihe im Rahmen der sommerlichen Modellpflege weitere Antriebsvarianten verfügbar gemacht wurden, beschränkten sich die Aktualisierungen bei den 3ern auf Details wie neue, mit dem Material Sensatec bezogene perforierte Sitzoberflächen bei den optionalen Sportsitzen und eine neue Außenlackierung aus dem BMW Individual Programm.

BMW trotzt der Situation

Zur Halbzeit des Jahres 2021 konnte BMW trotz eines nach wie vor durch die COVID-Pandemie und deren Folgen, zum Beispiel instabile Lieferketten, erheblich beeinträchtigten Gesamtumfelds eine erstaunlich positive Absatzbilanz vorlegen. Gegenüber dem letzten Nicht-Corona-Jahr 2019 hatten die Münchener ein Plus von über 7 % zu verzeichnen. Insbesondere schien die Elektrifizierungsstrategie, deren Gegenstand auch die 3er-Reihe war, aufzugehen: Hier betrug der Verkaufszuwachs, bezogen auf Hybrid- und vollelektrische Modelle, fast 150 %, was einer Steigerung auf gut 153.000 Fahrzeuge entsprach. Da man allmählich eine gewisse Entspannung der Situation

Nicht zuletzt, um den kritischen Flottenverbrauch zu reduzieren, lancierte BMW weitere Plug-in-Hybride. Der neue 320e sollte das Angebot vorerst nach unten abrunden.

erwarten durfte, gingen die Verantwortlichen von BMW durchaus freudig in die zweite Jahreshälfte, in deren Zentrum die alljährliche Herbst-Modellpflege stand. Für die komplette 3er-Reihe blieb diese aber, bis auf kleine funktionale Erweiterungen der auf Kunden-Smartphones als Schnittstelle zum Fahrzeug und zum Unternehmen installierten My BMW App, folgenlos.
Als im Januar 2022 die Absatzstatistiken der gesamten BMW Group für das komplette Jahr 2021 erstellt waren, zeigte sich gegenüber dem Corona-Jahr 2020, das nun zum direkten Vergleich herangezogen wurde, ein Absatzplus 8,4 %. Die Marke BMW selbst hatte mit gut 2,2 Mio. Einheiten einen Steigerung um 9,1 % erzielt und damit einen neuen Absatzrekord aufgestellt – ein Resultat, das offiziell als »solide« bezeichnet wurde.

Facelift unter Pandemie-Bedingungen

Dass die zum gleichen Zeitpunkt angekündigte übliche Frühjahrs-Modellpflege für den 3er faktisch ausfiel, ließ schnell Spekulationen über einen unmittelbar bevorstehenden Facelift für die G20/G21-Modelle aufkommen. Es dauerte tatsächlich nur ein gutes Vierteljahr, bis sich diese Vermutungen bewahrheiteten. Die entsprechende, im Mai 2022 veröffentliche offizielle Verlautbarung, die für den Juli des Jahres eine umfassend überarbeitete, »neue« Ausführung des aktuellen 3ers signalisierte, hob dabei – erwartungsgemäß – wieder einmal auf eine nochmals intensivere Betonung des dynamischen Charakters der aktualisierten Limousinen- und Touring-Version ab.

Es zeigte sich, dass die Schwerpunkte der Aktualisierung auf Retuschen an der Optik, Verbesserungen der Ausstattungsumfänge und weiteren Fortschritten bei der Digitalisierung lagen. Mit Blick auf die Triebstränge gab es nur

zwei Veränderungen: Zum einen wurde der im 330i und 330i xDrive eingesetzte 2,0-Liter-Vierzylinder aufgrund einiger technischer Modifikationen an Zylinderkopf und Aufladesystem von zuvor 258 PS (190 kW) auf 245 PS (185 kW) heruntergeregelt – ein in der Welt von BMW äußerst seltener Vorgang, der vor allem wohl mit der Abgaszusammensetzung tun gehabt haben dürfte. BMW ließ diesen Vorgang unkommentiert, ließ aber wissen, dass diese Maßnahme zu einer besseren Abgaskühlung beitrüge...

Als zweites mussten alle Liebhaber manuell zu bedienender mechanischer Schaltboxen zur Kenntnis nehmen, das deren Zeit nun auch bei BMW unwiderruflich zu Ende ging. Die aufgefrischten Modelle waren ausnahmslos mit der Steptronic ausgestattet, die auch über Schaltwippen am Lenkrad bedient werden konnte.
Im eigentliche Sinne »neu« war auch das äußere Erscheinungsbild von Limousine und Touring nicht. Allenfalls im Detail ließen sich leichte Modifikationen erkennen, beispielsweise an der ikonische Niere und an den nun wesentlich flacher gehaltenen Rundscheinwerfern, die inzwischen in Voll-LED-Technik ausgeführt waren; auch Front- und Heckschürze warteten mit etwas veränderten Konturen auf. Außerdem rollten jetzt alle 3er Limousinen- und Touring-Modelle serienmäßig auf 17-Zoll-Leichtmetallrädern.

Besonders scharf gezeichnete Konturen charakterisierten die Frontschürze aus dem M-Performance-Zubehörprogramm.

Oben Mitte: Schadstoffärmere Abgase waren das Ziel einer leichten Leistungsreduzierung beim Vierzylinder des 330i.

Im Fondbereich – bei der Limousine ebenso wie hier beim Touring – war das Platzangebot der 3er-Reihe seit jeher beschränkt. Auffällig wirkt in dieser Perspektive jedoch die geringe Ausformung der hinteren Sitzbank.

320d in 3- und 5-türiger Ausführung, mit Teilen aus der M Performance-Welt optisch nachgeschärft.

Mehr innere Werte

Stärker als am Exterieur fiel die Überarbeitung im Innenraum auf. Hier geriet sofort das neugestaltete Cockpit mit sogenanntem »Curved Display« in den Blick, das eine rahmenlose, leicht in Richtung Fahrersitzplatz geschwungene Glasoberfläche aufwies. Im Ruhezustand verbargen sich hinter der schwarzglänzenden Fläche ein hinter dem Lenkrad angeordnetes 12,3 Zoll messendes »Information Display« sowie rechts daneben ein bis in den gebogenen Abschnitt hineinreichendes »Control Display« mit einer Bildschirmdiagonalen von 14,9 Zoll. Basierend auf dem aktualisierten Betriebssystem BMW Operating System 8 kam die gesamte Fahrzeugbedienung nun mit merklich weniger Tasten und Reglern aus. Stattdessen war die fortgeschrittene Digitalisierung des gesamten Cockpits mehr oder weniger komplett auf natürliche Spracheingabe und Touchbedienung ausgerichtet; auch wurden, wie bei BMW schon seit einiger Zeit der Fall, auf dem »Infor-

Das neue »Curved Display« – im Branchenmaßstab nicht revolutionär, aber in puncto Nutzerfreundlichkeit und Ergonomie ein großer Fortschritt.

Signifikant für die neue Cockpitauslegung war die Reduzierung auf nur wenige – aber wichtige – Funktionstasten für direkte manuelle Bedienung.

mation Display« weiterhin keine quasi-analogen Rundinstrumente mehr eingeblendet, sondern eher designgesteuerte Skalen mit »spangenförmiger« Grafik. Wie deren Praktikabilität, d. h. Ablesbarkeit, in Tat und Wahrheit zu beurteilen war, darüber gingen die Meinungen der interessierteren Teile des Publikums auseinander.
Durchaus größere Eingriffe gab es im Rahmen der Überarbeitung beim Thema Ausstattung. Hier kam es zu einer sichtbaren Aufwertung: Unter anderem gehörten fortan das Live Cockpit Plus einschließlich Navigationssystem BMW Maps, die um Sensoren an Front und Heck erweiterte Park Distance Control (PDC) sowie das Ablagepaket zum Serienumfang. Außerdem präsentierte sich die Angebotsstruktur für die Sonderausstattungen nun bedarfsgerechter zugeschnitten. Weitestgehend verabschiedet hatte man sich inzwischen von der potenziell lukrativen Strategie der Ausstattungslinien, die auf Dauer bei der Käuferzielgruppe offenbar doch nicht besonders gut angekommen war. Nun gab es neben der hochwertiger ausstaffierten Grundversion nur noch das sportlich zugespitzte M Sportpaket, das seinerseits noch um eine nochmals nachgeschärfte »Pro«-Variante erweitert werden konnte.

Preisannäherung erkennbar

Die Spanne der Listenpreise für die aktualisierten 3er Limousinen reichte bei den Otto-motorisierten Modellen von 43.900,00 Euro für einen 318i bis hin zu 56.100,00 Euro für einen 330i xDrive. Die Diesel kosteten zwischen 48.400,00 Euro, die für einen 318d fällig wurden, bis zu 60.800,00 Euro, mit denen ein 330d xDrive berechnet wurde. Die drei Plug-in-Hybrid-Modelle 320e, 330e und 330e xDrive bewegte sich preislich zwischen 52.300,00 und 60.800,00 Euro. Die beiden Topmodelle M340i xDrive und M340d xDrive waren identisch mit 71.300,00 Euro bepreist.
Beim Blick in die Preislisten der Touring-Version zeigte sich übrigens, dass die Verkaufspreise für den praktischen 5-Türer – vermutlich beeinflusst durch die nun als Einheitsausstattung vorgesehene Steptronic und den Wegfall der Ausstattungslinien – nur noch wenige hundert Euro über denen für die Limousine lagen.

Schwierige Marktumstände

Der Marktstart der überarbeiteten 3er spielte bei den kurz vor der Herbst-Modellpflege veröffentlichten Unternehmens-Statements zur aktuellen Absatzlage naturgemäß noch keine Rolle. Obwohl man branchenweit auf eine Entspannung der Pandemie-bedingt schwierigen Lage gehofft hatte, musste nun auch BMW einräumen, dass die Situation alles andere als erfreulich war. Nach wie vor beeinträchtigten Lieferschwierigkeiten bei Halbleitern und brüchige Lieferketten nachhaltig die Produktionsprozesse. Zwar standen bei den Münchenern – nicht zuletzt durch Sondereffekte zustande gekommene – Umsatzsteigerungen zu Buche, doch hatten die Auslieferungszahlen gleichzeitig deutlich nachgegeben. Einzige Ausnahme stellten die vollelektrisch angetriebenen Mo-

Der 330e, mit Heck- oder Allradantrieb verfügbar, wurde marketingseitig besonders gepusht – auch hinsichtlich der Preisgestaltung: Als xDrive kostete er exakt so viel wie das leistungsmäßig in etwa vergleichbare Dieselmodell 330d xDrive.

Eine neue »Neue Klasse« machte sich 2023 erstmals am Horizont bemerkbar. Vorerst noch als »Vision«, aber schon mit viel beklatschter, komplett neuer und seriennaher Designsprache aufwartend. Man darf gespannt sein, wie das entsprechende Serienfahrzeug am Ende tatsächlich aussieht.

Wie insbesondere bei Showcars üblich, wirkte die Innenraumgestaltung noch recht futuristisch, weil in der Stilistik extrem minimalistisch.

delle dar, für die eine Verdopplung gegenüber dem Vergleichszeitraum im Vorjahr auf knapp 76.000 Einheiten registriert werden konnte.
Es war nicht weiter verwunderlich, dass unter solchen, von Unsicherheiten geprägten Umständen die Modellpflegemaßnahmen zum Herbst 2022 ziemlich zurückhaltend ausfielen – die gerade erst eingeführte aktualisierte 3er-Reihe war davon ohnehin nicht nennenswert betroffen. Gespannt sah man nun dem Jahr 2023 entgegen, von dem man hoffte, dass nach der im Wesentlichen abgeschlossenen Bewältigung der COVID-Pandemie sich auch endlich die Marktlage und die Fertigungsabläufe wieder normalisierten.

Bedeutungsverlust für die 3er-Reihe?

Für die vor kurzem überarbeiteten Fahrzeuge der 3er-Reihe hielt jedoch auch die kommende Modellpflege zum Frühjahr des neuen Jahres keine weiteren Neuerungen bereit. Lediglich die Schwestermodelle der 4er zogen nun nach und profitierten vom Operating System 8 und dem Curved Display. Die rasante Entwicklung der fortschreitenden Digitalisierung wurde bereits wenige Monate später deutlich, als pünktlich zur Sommer-Modellpflege das weiterentwickelte Operating System 8.5 in einer ganzen Reihe von Baureihen per Remote Software Upgrade eingeführt wurde. Die 3er als Vertreter der automobilen Mittelklasse und Jahrzehnte lang bedeutendste Umsatzträger von BMW, traten hierbei erst einmal nicht in Erscheinung – der Fokus lag hier auf den margenstärkeren Modellen der 5er- und 7er-Reihe sowie, natürlich, auf den populären SUV-Typen.
Generell musste man sich bei der historischen Betrachtung der 3er-Reihe klar machen, dass sich deren bis nach der Jahrtausendwende anhaltende Stellung in der Baureihen-Hierarchie inzwischen grundlegend geändert hatte. Seit 2004 gab es den 1er, 2013 wurde der 3er durch den 4er flankiert, und im Jahr darauf enterte der 2er die Verkaufsräume – hochkompetente Fahrzeuge, die im Lauf der Zeit in den verschiedensten Versionen auf den Markt kamen und für die potenzielle 3er-Kundschaft überlegenswerte Alternativen darstellten. Dennoch stellte sich die mitunter geäußerte Ansicht, dass der 3er und das von ihm bediente Fahrzeugsegment für das Unternehmen allmählich an Relevanz verlöre, bereits im September als vorerst irrelevant heraus – ganz im Gegenteil: Auf der 2023er Ausgabe der seit 2021 im heimischen München abgehaltenen Internationalen Automobil-Ausstellung IAA Mobility trat BMW gewissermaßen mit einem Donnerschlag auf. Mit der »Vision Neue Klasse«, die mehr als ein bloßes Showcar war, demonstrierte man, mit welchen Konzepten man in naher Zukunft gedachte, die Fahrzeugkategorie der 3er-Reihe wieder zur Speerspitze des Fortschritts zu machen. Nicht umsonst hatte man dabei auf den geschichtsträchtigen Terminus »Neue Klasse« zurückgegriffen...

»Neue Klasse« als zukunftsweisendes Statement

Dass man damit die Latte in puncto zukunftsweisender Technologien und Nachhaltigkeit bewusst hoch legen wollte, zeigte die offiziell kommunizierte Losung »30 Prozent mehr Reichweite, 30 Prozent schnelleres Laden, 25 Prozent mehr Effizienz« – vor allem aber stach bei der Betrachtung des Visionsfahrzeugs, dessen Serienabkömmling im Übrigen noch für

Sieht so oder so ähnlich die Zukunft des 3ers aus? Unter den Bedingungen der – im Detail und in weiterer Perspektive noch nicht näher definierten – »Neuen Klasse« wird sich auch der kompakte Klassiker im BMW-Programm bald wohl neu erfinden müssen.

2025 angekündigt wurde, ins Auge, dass man sich offensichtlich auch einen radikalen Reset der Optik auf die Fahnen geschrieben hatte und mit einer komplett neuen Designsprache antreten wollte. Geradezu wohltuend klar und zeitlos erschienen die reduzierten, aufs Wesentliche konzentrierten Formen, großzügigen Flächen und wenigen markanten Linien des Ausstellungsfahrzeugs. BMW-typische Gestaltungsmerkmale, wie die Niere und der sogenannte »Hofmeister-Knick« in der Seitenfenstergrafik, kamen dadurch wieder viel besser zur Geltung. Publikum und Medien zeigten sich vom Aussehen der Vision Neue Klasse jedenfalls einhellig begeistert, und BMW deutete an, dass zentrale Elemente der neuen Designphilosophie sich künftig auch quer durch die gesamte Modellpalette wiederfinden würden.

Wie sehr BMW, neben anderen Herstellern, noch vom Thema Digitalisierung getrieben war, zeigte die zum November Geltung erlangende Herbst-Modellpflege 2023. Hier wurde bereits – kaum hatte man das Operating System 8.5 over the air ausgerollt – das OS 9.0 angekündigt, das neuerlich ausgeweitete Funktionalitäten bereithielt und ab November sukzessive in den verschiedenen Modellreihen eingeführt werden sollte. Laut BMW handelte es sich dabei konkret um ein »breiteres Angebot digitaler Inhalte für Information und Unterhaltung, schnellere Updatezyklen für Funktionen sowie optimierte Zugriffsmöglichkeiten auf viele spezifische Online-Dienste.«

Die vielbeschworene »gute alte Zeit« wird in dieser Installation von BMW wieder lebendig. Ob die im Sommer 1962 in Form des BMW 1500 gestartete historische Neue Klasse, mit ihrer enormen Wirksamkeit für den Status des Unternehmens, ein Vorbild für die neue Neue Klasse werden kann, wird sich erst noch zeigen müssen.

BMW managt die Krise bemerkenswert gut

Die im Januar 2024 vorgelegte Absatzbilanz für das Vorjahr zeigte schließlich, dass die Münchener vieles, nein: sehr vieles, richtig gemacht hatten und die Kraft der Marke und ihrer Produkte nach wie vor höchst wirksam waren. Trotz eines unverändert schwierigen Marktumfelds mit deutlich schwächelnden Konjunkturdaten nicht nur auf dem heimischen, sondern auch in anderen bedeutenden Absatzgebieten, vor allem China, war es dem Unternehmen gelungen, seine wirtschaftlichen und strategischen Ziele zu erreichen. Konkret hieß das für die gesamte BMW Group einen neuen Verkaufsrekord, wobei insbesondere die erstaunlichen Ergebnisse im Bereich Elektrofahrzeuge im Wettbewerbsvergleich aufhorchen ließen. Zum einen schien es, dass die konsequent verfolgte Elektrifizierung der Modellpalette konzeptionell der einzig richtige Weg war, und zum anderen ließ sich aus den Zahlen ableiten, dass diese elektrifizierten Fahrzeuge dank ihrer überzeugenden Technologie offenbar eine hohe Attraktivität für Alt- und Neukunden besaßen – eine höhere als die anderer deutscher Hersteller.

Ein Rendering der zukünftigen Fertigungshalle im Münchener Stammwerk, das ab 2027 nur noch E-Fahrzeuge produzieren soll.

Angesichts der Verkaufsanteile nicht überraschend, wurde der Limousine der Vision Neue Klasse im Frühjahr 2924 eine SUV- bzw., im BMW-Jargon, SAV-Variante zur Seite gestellt, die nun auch als erste in die Serienproduktion übernommen werden soll.

Dass der längst angestoßene Transformationsprozess bei BMW in vollem Gange war, verdeutlichte die ebenfalls zu Jahresbeginn publik gemachte Ankündigung, dass das Münchener Stammwerk voraussichtlich ab 2027 nur noch E-Fahrzeuge produzieren werde – darunter bereits im Jahr zuvor die in 3er-Segment angesiedelte Limousine der »Neuen Klasse«. Nicht wenige Verfechter der Technologieoffenheit und insbesondere Automobil-Traditionalisten mochten das nach einer 75-jährigen Historie von Verbrenner-getriebenen Pkw aus dem im Stadtteil Milbertshofen gelegenen Traditionsstandort bedauern, doch die Zukunftsperspektive stellte sich ohne realistische Alternative dar.

Limousine der »Neuen Klasse« startet nicht aus erster Reihe

Ganz in diesem Sinne dieser Strategie präsentierte das Unternehmen im März mit der Vision Neue Klasse X die SUV- oder, wie BMW es störrisch nannte, SAV-Version der für 2025 angekündigten neuen vollelektrischen Baureihe. Zwar handelte es sich hierbei zunächst um eine Art Stilstudie für die künftigen X-Modelle an sich, doch wie bereits bei der Limousine, wur-

de auch hier ein harter Schnitt gegenüber der bisherigen Designsprache vollzogen. Straffe Flächen, klare Konturen und eine Reduzierung aufs Wesentliche prägten auch hier das komplett neue äußere Erscheinungsbild. Der auch bei BMW besonders erfolgreichen Rolle der SUV-Modell geschuldet, war die Ansage, dass als erstes Modell auf der vollelektrischen »Neue Klasse«-Plattform der populäre iX3 vom Band rollen wird – voraussichtlich im Herbst 2025 im dann neuerrichteten ungarischen Werk Debrecen, das als voll digitalisierte sogenannte iFactory konzipiert worden war.

Optimistische Prognosen

Nachdem die Frühjahrs-Modellpflege für die 3er-Reihe nichts Neues bereitgehalten hatte, bestätigte der von Seiten des Unternehmens ebenfalls im März kommunizierte wirtschaftliche Ausblick für das Geschäftsjahr 2024 die zuvor schon abgegebenen optimistischen Prognosen: Die BMW Group erwartete weiterhin ein »deutliches Wachstum im zweistelligen Prozentbereich«, vor allem getrieben von den vollelektrischen Modellen und den margenstarken Baureihen im obersten Preissegment, wie der 7er-Reihe und dem X7. Mögliche Unwägbarkeiten wurden dabei erst einmal ausgeblendet...

Mit dem erforderlichen Schwung wurden auch Gestaltung und Ausbau des inländischen Fertigungsinfrastruktur vorangetrieben. So stand ab April der baldige Baubeginn für einen neuen Montagestandort im niederbayerischen Landkreis Straubing-Bogen im Fokus. Dort sollten künftig Hochvoltbatterien für die bayerischen Produktionsstätten der BMW Group montiert werden, und auf dem Areal eines dieser Werke, dem in Landshut, sollte darüber hinaus mit einer Investitionssumme von 200 Mio. Euro eine Produktionshalle hochgezogen werden, in der Komponentenfertigung für den Elektrofahrzeugbau hergestellt werden sollten.

Nächster G20-Facelift – gezielte Evolution

Nachdem auch die turnusmäßige Sommer-Modellpflege spurlos an der 3er-Reihe vorübergegangen war, begannen die Spekulationen interessierter Beobachter über einem kurz bevorstehenden größeren Facelift für die G20-Baureihe – mit Recht: Tatsächlich erfolgte bereits im Mai die Ankündigung einer zweiten umfassenden Aktualisierung von Limousine und Touring dieser 3er Generation in technischer wie in stilistischer Hinsicht. Sukzessive auf den Markt kommen sollten die überarbeiteten Modelle im Lauf des Juli.

Wie schon seit einiger Zeit üblich, rückte man hier vor allem weitere Fortschritte bei der Elektrifizierung in den Vordergrund. Dazu gehörte bei der kleinen Lösung »Mild Hybrid« der erstmalige Einbau eines solchen Systems in einen Benziner – inzwischen waren alle Diesel-motorisierten 3er ja damit ausgestattet worden. Nun bekam das auch das Topmodell mit Ottomotor, der M340i xDrive, einen dieser unterstützend eingreifenden Startergeneratoren. Mehr tat sich aber bei den Plug-in-Hybriden, wobei man die Weiterentwicklung dieser Technologie auf den 330e bzw. 330e xDrive konzentrieren wollte. Die gerade einmal seit drei Jahren angebotene Einstiegsversion 320e, die ebenfalls mit Allradantrieb verfügbar war, wurde wieder aus dem Programm gestrichen. Dank eines auf 19,5 kWh gesteigerten nutzbaren Energiegehalts waren jetzt für den 330e, je nach Ausführung, vollelektrische Reichweiten im Bereich von 80 bis 100 Kilometern möglich. Eine deutliche Effizienzsteigerung brachte auch die im 330e verbaute neue Ladeeinheit. Diese erlaubte dreiphasiges Wechselstrom-Laden mit einer auf bis zu 11 kW gesteigerten Leistung, womit eine Hochvoltbatterie in 2:15 Stunden von null auf 100 Prozent aufgeladen werden konnte.

Alle sonst für die 3er-Reihe erhältlichen Moto-

Mit der etwas umfangreicher ausfallenden Sommer-Modellpflege 2024 hielten einige bedeutende technische Neuerungen Einzug in die 3er-Reihe. Zum einen wurde nun auch der Power-Benziner M340i xDrive mit einem Mild-Hybrid-Modul für mehr Effizienz und bedarfsgesteuert noch mehr Kraft ausgestattet...

...und zum anderen machte die Plug-in-Hybrid-Version 330e – der 320e war wieder aus der Palette gestrichen worden – deutliche Fortschritte bei der vollelektrisch erzielbaren Reichweite. Je nach Fahrweise waren nun bis maximal 100 Kilometer möglich.

Der Paradigmenwechsel in Teilen sichtbar gemacht: E-Antriebe erfordern im Kern ein überschaubares Maß an technischer Hardware, vor allem aber fortschrittlichste Energiespeichertechnologie.

Die Gestaltung der zukünftigen »Neue Klasse«-Cockpits dürfte sich nicht grundlegend von dem unterscheiden, was den aktuellen Standard in der 3er-Reihe darstellt.

risierungen blieben ohne tiefgreifende Modifikationen und mit den gleichen Leistungsdaten wie zuvor im Angebot. Ebenfalls unverändert blieb die Getriebeausstattung: Sämtliche 3er Modelle waren serienmäßig mit der 8-Gang-Steptronic ausgestattet.
In puncto Fahrwerkstechnik brachten die überarbeiteten Modelle – vermutlich zum Wohlgefallen nicht weniger Besitzer – ein verändertes Abstimmungsprofil der jeweiligen Serienausführung. Statt der oft beklagten, als übertrieben empfundenen Straffheit, zog laut BMW nun »in allen Fahrmodi ... spürbar gesteigerter Fahrkomfort« ein, ohne freilich, wie man nicht vergaß, zu betonen, das bisher gewohnte hohe Dynamikniveau zu kompromittieren.

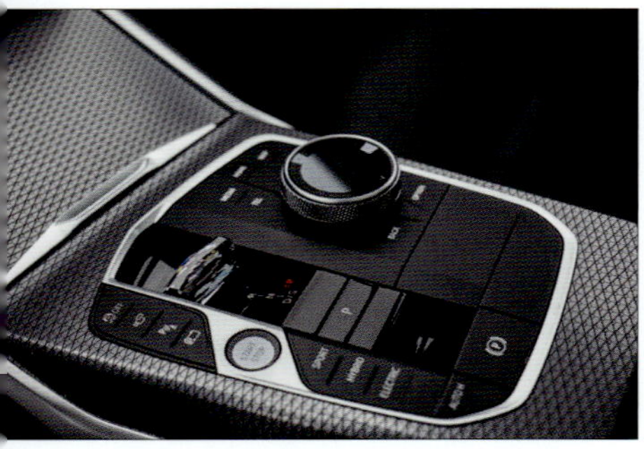

Wenige Bedientasten und der typische Dreh-/Drück-Steller des i-Drive-Systems sind bisher noch in der Mittelkonsole platziert.

Fokus auf die Innenraumgestaltung

Was den optischen Auftritt der aufgefrischten 3er betraf, beschränkten sich die Aktualisierungen im Wesentlichen auf ein paar neue Lackfarben und optionale 19-Zoll-Leichtmetallräder. Im Interieur rückte jedoch eine ganze Reihe von Neuerungen in den Blick. Dazu zählten unter anderem ein neues, mit seinem polygonalen Kranz reichlich affektiert wirkendes Sport-Lederlenkrad mit zwei Speichen, in allen Modellen nun serienmäßige Schaltwippen am Lenkrad, neu ausgeführte Zierelemente, wahlweise in Kunststoff oder verschiedenen Edelholzoberflächen, sowie eine zum Teil neu arrangierte Innenraumbeleuchtung. Zum standardmäßigen Ausstattungsumfang gehörte nun auch die 3-Zonen-Klimaautomatik, die per Touchfunktion am Control Displays oder mittels Sprachsteuerung reguliert werden konnte. Überhaupt hatte man im Rahmen der fortschreitenden Digitalisierung die Anzahl an Tasten und Reglern im Cockpit konsequent reduziert. Wie stets in solchen Fällen, blieb aber die Frage, ob eine solche Maßnahme auch tatsächlich der so vielbeschworenen intuitiven Bedienung zugutekam.
Die BMW Entwickler hatten da keinen Zweifel, denn das ebenfalls überarbeitete Bediensystem iDrive, das in Verbindung mit dem Schnellzugriff QuickSelect nun in der facegelifteten 3er-Reihe zum Einsatz kam, verfolgte zum wiederholten Mal genau dieses Ziel. Basierend auf dem Operating System 8.5 wurden inzwischen die meisten Fahrzeugfunktionen per Touch- und/oder Sprachbedienung gesteuert. Ergänzt wurde diese Bedienlogik durch Quick Select, einem ohne Wechsel in Untermenüs, direkt auf dem Control Display möglichen Schnellzugriff auf besonders häufig genutzte Funktionen, wie etwa die Klimatisierungseinstellungen. Außerdem war nun das Live Cockpit Plus mit cloudbasierter Navigation und Curved Display serienmäßig an Bord.

Kaum neues bei den Motoren und gestraffte Modellpalette

Das Motorisierungs- bzw. Modellangebot bei den 3er Limousinen wie bei den Touring-Modellen unterschied sich von den Pre-Facelift-Modellen kaum: Bei den Benzinern bestand die Palette aus den Einstiegsmodellen 318i und 320i, Letzterer auf Wunsch auch in xDrive-Ausführung spezifizierbar, sowie den stets allradgetriebenen 330i xDrive und M340i xDrive. Mit nach wie vor fast den gleichen Typenbezeichnungen versehen, präsentierte sich das Portfolio an Selbstzündern nahezu komplett synchronisiert: Hier hatten Käufer die Wahl zwischen 318d und 320d bzw. 320d xDrive, dem 330d xDrive und dem M340d xDrive. Außerdem gab es als Plug-in-Hybrid den 330e und den 330e xDrive. Mit Ausnahme des 320i Touring, der nicht als xDrive geordert werden konnte, waren sämtliche Modellversionen mit 4- oder 5-türigem Aufbau erhältlich. Generell nicht mehr im aktualisierten Programm vorhanden waren die beiden kleineren

Plug-in-Hybride 320e und 320e xDrive sowie die ebenfalls in aller Stille entschlafenen heckgetriebenen 330d als Limousine und Touring. Erwartungsgemäß hatten die Listenpreise für die neuen 3er – nicht zuletzt im Zeichen steigender Inflationsraten in Deutschland – wieder angezogen. Für Otto-motorisierte Limousinen wurden zwischen 46.400,00 Euro für eine 318i und 60.200,00 Euro für einen 330i xDrive aufgerufen. Die Schwestermodell mit Dieseltriebwerk lagen zwischen 50.900,00 Euro für einen 318d und 64.500,00 Euro für einen 330d xDrive. Die beiden Topmodelle M340i xDrive und M340d xDrive lagen mit jeweils exakt 76.000,00 Euro noch einmal ein gutes Stück darüber. Für die beiden Plug-in-Hybrid-Modelle 330e und 330e xDrive wurden 62.600,00 bzw. 65.100,00 Euro in Rechnung gestellt.
Der preisliche Unterschied zu den Touring-Modellen war inzwischen auf ein Minimum geschrumpft. Für eine 5-türige Version musste, je nach Motorisierung, nur noch ein Aufpreis von um die 3 % bezahlt werden – eine angesichts des nötigen Gesamtinvestments für ein Neufahrzeug nahezu vernachlässigbare Summe.

Vorsichtigere Absatz- und Umsatzprognosen

Nachdem sich während des ersten Halbjahres 2024 einige äußere Faktoren, zum Beispiel die anhaltende und überraschend tiefgehende konjunkturelle Schwäche in Deutschland, die sich im Inland und auf anderen europäischen Märkten ausbreitende Absatzflaute für E-Fahrzeuge jeder Art, vor allem aber auf dem chinesischen Kernmarkt die anhaltende Kaufzurückhaltung im Premiumsegment, stärker bemerkbar gemacht hatten als ursprünglich prognostiziert, klang der wirtschaftliche Ausblick für das Gesamtjahr zur Jahreshalbzeit erkennbar weniger optimistisch als noch wenige Monate zuvor. Die Rede war nun von einem »herausfordernden Umfeld« und hoher Volatilität. Dennoch herrschte weiterhin Zuversicht, dass die zu Jahresanfang ausgegebenen Umsatz-, Absatz- und Profitabilitätsziele zu erreichen waren. Dennoch blieb abzuwarten, ob dies eine realistische Perspektive sein würde.

Der 3er: alte Stärken, neue Rolle

Was die 3er-Reihe betraf, so war deren Rolle im Modellprogramm nicht mehr die, die sie vor der Jahrtausendwende innegehabt hatte. Sie fungierte nicht mehr als das populäre Einsteigermodell in die Welt von BMW, vielmehr hatte sie sich ihren Platz in der dicht besetzten Mittelklasse der Marke neu suchen und dabei durchaus Federn lassen müssen – siehe Cabrio, siehe zum Teil M3. Auch als wichtigster Umsatzbringer hatte sie ausgedient, fette Margen strich BMW bei anderen Baureihen ein. Dennoch war sie trotz gewachsener Baureihenvielfalt nicht zum Nischenmodell geworden, dessen Zukunft bei heftigem Gegenwind für die gesamte Branche direkt in Frage gestellt wurde.
Ohne Zweifel war, ist und wird der 3er unter seinesgleichen bis auf Weiteres der Archetyp der sportlichen, fahraktiven, kompakten, aber dennoch familientauglichen Mittelklasse-Limousine sein – ein beruhigender Gedanke.

Wie lange die Zukunft der eher klassisch zugeschnittenen 3er-Reihe noch währen wird, bleibt abzuwarten. Die Modelle der gegenwärtigen 7. Generation markieren jedenfalls den Höhepunkt der Baureihe, wie wir sie kennen und lieben gelernt haben.

M VE 4011

BMW M3
seit 1986

M – schnellster Buchstabe der Welt

Man könnte geneigt sein, die Sportmodelle von BMW unter einem eigenen Sammelbegriff zusammenzufassen. Denn sie bilden ihre eigene Klasse, eine eigene Kategorie.

BMW M3 seit 1986

Lange bevor andere Hersteller in ihren dem 3er BMW vergleichbaren Baureihen ebenfalls sportliche Akzente setzten, war der »schnellste Buchstabe der Welt« das Synonym für Erfolg im Rundstrecken-Motorsport. Und dass der M3 nicht etwa nur Rennfahrern vorbehalten war, sondern von jedermann erworben werden konnte, mit normaler Straßenzulassung – das machte die Modelle dieser Sonderausführung umso begehrenswerter.

Um es in einem Satz auszudrücken: Der BMW M3 ist eine besonders leistungsstarke Variante des 3er-Serienfahrzeugs. Den ersten M3 gab es ab März 1986; er war von der BMW M GmbH entwickelt worden und basierte, wie die Ziffer 3 erkennen lässt, auf dem 3er BMW. Jedes Fahrzeug der Baureihe E30 entstand in Einzelarbeit; erst der M3 auf Basis E46 und E90 wurde auf den Bändern der BMW AG in Serie gebaut.
Bei seiner Einführung war der M3 E30 nur als zweitürige Limousine lieferbar. Doch ab Mitte 1988 wurde der M3 auch als Cabriolet angeboten.

BMW M3 E30 1986–1991

Der Idee zum Bau des M3 zu Jahresbeginn 1986 lag eine Homologation für die Deutsche Tourenwagen-Meisterschaft (DTM) zugrunde. Als Triebwerk wurde ein vom Block des Motors M10 mit dem Zylinderkopf des ursprünglich im M1 verwendeten Sechszylindermotors abgeleiteter Vierzylinder-Vierventilmotor verwendet. Dieser Vierzylinder hatte 2302 cm³ Hubraum und leistete bis zu 220 PS, später 238 PS bei 2453 cm³ im Modell Sport Evolution. Die Karosserieform hatte man für den M3 erheblich

Oben: Der erste M3 von 1986. Auffallend die ausgewölbten Kotflügel sowie Front- und Heckspoiler.

Rechts: Britische Journalisten auf Testfahrt in diversen linksgelenkten M3; vorn ein E30.

Vordersitze (1989) und Volant (1986) im BMW M3 E30.

verändert, um eine bessere Verwindungssteifigkeit zu erzielen. Auch aerodynamische Gründe waren dafür ausschlaggebend. Stets stand die Rennsporttauglichkeit im Vordergrund, daher konnte man sich auf Einschränkungen beim Komfort und den Produktionskosten einlassen. Der M3 war teuer, wenig komfortabel, aber mordsschnell...
Zu den Modifikationen gehörten Kotflügelverbreiterungen, um eine breitere Spur durch Rennreifen zu ermöglichen. Der Frontspoiler, die Heckschürze, Schwellerverkleidungen sowie Änderungen der Karosserie im Bereich der C-Säule und des Kofferraumdeckels verbesserten die Aerodynamik. Die Heckscheibe war flacher angesetzt, die Kofferraumklappe aus glasfaserverstärktem Kunststoff angefertigt und für eine bessere Luftströmung um ca. 40 Millimeter erhöht. Durch die Änderungen im Heckbereich erreichte man geringere Auftriebskräfte und einen stabileren Geradeauslauf. Außerdem wurde die Frontscheibe einge-

Der E30 in der M3-Evo-Ausführung gab sich selbst in der scharfen Version in seinem Äußeren weitgehend unspektakulär.

Etwas theatralisch inszenierte Aufnahme eines E30 M3 mit BBS-Rädern.

Oben: Motor des BMW E30 in der M3-Version von 1986. Rechts daneben ein Bild seiner Bestandteile.

klebt und nicht, wie bei den anderen E30-Modellen, mit Scheibengummi und Keder eingefasst.
Exklusiv für Italien wurde ein 320is auf Basis des M3-Motors und der normalen E30-Karosserie und Fahrwerkskomponenten entwickelt und auch nur dort offiziell und ohne Katalysator angeboten. Für Fahrzeuge mit Motoren, die über mehr als 2,0 Liter Hubraum verfügten, war zu jener Zeit in Italien eine Luxussteuer fällig. Diese Version wird inoffiziell als »Italo-M3« bezeichnet.
Ende 1990 wurde die Fertigung der E30 Limousine eingestellt, während das M Cabriolet noch bis Mitte 1991 produziert wurde.
Vom M3 der Reihe E30 gab es vier Sondermodelle, so 148 Stück »Europameister«, handsigniert von Werkspilot Roberto Ravaglia; 505 Exemplare »Cecotto«; 500 Stück vom M3 Evolution II mit 2,3-Liter-Motor sowie 600 als BMW M3 Sport Evolution mit 2,5-Liter-Motor. Darüber hinaus gab es zwischen November 1987 und Dezember 1990 eine in nur 62 Exemplaren gebaute Version von der Firma ALPINA unter der Bezeichnung B6 3.5 S und dem 3,43 Liter großen Sechszylinder, der stark optimiert wurde.

Die schraubengefederte Hinterradführung des M3 E30 von 1986.

BMW M3 E36 1992–1999

Die zweite Ausführung des M3, Baureihe E36, stellte im Sommer 1992 die BMW Motorsport GmbH vor, ein Auto, das in der ersten Produktionsphase auf dem zweitürigen Coupé basierte. Das von der BMW-Tochter gebaute Auto

besaß einen Reihensechszylinder mit 2990 cm^3 Hubraum und war ebenfalls ein Vierventiler. Er verfügte über eine Leistung von 286 PS(213 kW) und verfügte über eine automatisch variable Einlassnockenwelle, ein System, das sich VANOS nannte. Der Name steht für »Variable Nockenwellensteuerung« und bezeichnet ein Verfahren zur Veränderung der Steuerzeiten der Ventilsteuerung. Eine Anpassung der Ventilöffnungszeiten erlaubt die Steigerung der Leistung des Motors, abhängig vom jeweiligen Lastverhalten. Nicht zuletzt bewirkt sie eine Kraftstoff-Einsparung. Die Bezeichnung »variable Nockenwelle« ist eigentlich falsch, denn nicht die Nockenwelle selbst wird verändert, sondern nur deren Drehwinkel bzw. der Ventilhub.
Angeordnet ist die VANOS-Einheit zwischen Nockenwelle und Kettentrieb. Während bei einem konventionellen Ventiltrieb die relative Winkellage der Nockenwelle(n) zur Kurbelwelle (Nockenwellenspreizung) unabhängig von der Motorlast konstant ist, ermöglicht es die VANOS, die Spreizung der Nockenwellen gezielt in Abhängigkeit von Drehzahl, Last und Motoröltemperatur einzustellen. Der bei konventionellen Ventiltrieben für alle Betriebspunkte notwendige Kompromiss wird somit aufgelöst. Anfangs gab es wie beim BMW M3 E30 nur auf der Einlassnockenwelle einen Zeitpunktverstelle. Inzwischen sind stufenlose Doppel-VANOS-Systeme Standard.

1995er BMW M3 E36 mit signifikantem Dekor, wie er von der BMW Motorsport GmbH und auch von Privatfahrern in Rundstreckenrennen eingesetzt wurde.

Voll wettbewerbsfähig: 1993er E36 M3.

Rechts: Schlicht und ergreifend: Heckpartie des E36 M3.

Unten: Auch den viertürigen E36 gab es in M-Version.

Einlassseitig diente die Verstellung primär dazu, den Einlassschluss der Ventile festzulegen, wodurch sich Drehmoment und Leistung optimieren ließen. Auslassseitig wird mit der variablen Spreizung hauptsächlich die Restgasmenge gesteuert (innermotorische Abgasrückführung). Dies wirkte sich positiv auf den Kraftstoffverbrauch aus, weil mit steigendem Restgasgehalt die Motordrosselung und folglich die La-

dungswechselverluste abnehmen. Zusätzlich sinkt die Prozesstemperatur und somit die Stickoxidbildung. Im Leerlauf verbessert ein sehr geringer Restgasanteil die Laufruhe. Ein weiterer Vorteil der VANOS auf der Auslassseite ist die Möglichkeit, die Abgasdynamik im unteren Drehzahlbereich zu verbessern und somit das Drehmoment zu erhöhen.
Ein Sensor erfasst die aktuelle Winkellage der Nockenwelle und leitet sie an die Motorelektronik weiter, die den Wert mit dem vorgegebenen Winkel vergleicht. Für hohe Verstellgeschwindigkeiten beim M3-Motor wurde das VANOS-System um eine Radialkolbenpumpe ergänzt, die das Motoröl auf über 100 bar vorspannt, bevor die Ventile bzw. der Hydraulikkolben damit beaufschlagt wurden. Da auf beiden Seiten des Verstellmechanismus verschieden hohe Öldrücke anliegen, kann dessen Lage exakt geregelt werden. Die Verstellung ist im Bereich des Kreissegments, bestehend aus den Druckräumen für Früh- und Spätverstellung, stufenlos möglich. Im drucklosen Zustand wird der Verstellrotor durch eine Schraubenfeder in Spätstellung gehalten. Das maximale Drehmoment betrug beim VANOS-Motor 320 Nm bei 3600/min.
Die erheblich gestiegene Motorleistung des

neuen M3 bedingte eine Überarbeitung des Fahrwerks und der Bremsanlage. An der Vorderachse wurde eine Eingelenk-Federbein-Achse mit verstärkten Federtellern und Achsschenkeln verbaut, während an der Hinterachse eine Zentrallenker-Hinterachse, wie sie erstmals auch beim Z1 eingesetzt wurde, zum Einsatz kam. Dazu mussten die Längslenker an die gestiegene Leistung angepasst werden. Deutlich straffer abgestimmt wurden Dämpfer und Stabilisatoren. Der M3 lag um 31 mm tiefer als die normalen 3er Serien-Coupés.

Anfang 1994 kam der M3 als Cabriolet auf den Markt. Es besaß serienmäßig ein elektrisch betätigtes Verdeck und innovative Sicherheitstechnik. Das von BMW ÜRSS genannte Überrollsystem hatte zwei hinter den Kopfstützen der Rücksitzbank montierte und nicht sichtbare Sicherheitsbügel. Sensoren überwachten dabei die Lage des Fahrzeuges: Wurden die Grenzwerte erreicht, bewirkten sie die Entriegelung der Überrollbügel. Diese fuhren dann ohne Pyrotechnik nur durch Federkraft aus. Der offene M3 war sehr beliebt; bis zum Produktionsende 1999 liefen 12.114 Cabrios vom Band.

Ab Sommer 1994 wurde der M3 auch als viertürige Limousine angeboten. Der BMW M3 der E36-Baureihe war damit lange Zeit das einzige Modell, von dem es diese Variante gab. Erst mit Einführung des E90 bot BMW ab Frühjahr 2008 wieder eine viertürige Variante des M3 an. Bis zum Auslaufen der Produktion im Frühjahr 1999 wurden 12.435 M3 Limousinen abgesetzt.

Instrumentenblock des BMW M3 von 1996.

Ab Herbst 1995 wurde der M3 mit einem 3,2-Liter-Sechszylindermotor angeboten; er wies 321 PS (236 kW) auf und hatte ein Drehmoment von 350 Nm; er ersetzte den 3,0-Liter-Motor. Das neue Aggregat verfügte über Doppel-VANOS. Weiterhin wurden mit dem M3 3.2 das 6-Gang-Getriebe sowie eine Compound-Bremse an der Vorderachse eingeführt. Bei dieser besteht der Bremsscheiben-Reibring aus Grauguss und ist durch eingegossene Edelstahlstifte mit dem aus Aluminium gefertigten Topf der Bremsscheibe verbunden. Die schwimmend gelagerte Konstruktion bewirkt zusammen mit der Lochung und Innenbelüftung des Reibringes nicht nur eine Gewichtsreduktion und gesteigerte Haltbarkeit, sondern sie ist auch weitgehend unempfindlich gegen die thermische Belastung während eines

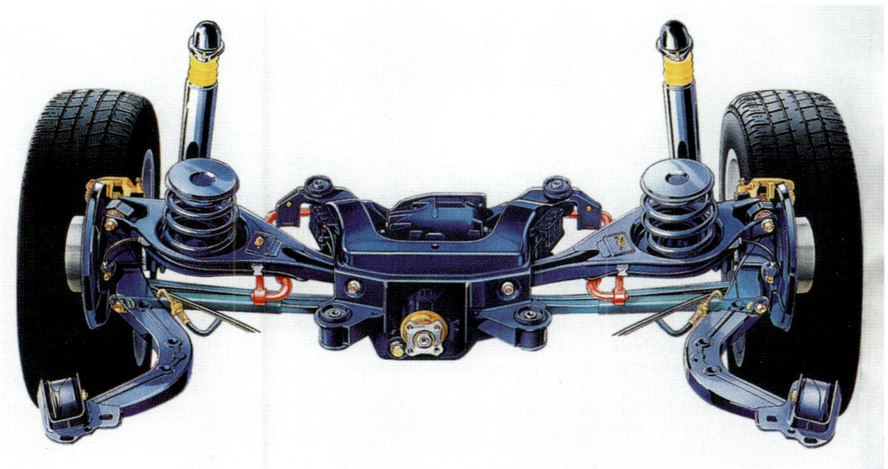

Oben das Cockpit und links daneben Darstellung der Hinterachs-Konstruktion beim BMW M3 E36 von 1997.

Erheblich modifizierter 1997er BMW M3 in vollem Renntrimm.

Einigermaßen dezent »gepimpter«, aber heftig tiefergelegter M3 E36 aus Norwegen.

Bremsvorgangs aus hoher Geschwindigkeit, da sich die Scheibe weitgehend ausdehnen kann, ohne sich dabei zu verziehen.
Ab Sommer 1996 wurde für dem M3 das SMG-Getriebe angeboten. Der M3 war damit das erste Großserienfahrzeug mit einem automatisierten Schaltgetriebe; es war in Zusammenarbeit mit GETRAG entwickelt worden.

M3 E36 eines britischen BMW-Liebhabers.

Ebenfalls im Sommer 1996 erhielt der M3 für das Modelljahr 1997 ein Facelift. Die Wagenfront bekam rundere Nieren sowie weiße Gläser für die Blinkleuchten. Ein von Dezember 1994 bis Juni 1995 angebotenes Sondermodell war der M3 GT mit 2990 cm^3 Hubraum und 291 PS (217 kW). Dieses Fahrzeug wurde 356-mal gebaut und in dunkelgrüner Lackierung geliefert. Die Türen bestanden aus Aluminium, und ein Heckspoiler war serienmäßig. Das Interieur war in Mexicogrün/Alcantara gehalten. Bis April 1999 entstanden vom M3 der E36-Reihe 71.242 Einheiten.

BMW M3 E46 2000–2006

Der von Mitte 2000 bis Juli 2006 gebaute BMW M3 als E46 bekam einen Sechszylinder-Reihenmotor von 343 PS (252 kW) bei 7900 Touren. Äußerlich unterschied sich der Wagen von anderen Modellen der 3er-Reihe durch die Auswölbung auf der Aluminiummotorhaube, dem sogenannten Powerdome, der jedoch keine technische Funktion hatte. Weitere Unterschiede zur normalen 3er-Reihe waren breitere Radkästen, aerodynamisch optimierte Außenspiegel, geschmiedete Alufelgen von 18 oder 19 Zoll, eine zweiflutige Auspuffanlage mit vier Endrohren, eine auffällige Frontschürze sowie der Entlüftung der Elektronik dienende Luftauslässe (Kiemen) in den Kotflügeln.
Die Fahrzeugbreite hatte um 40 mm gegenüber dem Standardmodell zugenommen, bedingt durch die Vorderachsspur von 1510 Millimeter,

M3 Coupé E46 Modelljahr 2000.

Links: Gerhard Richter, Mitglied der Geschäftsleitung der BMW M GmbH und verantwortlich für die Vermarktung dieses Modells. Er übernahm 2008 die Projektleitung für den BMW Gran Turismo

an der Hinterachse 1525 Millimeter. Auch musste eine Verbreiterung der Radläufe um jeweils 20 Millimeter vorgenommen werden, um den größeren Rädern Platz zu bieten. Die vordere Schürze mit den angedeuteten Spoilerecken und den großen Luftschächten für Wasser-, Öl- und Bremsenkühlung zählte ebenso zur Serienausstattung des M3 wie die schmale Spoilerleiste – genannt »Gurney« – auf der Kante des Kofferraumdeckels. Sie war in erster Linie für die deutlich verringerten Auftriebskräfte an der Hinterachse verantwortlich.
Der Motor war nach dem Hochdrehzahlkonzept gebaut und arbeitete drehfreudig bis zur Grenze von 8000/min, bot dabei ein breites Drehzahlband und entwickelte bereits bei 2000 Touren 80 Prozent seines maximalen Drehmoments. Das Fahrwerk war eine Weiterentwicklung des Vorgänger-Fahrwerks vom E36. Auch kam nun die Variable M-Differenzialsperre zum Einsatz, die einen Sperrwert zwischen 0 und 100 Prozent gestattete, sowie eine schwimmend gelagerte Compound-Bremsanlage an Vorder- und Hinterachse.
Anfang 2005 konnte man gegen einen Aufpreis von 5300 Euro ein »Competition Paket« bestellten. Es umfasste 19-Zoll-Räder im CSL-Design, bestückt mit Sport-Cup-Reifen bestückt, die Bremsanlage aus dem M3 CSL, ein optimiertes Fahrwerk, eine direktere Lenkung (Übersetzung 14,5:1 statt 15,4:1) sowie den M Track Mode, die per Taste am Lenkrad mehr

M3 Cabriolets von 2000 (oben) und 2001 (links).

Oben: E46 Touring mit M-Sportpaket von 2001. Rechts daneben ein BMW compact mit M-Sportpaket von 2002.

Unten: Heckpartie eines E46 mit M-Sportpaket.

Schlupf und Gierrate an den Hinterrädern zuließ. Das Fahrzeug gab es als Coupé und Cabrio, jeweils nur in der ursprünglichen Version, obwohl später dann auch Merkmale des beim E46 im Frühjahr 2003 erfolgten Facelifts mit eingearbeitet wurden (wie z. B. die LED-Rückleuchten). Von ALPINA wurde mit den Modellen B3 und B3S ebenfalls eine leistungsstarke Variante des E46 angeboten, die auf mehr

Komfort ausgelegt war. Im Sommer 2006 endete die Produktion von M3 Coupé und Cabrio dieser Baureihe.

BMW M3 CSL 2003-2004

Von Mitte 2003 bis Sommer 2004 bot BMW ein limitiertes Sondermodell mit dem Namen M3 CSL an. Dieses Modell verfügte über eine leichtere Karosserie in Verbindung mit einem 360 PS (265 kW) starken Motor, wobei die Basisdaten des Motors die gleichen wie beim Serien-M3 waren. Das Fahrzeug wurde ausschließlich mit dem sequenziellen 6-Gang-Getriebe namens SMG II mit Drivelogic geliefert. Die Reduzierung des Gewichts ergab sich durch den Verzicht auf Komfort-Komponenten und durch den Einsatz modernster Werkstoffe, wie carbonverstärktem Kunststoff für Türverkleidungen, Mittelkonsole, Dach. Weitere Gewichtseinsparungen wurden im Bereich des Kofferraums gemacht: Heckklappe aus Leichtbaustoffen, Kofferraumboden aus fester Pappe. Um die Längs-, aber hauptsächlich die Querdynamik zu steigern, wurde zudem eine leichtere Heckscheibe verbaut, was den Schwerpunkt absenkte. Serienmäßig gab es Schalensitze und ein Lenkrad mit Alcantarabezug.
Die Serienausstattung des CSL umfasste darüber hinaus elektronische Extras, deren Existenz kaum Gewicht kostete. So gab es ABS, ESP, eine Reifen-Pannen-Anzeige (RPA) und Zentralverriegelung. Für den M3 CSL standen ab Werk lediglich zwei Lackierungen zur Wahl: Saphirschwarz und Silber-Anthrazit. Durch Nachweis einer Rennfahrerlizenz konnte der potentielle Käufer die werkseitige Be-

grenzung der Höchstgeschwindigkeit aufheben lassen.
Interessant war der M-Trackmode, bei dessen Aktivierung sich die Kennlinie der Servolenkung änderte sowie die Parametereinstellungen des DSC/ESP verschob, was eine noch sportlichere Fahrweise erlaubte (kleinere Drifts waren möglich, ohne dass das DSC eingriff). Die in der auch im normalen M3 erhältlichen sequenziellen Schaltung vorhandene Launch Control hatte man für den CSL überarbeitet, wodurch erst bei Drehzahlmaximum in den nächst höheren Gang geschaltet wurde. Somit war es im M3 CSL möglich, mit Vollgas und einem Zug an der Schaltwippe aus dem Stand bis zur Höchstgeschwindigkeit zu beschleunigen. Durch Anwendung dieses Extras, das Komponenten und Motor extrem belastete und daher nur sehr sparsam eingesetzt werden sollte, konnten auch Ungeübte die werksseitig angegebenen Beschleunigungswerte von 0–100 km/h in 4,8 und 0–200 km/h in 16,7 Sekunden erreichen.
Das Fahrwerk mit magnetimpulsgeformten hinteren Querlenkern wurde teilweise auf der Nürburgring-Nordschleife abgestimmt. Dadurch erreichte der CSL in unabhängigen Tests eine für die Leistungsklasse hervorragende Zeit von 7:50 min. Vom M3 CSL wurden in rund einem Jahr 1383 Stück gebaut.

Oben: BMW M3 CSL von 2001.

Links: Heck enes identischen Fahrzeuges von 2003.

»Dem BMW M3 haftet ein legendärer Ruf an. Egal ob 24 Stunden Grüne Hölle, Sportwagenmeisterschaften oder Serpentinen, wo der M3 ist, ist vorne«.

Auto Bild,
September 2013

Heißer BMW M3 GTR E36 von 1997.

BMW M3 GT 2001

Weil der BMW M3 mit dem Sechszylinder in der American Le Mans Series (ALMS) im Jahr 2000 gegen Porsche unterlegen gewesen war, wurden 2001 zwei M3 GTR mit einem Vierliter-V8-Motor aufgerüstet. Dies lief dem Reglement nicht zuwider, entsprach aber nicht dem Geist des seriennahen GT-Rennsports und führte zu Protesten seitens der Konkurrenz, da BMW keinen Serien-M3 mit V8 im Angebot hatte. Dem Reglement nach musste aber eine Straßenversion vorgezeigt werden. BMW reichte diese nach, wobei die Stückzahl dieser Serienversion mit 1 angenommen wird... Für 2002 wurden die ALMS-Regeln angepasst, die V8-Rennwagen wurden nicht mehr in der ALMS zugelassen und erst nach Ende der Saison für den späteren Einsatz am Nürburgring modifiziert.

Technisch war dieser Wagen eng an die Rennversion angelehnt. Ein von 443 PS (330 kW) auf 346 PS (258 kW) gedrosselter V8 mit Trockensumpfschmierung tat unter der mit zusätzlichen Kühlschlitzen versehenen Motorhaube seinen Dienst. Ferner gab es ein 6-Gang-Handschaltgetriebe sowie eine Zweischeibenkupplung, wie sie im Rennfahrzeug verwendet wurden. Die Karosserie wurde ebenfalls an das Rennfahrzeug angelehnt. So bestanden Dach, Heckflügel sowie Front- und Heckschürze aus kohlefaserverstärktem Kunststoff. Durch diese Maßnahmen und den Verzicht auf eine komfortable Ausstattung erreichte der Zweisitzer ein Leergewicht von etwa 1350 Kilogramm. Der Preis wurde mit 250.000 Euro beziffert.

Unten: BMW M3 von 2005. Rechts: Zwei Aufnahmen von einem M3 Viertürer E90 Modell 2008.

BMW M3 E90/E92/E93 2007–2013

Auch vom 3er BMW der vierten Generation gab es einen M3, und er war in drei Karosserievarianten erhältlich. Im Herbst 2007 erschien zunächst das Coupé (E92), während im Früh-

BMW M3 E92 Coupé von 2008. Im Frühjahr 2013 wurde dieses Modell geringfügig modifiziert.

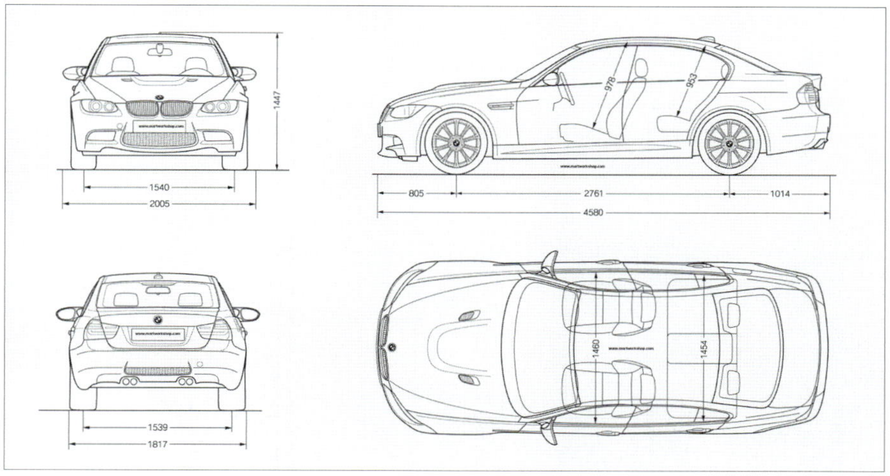

Unten: Abmessungen der Limousine F90.

jahr 2008 das Cabriolet (E93) sowie die Limousine (E90) folgten. Einige optische Details des Vorgängers, wie die Erhebung auf der Motorhaube, die breiteren Radkästen, die vierflutige Abgasanlage sowie die Lufteinlässe auf den Kotflügeln waren übernommen worden. Die Außenspiegel glichen denen des M3 der Baureihe E36.

Im September 2008 unterzog man der M3 Limousine zeitgleich mit dem zivileren E90 einer Modellpflege. Coupé und Cabrio wurden im Frühjahr 2010 modifiziert.

Bei der Entwicklung des neuen M3 hatte BMW versucht, das Gewicht weiter zu optimieren. Dafür wurde das Seriendach des Coupés aus kohlenstofffaserverstärktem Kunststoff entwickelt, die Stoßstangenträger aus Endlos-Glasfaserverstärktem Thermoplast (sog. Organoblech aus PA6/Glas) gefertigt und eine Aluminiummotorhaube verbaut. Das Leergewicht betrug beim Coupé dennoch 1655 Kilogramm, das waren fast 100 Kilogramm mehr als beim Vorgänger. Alle drei Varianten verwenden den S65-Motor. Seit Mai 2008 gab es den

Der letzte BMW E92 verließ am 5. Juli 2013 das Band im Werk Regensburg.

BMW M3 mit dem von GETRAG entwickelten Doppelkupplungsgetriebe (Marketingbezeichnung: M-DKG); es hatte sieben Gänge, war per Schaltwippen am Lenkrad zu bedienen und wies einen Automatikmodus auf.
Der Motor des jüngsten M3 war ein 90-Grad-V8 mit 3999 cm^3 Hubraum. Er entsprach konstruktiv weitestgehend dem 5,0-Liter-V10 des M5 und ersetzte den Reihensechszylinder S54 des Vorgängers. Im Gegensatz zum V10 arbeitete das neue Triebwerk allerdings mit einem Niederdruck-Doppel-VANOS. Die Leistung betrug 420 PS (309 kW) bei 8300/min, das Drehmoment von 400 Nm lag bei 3900/min an. Der Motor erreichte nicht ganz das hohe spezifische Drehmoment des S54 aus dem E46, weil der V8 als Kurzhuber ausgelegt war, um die beim S54 exzessiven Kolbengeschwindigkeiten bei Höchstdrehzahl zu reduzieren.

»...auf den zweiten Blick wird man feststellen, dass das M-Paket den Dreier zum absoluten Hingucker macht. Setzt man sich dann auf den Fahrersitz, beginnt die Faszination...«

Stefan Giuliani im ADAC Autotest 330d mit M-Sportpaket, 2013

Der Letzte seines Stammes

Bestellen konnte man den BMW M3 E92 schon seit einigen Wochen nicht mehr, bevor am 5. Juli 2013 das letzte Exemplar in Regensburg gebaut wurde. Damit war sein Produktionszeitraum beendet. Es sollte auf absehbare Zeit das letzte BMW M3 Coupé gewesen sein, denn der ab 2014 erhältliche Nachfolger basierte auf dem 4er Coupé und erhielt deshalb auch den Namen BMW M4.

Das letzte M3 Coupé vom Typ F92 vor seiner Fertigstellung. Mit seiner Lackierung in Feuerorange Metallic erinnerte es an das limitierte Modell M3 GTS.

Zeitgleich mit dem BMW M3 ging auch der mehrfach ausgezeichnete V8-Hochdrehzahlmotor S65 seinem Produktionsende entgegen, denn im September 2013 lief mit dem letzten BMW M3 Cabriolet E93 auch der letzte Motor namens S65 vom Band.
Seit dem Start im Jahr 2007 hatten sich mehr als 40.000 Kunden für ein BMW M3 Coupé entschieden. Mit einem weitgehend identischen Antriebsstrang wurde außerdem in knapp 10.000 Exemplaren der BMW M3 Limousinen und fast 16.000 Exemplare des BMW M3 Cabrio versehen. Mit diesen Stückzahlen schrieb die BMW M3-Generation E90 die 1986 begonnene Erfolgsgeschichte des M3 eindrucksvoll fort.
Das letzte in Regensburg produzierte Exemplar erhielt eine Lackierung in Feuerorange Metallic und erinnerte damit an das limitierte Modell M3 GTS, von dem 135 Stück mit besonders sportlicher Abstimmung sowie einer 450 PS starken und auf 4,4 Liter Hubraum vergrößerten S65-Variante gebaut wurden. Mit einer Rundenzeit von 7:48 Minuten auf der Nürburgring-Nordschleife war der BMW M3 GTS der bis dahin schnellste BMW im Supertest des Magazins *sport auto*.

BMW E90 M3 GTS 2009-2013

Rückblende: Im November 2009 präsentierte die M GmbH mit dem BMW M3 GTS den Nachfolger des M3 CSL der Baureihe E46. Der Leichtbau-M3 wog nur 1530 Kilogramm (nach DIN, gleich 1605 kg nach EU-Norm) – was einer Gewichtsreduktion von 50 Kilogramm im Vergleich zum Serien-M3 entsprach. Den Hubraum des Motors hatte man durch einen größeren Hub auf 4,4 Liter erhöht, damit war die Leistung stieg auf 444 PS (331 kW) gestiegen.

Anstelle der Rücksitze fand sich im GTS hinter der B-Säule ein verschraubter Überrollbügel, der sich zum vollwertigen Überrollkäfig ausbauen ließ. Die Karosserie bot Aufnahmepunkte für den Einbau renntauglicher Spezial-Hosenträgergurte. Hinter den Vordersitzen war eine Befestigungsmöglichkeit für einen Feuerlöscher angebracht.

Der BMW M3 GTS wurde in der BMW-Motorsport-Manufaktur individuell nach Kundenbestellung gebaut und per Einzelabnahme für den Straßenverkehr in Deutschland zugelassen. Die ersten Exemplare wurden im Mai 2010 ausgeliefert.

BMW F30 von 2013 mit optionalem M-Sportpaket.

Rechtsgelenkter BMW F30 328i von 2013 in M3-Spezifikation.

»Sportlichkeit ist dem BMW 3er angeboren. Wer es noch dynamischer schätzt, für den ist das M Sportpaket inklusive vieler Extra-Ausstattungen das Richtige.«

BMW Werbung, 2015

BMW M3/M4 F80 ab 2014

Die seit April 2014 lieferbare fünfte Auflage des M3 gab es zunächst nur als viertürige Limousine. Die technisch weitgehend identischen Coupés und Cabriolets heißen nun aber M4 (Coupé: F82; Cabrio: F83). Ihre Gene waren die des M3, aber gemäß der BMW Nomenklatur gehört ihre Geschichte nicht mehr zu der des Dreier.
Angetrieben wurde der neue M4 alias M3, der auf dem F30 basierte, von einem Biturbo-Reihensechszylinder mit 3,0 Liter Hubraum, der 431 PS (317 kW) leistete und zwischen 1850 und 5500 Touren ein maximales Drehmoment von 550 Nm abgab. Der Wagen bot eine Beschleunigung von 0 auf 100 km/h in, je nach Getriebe, 4,1 bis 4,3 Sekunden. Zur Wahl standen ein manuelles 6-Gang-Getriebe und ein 7-Gang M Doppelkupplungsgetriebe; Letzteres war trotz 40 Kilogramm Mehrgewicht für den schnelleren der beiden Beschleunigungswerte verantwortlich. Unter den gegebenen Voraussetzungen wurde die nach wie vor auf 250 km/h limitierte Höchstgeschwindigkeit nun mit noch größerer Leichtigkeit erreicht.

Ein weiterer Fortschritt war der verminderte Verbrauch, denn der neue Turbomotor konsumierte weniger Kraftstoff als der Hochdrehzahlmotor des Vorgängers. Mit 8,8 bzw. 8,3 Liter auf 100 Kilometer zeigte er einen um 25 Prozent geringeren Kraftstoff-Normverbrauch als der M3 der vierten Generation und erfüllte zudem die Abgasnorm EU6.

Unten: BMW F30 Limousine Modell 2013.

Rechts und unten: BMW M3 F30 von 2015 als Limousine; der Motor ist der eines 328i.

Das dunkelanthrazitfarbene CFK-Dach wurde zum prestigeträchtigen Erkennungsmerkmal unter anderem der M3 Limousine.

Typische Signale der M-Welt: seitliche Entlüftungskiemen sowie spezielle Felgen und farbige Bremssättel.

Ihrer Positionierung weit oberhalb der landläufigen 3er-Modelle entsprechend, präsentierte sich das Interieur des M3 unter anderem mit noblen Leder-Sportsitzen ausstaffiert.

Erfolgreiche Diätkur

Einen bedeutenden Beitrag zur deutlich gesteigerten Gesamteffizienz leistete nicht zuletzt das reduzierte Fahrzeuggewicht. Im Rahmen der Bemühungen um intelligenten Leichtbau, der generell einen Entwicklungsschwerpunkt gebildet hatte, war es gelungen, im Fall der M3 Limousine eine Einsparung um rund 80 Kilo zu realisieren. Fünf davon gingen auf das Konto des nun erstmals auch beim Viertürer aus CFK-Material gefertigten Dachs. Ebenfalls in CFK ausgeführt präsentierten sich die Gelenkwelle und die im Motorraum montierte, Fahrdynamik steigernde Präzisionsstrebe. In ähnlicher Weise senkten auch aus Aluminium gefertigte Komponenten wie die vorderen Seitenwände und die Motorhaube das Fahrzeugleergewicht. Nach DIN-Norm gemessen, unterschritt es mit 1497 kg knapp die 1500-kg-Grenze.

Modelltypische Optik innen und außen

Im äußeren Erscheinungsbild unterstrich die neue M3 Limousine ihre Sonderstellung durch betont ausdruckstarke Konturen. Das galt für die Fahrzeugfront mit markant gezeichneter und mit drei voluminösen Lufteinlässen versehener Schürze ebenso wie für die Seitenansicht, die von breit ausgestellten hinteren Radhäusern, BMW M Doppelspeichenfelgen im 18-Zoll-Format und einer neu gestalteten M Kieme geprägt war. Am Heck bestimmten Elemente wie die auf den Kofferraumdeckel aufgesetzte Abrisskante, die Heckschürze mit integriertem Diffusor und die beiden Hochglanzpolierten Doppelendrohrpaare das Bild.
Das Interieur entsprach in seiner Grundauslegung dem regulären 3er, doch sorgten zahlreiche BMW M typische Ausstattungselemente für ein betont sportliches Ambiente. Dazu gehörten unter anderem die perfekten Seitenhalt bietenden Sportsitze, das im M Stil gehaltene Lederlenkrad mit Chromspange sowie Details wie eine spezielle Fußstütze, ein besonderer Schalthebel und spezifisch gestaltete Rundinstrumente.
Darüber hinaus stand, wie stets, eine umfassende Palette von Sonderausstattungen bereit, die der M3 Limousine ein vor allem in puncto Fahrdynamik noch konsequenter sportlich profiliertes Gepräge gaben. Das Angebot reichte hier vom Doppelkupplungsgetriebe über eine hochbelastbare Carbon-Keramik Bremse und 19-Zoll-Felgen bis hin zu Goodies wie einer Laptimer-App.

Jenseits solcher M spezifischen Umfänge verfügte die neue M3 Limousine selbstverständlich über die bekannten, nun in ihren Funktionalitäten aktualisierten Fahrerassistenzsysteme, die generell im BMW 3er – serienmäßig oder auf Wunsch – zum Einsatz kamen. Dazu zählten unter anderem eine weiterentwickelte Active Cruise Control mit Stop & Go-Funktion, ein Blendfreier LED-Fernlichtassistent, die Active Protection mit Aufmerksamkeitsassistent und der Driving Assistant Plus, der vor Kollisionen mit Fußgängern warnte. Auf den neuesten Stand gebracht präsentierten sich auch Ausstattungselemente wie das Navigationssystem Professional oder das Head-Up Display, das nun auch auf die M Mo-

delle abgestimmte Informationen, beispielsweise die Schaltpunkte, anzeigte.
Im Rahmen der turnusmäßigen Modellpflege wurden zum Frühjahr 2015 für die M3 Limousine neue Lackierungen aus dem BMW Individual Programm als Wunschausstattung ins Angebot aufgenommen. Es handelte sich dabei um vier der immer stärker in Mode kommenden Mattlackierungen, die die stark konturierten Karosserieoberflächen durch ihren seidenmatten Schimmer besonders ausdrucksstark in Szene setzten. Die Farbtöne trugen die Bezeichnungen Frozen Black metallic, Frozen Silver metallic, Frozen Red metallic und Frozen Brilliant White metallic.

Der Sportler feiert runden Geburtstag

Anno 2016 jährte sich die Markteinführung der ersten M3 Generation zum dreißigsten Mal – Grund genug für BMW M, im Sommer des Jahres die weltweit auf 500 Exemplare limitierte Sonderedition BMW M3 »30 Jahre M3« aufzulegen. Das ausschließlich in der exklusiven Außenfarbe Macaoblau metallic lieferbare Jubiläumsmodell war, der Bedeutung des Jahrestages angemessen, mit ungewöhnlich hoch dotierten Ausstattungsumfängen versehen. Neben der Lackfarbe, die 1986 für die Fahrzeuge der ersten M3 Generation optional spezifizierbar war, enthielt das »30 Jahre M3«-Package Elemente wie ein eigens zugeschnittenes Competition Paket mit auf 450 PS (331 kW) gesteigerter Motorleistung, Adaptivem M Fahrwerk mit angepassten Federn, Dämpfern und Stabilisatoren samt geänderten Kennlinien der drei Abstimmungsmodi COMFORT, SPORT und SPORT+ und modifizierter Regelstrategie für das Aktive M Differenzial sowie die dynamische Stabilitäts Control (DSC). Ebenfalls inbegriffen waren geschmiedete 20 Zoll M

Noch mit konventionellen Analog-Rundinstrumenten versehen, verkörperte der M3 Mitte der 2010er-Jahre noch den gewohnten klassischen BMW-Stil.

Als Zweitürer und größer dimensioniert trat der M4 ab 2014 als Bruder des M3 auf. Letzteren gab es nun ausschließlich mit vier Türen.

Ganz 'was Feines: Mit edler Farbgebung und filigranen Sternfelgen versehen sowie auf nur 500 Exemplare limitiert, legte die M GmbH aus gegebenem Anlass das Jubiläumsmodell »30 Jahre M3« auf.

Das M3-Jubiläum war Grund genug für eine Fotosession mit ganz speziellen Prototypen, darunter eine touring- und eine ti-Version.

Das Interieur des auf 1200 Fahrzeuge limitierten CS-Modells war konsequent auf Exklusivität getrimmt. Beispiele waren die BiColor-Ledersitze, Alcantara-bezogene Flächen und die hochwertigste Ausführung des Soundsystems von Harman Kardon.

Leichtmetallräder im Styling Sternspeiche mit Mischbereifung der Dimensionen 265/30 vorne und 285/30 hinten.
Neben nochmals gesteigerter Fahrdynamik resultierte diese Ausstattungsspezifikation, dank der Leistungsspritze für den Biturbo-Sechszylinder, in leicht verbessertem Beschleunigungsvermögen. Sowohl mit serienmäßiger 6-Gang-Handschaltung wie mit dem optionalen 7-Gang M Doppelkupplungsgetriebe absolvierte das Jubiläumsmodell den Standardspurt von 0 auf 100 km/h um eine Zehntelsekunde schneller als das Serienmodell.
Das äußere Erscheinungsbild des Editionsmodells spiegelte die besonderen Umfänge des Competition Pakets wider. Zusätzliche Merkmale waren unter anderem die in Schwarzchrom ausgeführten Endrohrblenden der M Sportabgasanlage und exklusiv gestaltete, mit dem Schriftzug »30 Jahre M3« versehene M Kiemen in den vorderen Kotflügeln. Das Innenraumambiente prägten M Sportsitze und die exklusive Vollleder-Merino-Ausstattung, die in zwei Bicolor-Farbkombinationen mit farblich jeweils abgestimmten Kontrastziernähten zur Wahl stand. Natürlich waren im Interieur auch diverse Editionslogos zu sehen, wobei die Limitierungsnummer des jeweiligen Fahrzeugs auf der Schmuckleiste der Armaturentafel verewigt war.
Der ebenso exklusive wie sportlich-edle Auftritt der »30 Jahre M3« Edition hatte freilich seinen Preis: Gegenüber einem regulären M3 mit Competition Paket wurde ein Aufschlag von 10.000,- Euro fällig.

Der CS: schärfster Serien-M3 aller Zeiten

Knapp zwei Jahre später, im März 2018, setzte die M GmbH einen echten Paukenschlag in der M3 Welt. Auf dem Genfer Salon stellte man mit dem M3 CS das nächste limitierte Sondermodell der nur noch als viertürige Limousine lieferbaren 3er Hochleistungsversion vor. Herz des Editionsmodells war natürlich der 3,0-Liter-Biturbo-Reihensechszylinder, der gegenüber einem M3 mit Competition Paket eine Leistungsspritze auf 460 PS (338 kW) erhielt. Damit einher ging eine weitere Steigerung der Fahrleistungen: Aus dem Stand beschleunigte der M3 CS in nur 3,9 Sekunden auf 100 km/h, und dem Vortrieb des serienmäßig mit dem M Drivers Package ausgerüsteten Viertürers wurde erst bei 280 km/h elektronisch Einhalt geboten. Das mit Benzin-Direkteinspritzung versehene Triebwerk, ausgerüstet unter anderem mit den bekannten Technik-Goodies VALVETRONIC und Doppel-VANOS, bewältigte den Spagat zwischen hoher Spitzenleistung, überzeugender Durchzugskraft schon bei niedrigen Drehzahlen und hoher Effizienz – und begeisterte darüber hinaus mit einer Soundkulisse, für die eine speziell abgestimmte Sportabgasanlage mit vier Endrohren Sorge trug.
Gekoppelt war der Ausnahme-Sechszylinder an das 7-Gang M Doppelkupplungsgetriebe (M DKG). Es ermöglichte sowohl automatisierte

Mit den 460 PS (338 kW) des im CS zum Serienumfang gehörenden Competition-Pakets hatten selbst die 19-Zoll-Cup-Reifen von Michelin alle Hände voll zu tun.

wie auch manuell über Schaltpaddel am Lenkrad initiierte, in Sekundenbruchteilen vollzogene Gangwechsel.
Fahrwerkseitig profitierte der M3 CS von weiterer Feinarbeit. Insbesondere wurden alle Regelstrategien, etwa für das Adaptive M Fahrwerk, die Dynamische Stabilitätskontrolle, das Aktive M Differenzial sowie für die Abstimmung der elektromechanischen Lenkung, auf die enormen Fahrdynamik-Potenziale des M3 CS abgestimmt. Ergänzend dazu boten Leichtmetallräder der Formate 9 J x 19 vorne und 10 J x 20 hinten, auf die serienmäßig Michelin Pilot Cup-Reifen in den Dimensionen 265/35 bzw. 285/30 aufgezogen waren, optimalen Grip, nicht zuletzt auf der Rennstrecke. Alternativ konnte man statt dieser straßenzugelassenen Semi-Slicks auch weniger extreme Michelin Sport-Straßenreifen ordern.
In seinem äußeren Erscheinungsbild führte der M3 CS die betont sportliche Linie des Competition Pakets fort, etwa durch die Frontschürze mit großen, dreigeteilten Lufteinlässen und Frontsplitter oder den Heckdiffusor. Neu gestaltet präsentierte sich dagegen die Abrisskante auf dem Heckdeckel, die das wirksame Aerodynamikpaket komplettierte. Alle genannten Bauteile waren, wie die Motorhaube und das Dach des neuen BMW M3 CS, aus dem leichtgewichtigen und dabei hochfesten Verbundwerkstoff CFK gefertigt.
Innen verbreitete eine großzügige Ausstaffierung mit BiColor-Vollleder in den Tönen Silverstone/Schwarz sowie mit Alcantara eine sportlich-noble Atmosphäre. Ebenfalls zum Ausstattungsumfang des Sondermodells, dessen Auflage im Übrigen auf rund 1200 Einheiten limitiert war, gehörten unter anderem ein Harman Kardon Surround Sound System und das Navigationssystem Professional.
Zu haben war der von der M GmbH zu Recht als

Äußerlich eher unscheinbar, bot der Sechszylinder-Biturbo mit Benzin-Direkteinspritzung einen beispielhaften Mix aus Drehfreude und Durchzugskraft.

Der Stückzahl-limitierte CS war gewissermaßen Höhe- und Schlusspunkt des M3 der Generation F80. Als kostspieliges Sammlerstück ist er heute heiß begehrt.

Erst im Spätsommer 2020 vollzog die M3 Limousine, nun mit dem Baureihencode G80 antretend, den Schritt zur nächsten Modellgeneration. Der Viertürer blieb zunächst die einzig verfügbare Aufbauvariante.

»stärkster Serien-M3 aller Zeiten« titulierte CS für einen Brutto-Listenpreis von 113.200,- Euro. Nachdem BMW kurz vor dem Genfer Salon bekanntgegeben hatte, dass der M3 der Baureihe F80 ab Sommer in Europa nicht mehr verkauft würde, weil er die ab September 2018 in Kraft tretende Abgasnorm Euro 6d ohne Otto-Partikelfilter (OPF) nicht einhalten konnte, durfte das Sondermodell gewissermaßen als Höhe- und Schlusspunkt der Baureihe gelten – und den CS zum Sammlerfahrzeug befördern...

Warten auf die neue Generation

BMW wäre nicht BMW, wenn hier die Geschichte des Performance-3er mehr oder weniger sang- und klanglos zu einem Ende gekommen wäre – obwohl das vor dem Hintergrund der Herausforderungen, die der in vollem Gang befindliche Strukturwandel in der Automobilindustrie bereithielt, durchaus denkbar gewesen wäre. Allerdings musste man bei der M GmbH in Sachen Nachfolger erst mal eine längere Pause einlegen, denn zunächst galt es, eine neue, als Basis fungierende 3er Generation zu lancieren. Dies geschah im Oktober 2018 im Rahmen des Pariser Salons, als die rundum aktualisierten Modelle der Baureihe G20 debütierten. Nach deren Marktstart im Frühjahr 2019, dauerte es noch weitere rund anderthalb Jahre, bis die neue Hochleistungsversion präsentiert wurde, und zwar zunächst in Übereinstimmung mit dem bisherigen, offensichtlich erfolgreichen modellpolitischen Konzept, einzig die viertürige Limousine als M3 (Baureihenbezeichnung: G80) zu vermarkten und das Coupé weiterhin als M4.

Während sich antriebseitig an der Grundphilosophie eines in zwei Leistungsstufen angebotenen 3,0-Liter-Biturbo-Reihensechszylinders mit Hochdrehzahl-Charakteristik nichts geändert hatte, wurde das aus dem F80 bekannte, emissionstechnisch nicht mehr ganz auf der Höhe der Zeit befindliche Triebwerk S55 durch den neu entwickelten S58 ersetzt. Dessen Zylinderquadratur unterschied sich nur durch einen um 0,6 mm verlängerten Hub und einen entsprechend von 2979 auf 2993 cm^3 vergrößerten Gesamthubraum von der seines Vorgängers. Mit einer trotz gewichtsoptimierter Bauweise extrem hohen Gehäusesteifigkeit, einem besonders torsionsfesten Kurbeltrieb sowie verringerter Reibleistung erschloss das mit überarbeiteter Direkteinspritzung und neu-

en Turboladern versehene High-Performance-Aggregat nicht nur neue Leistungs- und Effizienzhorizonte, sondern unterbot mit seinem serienmäßigen Ottopartikelfilter auch die Grenzwerte der neuen Abgasnorm Euro 6d.

Halb M3, halb M4: Die bekannte Riesen-Niere des größeren Bruders schmückte nun auch den viertürigen Power-3er. Manche beklagten, dass der Klassiker damit ein weiteres Stück seiner Identität aufgegeben hatte.

Eine üppige Kraftkur

Vor allem aber gab es eines – noch mehr Power: In der Standardversion standen nun 480 PS (353 kW) und in der auf Wunsch spezifizierbaren Competition-Ausführung sogar 510 PS (375 kW) bereit, flankiert von satten Drehmomentbestwerten, die bei 550 bzw. 650 Nm lagen und über ein weites Drehzahlspektrum verfügbar waren. Damit war ein überragendes Beschleunigungsvermögen in allen Geschwindigkeitsbereichen garantiert. Beispiel: Der M3 Competition benötigte für den Spurt von 0 auf 200 km/h lediglich 12,5 Sekunden. Einen bedeutenden Beitrag hierzu leisteten sowohl das hier serienmäßige 8-Gang M Steptronic Getriebe wie auch das als Wunschausstattung erstmals angebotene vollvariable Allradsystem M xDrive, das jedoch erst im Frühjahr 2021 verfügbar war. Puristen bevorzugten eher den Heckantrieb und das, wie in der Vorgängergeneration, nach wie vor serienmäßig eingebaute 6-Gang-Schaltgetriebe, das es allerdings nicht in Verbindung mit der Competition Ausführung gab.

Veränderter optischer Auftritt

Mit Blick auf die äußere Gestaltung der neuen M3 Limousine stach auf Anhieb die deutliche Differenzierung der Fahrzeugfront ins Auge. Dominierend war hier die große, vertikal ausgerichtete und weit nach unten reichende

Die groß dimensionierten Lufteinlässe an der Front versorgten nicht nur das nun bis zu 510 PS (375 kW) starke Sechszylinder-Biturbo-Triebwerk und die vordere Bremsanlage mit Kühlung, sondern hatten auch aerodynamische Aufgaben.

BMW Niere, die sonst den 4er schmückte und am M3 rahmenlos und vollständig in Schwarz ausgeführt war. Flankiert wurde die Niere von weiteren großformatigen Lufteinlässen zur

Die stark konturierten und umfassend verstellbaren Sportsitze im neuen M3 boten vorbildlichen Seitenhalt.

Um die kompromisslose Sportlichkeit des M3 auch im äußeren Erscheinungsbild deutlich zu dokumentieren, bot der Katalog an M Performance Parts jede Menge Möglichkeiten. Da gab es beispielsweise – etwas zierlich wirkende – zusätzliche Front Flics (rechts oben), diesen massiven Heckflügel (rechts Mitte) und einen Endschalldämpfer aus Titan mit pyramidenförmig angeordneten, mittig nach außen mündenden Endrohrblenden samt passendem Diffusor.

Kühlung von Antrieb und Bremsanlage. An den äußeren Rändern der Frontschürze waren vertikal gestaltete Einlässe für die Air Curtains samt integrierten, aerodynamisch wirksamen Flics zu erkennen. Ungewöhnlich flach konturiert zeigten sich die im Serienumfang enthaltenen Voll-LED-Scheinwerfer mit U-förmigen Lichtfackeln für das Tagfahrlicht. Optional waren Adaptive LED-Scheinwerfer mit BMW Laserlicht einschließlich dem Fernlichtassistenten BMW Selective Beam verfügbar.

Augenfälligstes Gestaltungsmerkmal an den Wagenflanken waren zum einen die markant ausgeformten, vor allem an den Hinterrädern stark verbreiterten Radhäuser und zum anderen weit ausgestellte Seitenschweller, die Platz für große Spurweiten schufen und zugleich den Eindruck eines tief auf der Fahrbahn kauernden Fahrzeugs vermittelten. Nicht fehlen durften auch die typischen M Kiemen in den vorderen Kotflügeln sowie aerodynamisch optimierte Außenspiegel. Serienmäßig war der M3 mit einem aus carbonfaserverstärktem Kunststoff (CFK) gefertigten Dach ausgestattet. Das resultierte in einer Absenkung des Fahrzeugschwerpunkts nach unten und optimierte damit die Fahragilität.

Das Heck prägten ein mit zwei Luftleitfinnen versehener schwarzer Diffusor, der die beiden großvolumigen Endrohrpaare der Sport-Abgasanlage einfasste, sowie abgedunkelte und in LED-Technik ausgeführte Schlussleuchten. Gemäß dem Bestimmungszweck des High-Performance-Modells zeigte sich die Innenraumanmutung der M3 Limousine betont sportlich zugeschnitten. Serienmäßig an Bord waren beispielsweise neu entwickelte M Sportsitze sowie das mit einer Bildschirmdiagonalen von 12,3 Zoll hinter dem Lenkrad und einem 10,25 Zoll großen Control Display aufwartende, volldigitale, individuell konfigurierbare BMW Live Cockpit Professional. Dieses umfasste das Cloud-basierte Navigationssystem BMW Maps und den BMW Intelligent Personal Assistant. Einen luxuriösen Touch steuerte die Lederausstattung Merino Feinnarbe bei.

Rennstreckentauglichkeit als neues M3-Credo

Fahrwerksseitig hatte man einen besonderen Entwicklungsschwerpunkt auf eine weiter verbesserte Torsionssteifigkeit sowie auf eine An-

passung von Kinematik und Elastokinematik der Fahrwerkskomponenten gelegt. Zu diesem Zweck waren umfassende Abstimmungsfahrten, unter anderem auf dem Nürburgring, unternommen worden. Als technische Basis fungierte das serienmäßig zum Einsatz kommen-

de Adaptive M Fahrwerk mit radselektiv elektronisch geregelten Stoßdämpfern sowie das erstmals verwendete integrierte Bremssystem, bei dem die Funktionalitäten der Fahrstabilitätsregelung DSC und der Bremsregelung in einem zentralen Modul vereint waren. Ebenfalls M spezifisch ausgelegt präsentierten sich die Doppelgelenk-Federbeinvorderachse und die Fünflenker-Hinterachse. Im Zusammenwirken stellten diese Komponenten eine Balance zwischen kompletter Alltagstauglichkeit und überragendem Fahrdynamikpotenzial – auch mit Rennstreckenperspektive – sicher.
Optimierte Verzögerungsleistungen kennzeichnete die neuentwickelte M Compound Bremsanlage mit 380 Millimeter großen Scheiben vorn und 370 Millimeter messenden hinten. Auf Wunsch stand auch eine M Carbon-Keramik Bremsanlage zur Verfügung, die mit noch größeren Bremsscheiben rundum eine weiter erhöhte Standfestigkeit aufwies. Erkennbar war sie an Gold metallic lackierten Bremssätteln.
Zur optimalen Übertragung der Antriebskräfte waren die heckgetriebenen M3 Versionen mit neugestalteten, glanzgedrehten M Schmiede-Leichtmetallrädern der Formate 18 Zoll vorn und 19 Zoll hinten ausgestattet, auf die Reifen der Dimensionen 275/40 bzw. 285/35 aufgezogen waren. Allradgetriebene Competition Modelle kamen serienmäßig mit 19-Zöllern vorn und 20-Zöllern hinten und Reifen der Größen 275/35 bzw. 285/30.
Eine rein Fahrdynamik-orientierte Novität war die M Traction Control. Diese Funktionalität ermöglichte es, die Eingriffsschwellen der Radschlupfbegrenzung 10-stufig individuell festzulegen und damit ein jeweils definiertes Maß an Radschlupf an der Antriebsachse zuzulassen.
Wer sich mit der neuen M3 Limousine tatsächlich hobbyweise auf eine Rennstrecke begeben wollte, konnte als Wunschausstattung das M Race Track Package ordern. Das Paket enthielt unter anderem die M Carbon-Keramik Bremsanlage, gewichtsreduzierte M Leichtmetallräder – auf Wunsch auch mit Semi-Slicks bereift –, die M Carbon Schalensitze für Fahrer und Beifahrer sowie das M Driver's Package mit erst bei 290 km/h abgeregelter Höchstgeschwindigkeit. Als Nebeneffekt resultierte die Ausstattung mit dem M Race Track Package in einer Verringerung des Fahrzeuggewichts um rund 25 Kilogramm im Vergleich zur Serienausstattung.

Am Klassenstandard orientierte sich die Ausrüstung mit elektronischen Assistenzsystemen. Zur Serienausstattung zählten unter anderem die Einparkhilfe Park Distance Control, ein Abstandsregel-Tempomat, die Frontkollisionswarnung mit aktivem Bremseingriff, die Spurverlassenswarnung einschließlich Fahrbahnrückführung, der Aufmerksamkeitsassistent und die Verkehrszeichenerkennung Speed Limit Info. Der auf Wunsch spezifizierbare Driving Assistant ergänzte dies durch die Funktionen Spurwechselwarnung, Querverkehrwarnung hinten und Prävention vor Heckkollision.
Bereits kurz vor der im Herbst 2020 gestarteten Markteinführung hatte die BMW Presseabteilung mit einer – gemessen an der üblichen Praxis – sehr frühzeitigen Ankündigung die Münder der M3 Enthusiasten wässrig gemacht: Als Premiere in der inzwischen fast 50 Jahre währenden Geschichte des High-Performance 3er sollte 2022 auch eine Touring-Version erscheinen und so die bekannten Fahrdynamik-Qualitäten des M3 mit besonders hohem Nutzwert kombinieren.

Die Motorsportsparte feiert Jubiläum

Bevor jedoch der M3 Touring das Modellportfolio bereicherte, stand ein runder Geburtstag ins Haus, aus dessen Anlass sich die Münchener etwas Besonders einfallen ließen. Zum 50. Jahrestag der Gründung der BMW Motorsport GmbH lancierte die heutige M GmbH ab Ende Mai eine exklusive Kollektion von Editionsmodellen der M3 Limousine und des M4 Coupé.

Die Fahrzeuge der Jubiläumsedition »50 Jahre BMW M« waren unter anderem mit den traditionellen Farbstreifen der Motorsport GmbH geschmückt.

Das auf M3-Basis konfigurierte Sondermodell war nur in den USA und Kanada erhältlich, und zwar in einer Limitierungsstückzahl von 500 Exemplaren, wie die entsprechende Plakette auf der Mittelkonsole aufweist.

Um der Fangemeinde weltweit etwas ganz Besonderes anzubieten, hatte man beschlossen, nicht nur eines, sondern gleich mehrere verschiedene Sondermodelle aufzulegen, die jeweils, in limitierter Stückzahl produziert, marktspezifisch konfiguriert waren und mit eigenständigen Merkmalen aufwarteten, aber auch mit individuell wählbaren Sonderausstattungen versehen werden konnten. Gemeinsam war den Editionsmodellen, dass sämtliche wählbaren Lackierungen mit der Historie der M GmbH zu tun hatten und die M Schmiederäder eine exklusive Farbcodierung zeigten.

Entsprechend der gewählten Strategie, war das auf der M3 Limousine basierende BMW M 50 Jahre Editionsmodell ausschließlich den nordamerikanischen Märkten vorbehalten – in einer Stückzahl von insgesamt 500 Einheiten. Für die betreffenden Fahrzeuge standen fünf für die M Historie relevante Lackfarben zur Wahl, die jeweils mit in Orbitgrau matt gehaltenen M Schmiederädern kombiniert wurden. Ebenfalls zum Ausstattungspaket zählten BMW M Performance Parts, wie etwa der Frontsplitter Carbon, der Heckspoiler Carbon und die Endrohrblenden Carbon/Titan. Wie bei Sondermodellen üblich, gab es darüber hinaus "Edition 50 Jahre BMW M" Schriftzüge auf den Einstiegsleisten, M Streifen auf den vorderen und hinteren Sitzen sowie eine metallene Editionsplakette auf der Mittelkonsole, auf der die jeweilige Limitierungsnummer des Fahrzeugs vermerkt war.

Jenseits des M Jubiläums standen zum Sommer 2022 auch für die M3 Limousine einige turnusmäßige Modellpflegemaßnahmen auf dem Programm. Unter anderem gehörte dazu der serienmäßige Einbau des aktuellen Betriebssystems BMW Operating System 8 samt der neuesten Generation des Bedienkonzepts BMW iDrive mit innovativem BMW Curved Display. Im Zeichen sich weiter beschleunigender IT-Entwicklung warteten sowohl das Navigationssystem BMW Maps als auch der BMW Intelligent Personal Assistant mit einer Reihe neuer Funktionalitäten auf. Auch ein sogenanntes "Innovationspaket" war nun lieferbar, das neben Merkmalen wie einer Ladeschale für induktives Aufladen bestimmter Smartphones auch weitere Optimierungen der Konnektivität bereithielt.

Cleverer Schachzug: Premiere des ersten M3 Touring

Ende Juni war es dann endlich so weit: Im Rahmen des Goodwood Festival of Speed, auf dem die M GmbH mit einer umfassenden Kollektion historischer und aktueller Fahrzeuge ihren 50. Geburtstag zelebrierte, absolvierte der

Eine Premiere in der M3-Welt und zugleich eine Aufwertung der Modellreihe: Ab Spätsommer 2022 wurde erstmals eine Touring-Version des High-Performance-Sportlers verfügbar gemacht.

In ihrer aktuellen Ausführung ähnelten die gewichtsreduzierten Vordersitze des M3 stark echten Schalensitzen.

M3 Touring seine Weltpremiere. Dabei wurde klar, dass der High-Performance 5-Türer, dessen Markteinführung für den Spätherbst 2022 geplant war, anders als die Limousine, nur in einer Version angeboten werden würde – als Competition Modell mit 8-Gang M Steptronic Getriebe und zusätzlichem Allradantrieb M xDrive. Diese Konfiguration katapultierte die Touring Variante an die Spitze des M3 Angebots, was sich auch in der Preisgestaltung niederschlug: Der Brutto-Listenpreis des ansonsten in seinen Spezifikationen mit dem Viertürer weitestgehend identischen neuen Modells betrug 97.800,– Euro.

Das »Curved Display« der 3er-Reihe war nun auch im M3 angekommen – allerdings mit eigenständigen Anzeigemodi.

Leicht und stark: der neue CS

Schlag auf Schlag ging es im Frühjahr 2023 mit einem neuen Sondermodell weiter: dem M3 CS. Die fahrdynamisch weiter geschärfte Version war ja im M3-Orbit keine Unbekannte, wenngleich die Kombination aus Viertürer und CS-Konfiguration immer noch nicht wirklich schlüssig erschien. Wie bei BMW nicht anders zu erwarten, tat das den Qualitäten des Modells, das erneut nicht als reguläres, sondern als Sondermodell positioniert worden war, natürlich in keiner Weise Abbruch – zumal es wieder mit einer wahren Flut an hochtechnisierten, primär die Fahrdynamik nochmals optimierenden Merkmalen aufwartete.

Wie es bei neuzeitlichen CS-Modellen guter Brauch war, hatte insbesondere auch eine Gewichtsreduzierung gegenüber der regulären Ausführung im Fokus der Entwicklung gestanden. Neben dem für CS-Modelle obligatorischen Carbon-Dach waren Motorhaube, Frontsplitter, Lufteinlässe vorn, Außenspiegelkappen, Heckdiffusor und Heckspoiler aus leichtgewichtigem CFK-Material gefertigt. In Kombination mit einer auf 550 PS (405 kW) gesteigerten Leistung des Biturbo-Reihensechszylinders, dem 8-Gang M Steptronic Getriebe samt dem vollvariablen Allradsystem M xDrive und einem Aktiven M Differenzial erklomm die Gesamt-Performance des Power-Viertürers neue Höhen. Die Kraftkur für das Hochdrehzahl-Triebwerk umfasste unter anderem eine Erhöhung des maximalen Ladedrucks der beiden MonoScroll-Turbolader von 1,7 bar auf 2,1 bar sowie eine spezielle Abstimmung der

Hinter diesem Modellemblem verbarg sich erwartungsgemäß etwas ganz Besonderes.

Motorsteuerung. Trotz der hohen Nenndrehzahl von 6250/min und einer Drehfähigkeit bis 7200/min stellte der doppelt aufgeladene Sechszylinder zwischen 2750/min und 5950/min einen Drehmomentbestwert von satten 650 Nm bereit. Dank des im CS serienmäßigen M Driver's Package lag die – weiterhin

Sah wild aus und bot entsprechendes Leistungspotenzial: der im Frühjahr 2023 als Sondermodell auf den Markt gebrachte M3 CS. Dabei handelte es sich um den ersten M3, dessen Topspeed die 300-km/h-Marke überschritt.

Unter der Motorhaube: pure Rennsport-Dramatik. Aus Aluguss gefertigte sogenannte Vorderbau-Federbeinstreben erhöhten die strukturelle Karosseriesteifigkeit im Frontbereich des M3 CS.

Die Heckansicht des CS-Modells ließ keine Zweifel an seinem Daseinszweck aufkommen...

elektronisch abgeregelte – Höchstgeschwindigkeit nun bei 302 km/h.
Im Zaum gehalten wurde die unbändige Kraft des Antriebsaggregats durch eine modellspezifische Fahrwerksabstimmung mit eigenständiger Achskinematik. Dazu gehörten unter anderem modifizierte Radsturzwerte sowie neu konfigurierte Stoßdämpfer, Zusatzfedern und Stabilisatoren. Die bekannte M Compound Bremsanlage kümmerte sich kompetent wie stets um die Vernichtung der kinetischen Energie. Serienmäßig gab es eine eigens entwickelte Trackbereifung mit hohem Gripniveau, die auf geschmiedete M Leichtmetallräder in exklusivem V-Speichen-Design aufgezogen war – in den Formaten 275/35 ZR 19 vorne und 285/30 ZR 20 hinten.
Als äußere Erkennungsmerkmale des Sondermodells fielen zunächst die in Sicht-Carbon gehaltenen Oberflächen für das Dach, den Frontsplitter, die vorderen Lufteinlässe, die M Außenspiegelkappen, den Heckspoiler, die Heckschürze sowie die beiden Einzüge auf der Motorhaube ins Auge.
Auch die nun in Schwarz gehaltenen Seitenschweller und M Kiemen setzten einen individuellen Akzent, ebenso wie die serienmäßigen BMW Laserlicht Scheinwerfer mit ihrem eigenständigen Design.
Das CS Interieur wurde durch Ausstattungselemente, wie die vollelektrisch einstell- und beheizbaren, aber dennoch leichtgewichtigen

Zur unter allen Fahrbedingungen verlässlichen Energievernichtung war in den CS-Modellen die M Compound Bremsanlage verbaut. Noch belastungsresistenter war nur die optional verfügbare M Carbon-Keramik-Bremse.

Im Serienumfang des M3 CS enthalten waren diese teilweise aus Carbon gefertigten Schalensitze, die dank elektrischer Verstellbarkeit und einer Sitzheizung die nötige Alltagstauglichkeit aufwiesen.

M Carbon Schalensitze in modellspezifischer Ausführung und das sich als Anzeigemedium hinter dem Lenkrad ausbreitende Curved Display mit CS-spezifischen Anzeigen, geprägt. Ebenfalls zum reichhaltigen Ausstattungspaket gehörten Merkmale wie die 2-Zonen-Klimaautomatik, das Surround Sound System vom Spezialisten Harman Kardon, die Park Distance Control, die Frontkollisionswarnung, die Spurverlassenswarnung und die Speed Limit Info.

Die Fertigung des BMW M3 CS startete in limitierter Auflage ab März 2023. Für das Sondermodell waren 146.000,- Euro zu berappen – gute 45.000,- Euro mehr, als zu diesem Zeitpunkt für einen allradgetriebenen M3 Competition fällig wurden.

Noch mehr Power für die M3-Allradler

Die Leistungseskalation geht weiter: In der 2024 modellgepflegten Version des M3 wartete die Competition-Ausführung nun mit stolzen 530 PS (390 kW) auf. Für die Limousine stand diese auf Wunsch bereit, beim Touring-Modell gehörte sie, stets in Kombination mit dem vollvariablen Allradantrieb xDrive, zum Ausstattungsstandard.

Gut ein Jahr später, im Mai 2024, kündigte die M GmbH eine erste umfassende Modellpflege für die Geschwister M3 Limousine und Touring an. Im Fokus der Überarbeitung standen wieder eine Steigerung der Motorleistung für die allradgetriebenen Modellvarianten und einige Aufwertungen in puncto Optik und Ausstattungsspezifikationen, von denen die komplette M3 Palette profitierte.

Zur Verfügung standen nun drei Leistungsstufen: Die Basis bildete weiterhin die mit 6-Gang-Handschaltung und Hinterradantrieb ausgestattete M3 Limousine, die von einer nach wie vor 353 kW/480 PS starken Variante des Reihensechszylinder-Biturbo-Motors angetrieben wurde. Darüber positioniert war die Competition-Ausführung der M3 Limousine, deren Triebwerk ebenfalls die bisher schon anliegenden 510 PS (375 kW) bereitstellte. Sie wurde stets in Verbindung mit dem 8-Gang M Steptronic Getriebe angeboten und verfügte auch über Hinterradantrieb. Den neuen Kulminationspunkt bildete nun die auf 530 PS (390 kW) erstarkte, serienmäßig mit dem 8-Gang M Steptronic Getriebe und dem Allradantrieb M xDrive ausgestattete Competition-Version. Diese stand für die Limousine zur Wahl, war aber beim Touring-Modell obligatorisch. Die Leistungssteigerung war einer optimierten Konfiguration der digitalen Motorsteuerungseinheit zu verdanken und zog auch ein auf 650 Nm verbessertes Drehmomentmaximum nach sich, das sich in einem bis auf 5730/min erweiterten Drehzahlbereich abrufen ließ.

In diesen Leistungsregionen verringerten sich die erreichbaren Beschleunigungszeiten für den Standardsprint von 0 auf 100 km/h nur noch im Zehntelsekundenbereich. So benötigten die M3 Competition Limousine mit M x-Drive für diese Übung nur noch 3,5 Sekunden, während das entsprechende Touring-Modell sich trotz seines höheren Leergewichts mit 3,6 Sekunden hier nur unwesentlich mehr Zeit nahm. Wie gehabt, war der Topspeed bei allen

M3-Modellen serienmäßig auf 250 km/h begrenzt, wobei sich dieser mithilfe des optionalen M Driver's Package bei der Limousine auf 290 km/h und beim Touring-Modell auf 280 km/h heraufsetzen ließ.

Ansonsten: wenig Veränderung

Das hochkarätig spezifizierte, auf die Anforderungen der High-Performance-Modelle abgestimmte Fahrwerk erfuhr im Rahmen der Modellpflege keine tiefgreifenden Modifikationen. Neu gestaltet präsentierten sich jedoch die bei allen Modellvarianten des M3 serienmäßigen geschmiedeten M Leichtmetallrädern: Bei den heckgetriebenen Ausführungen kamen vorn 18 Zoll und hinten 19 Zoll messende Schmiedefelgen im V-Speichendesign zum Einsatz, die in der Farbe Orbit Grey metallic lackiert waren. Competition-Modelle mit Allradantrieb waren dagegen serienmäßig an schwarzen Doppelspeichen-Felgen der Formate 19 Zoll vorne und 20 Zoll hinten zu erkennen.
In ihrem äußeren Erscheinungsbild unterschieden sich die aktualisierten Modelle kaum von ihren Vorgängern. Weiterhin prägend waren die große, vertikal ausgerichtete BMW Niere mit Doppellamellen, weit ausgestellte Radhäuser sowie die in Schwarz gehaltenen Seitenschweller und Aufsätze für die Front- und die Heckschürze sowie das der Limousine vorbehaltene serienmäßige Carbon-Dach. Kleine optische Akzente setzten jedoch nun leicht pfeilförmig gestaltete und vertikal ausgerichtete LED-Scheinwerfer, die Abblend- und Fernlicht in einem gemeinsamen Modul zusammenfassten.
Ähnlich zurückhaltend fielen die Modellpflegemaßnahmen im Interieur der M3-Modelle aus. Am stärksten ins Auge fiel das neugestaltete M Lederlenkrad mit Multifunktionstasten. Im Drei-Speichen-Look gehalten, war es nun unten abgeflacht und wies – ganz Rennsport-like – eine Mittenmarkierung bei der Zwölf-Uhr-Position auf. Weiterhin gab es überarbeitete Bedienelemente, und es zogen noch einmal hochwertigere Materialien für Instrumententafel und Interieurleisten ein, die die Anmutung des mit M spezifischen Merkmalen angereicherten Innenraums zusätzlich optimierten.
Unvermeidlich war im Rahmen der Modell-Aktualisierung natürlich auch das weitere Voranschreiten der Digitalisierung. Bei M3 Limousine und Touring äußerte sich dies durch die Einführung der neuesten BMW iDrive Generation, deren Basis nun das BMW Operating System 8.5 bildete. Umgesetzt wurde damit eine weitere Reduzierung der Anzahl von Tasten und Reglern im Cockpit sowie eine konsequent auf Touch-Funktion und natürliche Sprache ausgelegte Bedienung. Zentrales Anzeigemedium an der neugestalteten Instrumententafel blieb das hochauflösende, zum Fahrer hin geneigte BMW Curved Display.

Keine Angst vor Schwellenüberschreitung

Als Termin zur Markteinführung der neuen M3-Modelle wurde der Juli 2024 fixiert. Die Einstandspreise der Limousinen betrugen zu diesem Zeitpunkt 94.200,00 Euro für die Grundausführung und 100.400,00 bzw. 105.300,00 Euro für die Competition-Ausführung bzw. die Competition-Ausführung mit xDrive Allradantrieb. Die Touring-Version war ausschließlich in der letzteren, der höchsten Ausbaustufe erhältlich, also als allradgetriebenes Competition-Modell. Angeboten wurde dieses ab einem Brutto-Listenpreis von 106.300,00 Euro. Jede Menge Geld – aber auch jede Menge Fahrspaß, angereichert mit hohem Nutzwert.

Doppel-Kreuzspeichenfelgen der Dimensionen 19 vorne und 20 Zoll hinten kennzeichneten die Competition-Modelle mit Allradantrieb.

Wer in den Genuss einer der aktualisierten M3-Fahrmaschinen kommen wollte, musste definitiv zu den Besserverdienenden gehören: Für die Hightech-Sportler waren inzwischen um die 100.000,- Euro – oder das Äquivalent als monatliche Leasinggebühr – anzulegen.

M MX 3001

BMW X3
seit 2003

Cowboy aus South Carolina

Im November 1999 lief im Werk Spartanburg, USA, der erste BMW Z3 Roadster vom Band. Seit 2003 wurden dort auch geländegängige Allzweckfahrzeuge mit permanentem Vierradantrieb gebaut, für die BMW den singulären Begriff »Sports Activity Vehicle« (SAV) prägte.

BMW X3 seit 2003

Schon der erste BMW SAV vom Typ X5, ein intern als E53 bezeichneter Viertürer mit Heckklappe, sorgte für Aufsehen. Mit diesem Auto reagierte BMW auf einen Trend, dem auch andere große Hersteller folgten und der sich auf dem amerikanischen Markt besonders stark ausgeprägt hatte. Doch dieser auf der 5er-Reihe basierende Exote sei hier nur aus chronologischen Gründen genannt, da er der Vorgänger seines Bruders der 3er-Reihe gleicher Auslegung ist.

Auf der Frankfurter IAA im September 2003 drängte sich das Publikum um eine weitere Variante des BMW SAV-Themas. Das Interesse galt dem BMW X3, wie der größere X5 ein Mehrzweck-Kombi in 4x4-Bauart. Es handelte sich aber keineswegs lediglich um eine verkleinerte Ausgabe des X5, sondern um eine auch stilistisch davon abweichende Version, wenngleich genügend Familienähnlichkeit festzustellen blieb. Kürzer, schmaler und niedriger als der X5, war der intern als E83 bezeichnete Viertürer eine interessante Alternative zum 3er Touring. Der mit einem von der Firma Magna in Österreich entwickelten permanentem Allradantrieb ausgestattete Wagen wurde bei seiner Einführung als X3 3.0i und als 3.0d (Common-Rail-Diesel) angeboten; beide Motoren waren dohc-Vierventiler mit Doppel-VANOS. Auf Wunsch gab es Getriebeautomatik und jede Menge Extras. Zusätzliche Motorisierungen für diesen wie der X5 in Spartanburg hergestellten Vielzweck-BMW standen in Aussicht.

Familienzuwachs durch den BMW X3

Zuerst wurde der X3 an Kunden in den USA ausgeliefert; die Belieferung der europäischen Märkte erfolgte erst Anfang 2004. Die erste Generation des X3 wurde von 2004 bis 2006

BMW X3 xDrive28i in M-Ausstattung von 2013. Sämtliche anderen Hersteller wählten die Bezeichnung Sports Utility Vehicle, BMW machte aus dem »Utility« ein »Activity«.

Rechts: Die Abmessungen des BMW X3.

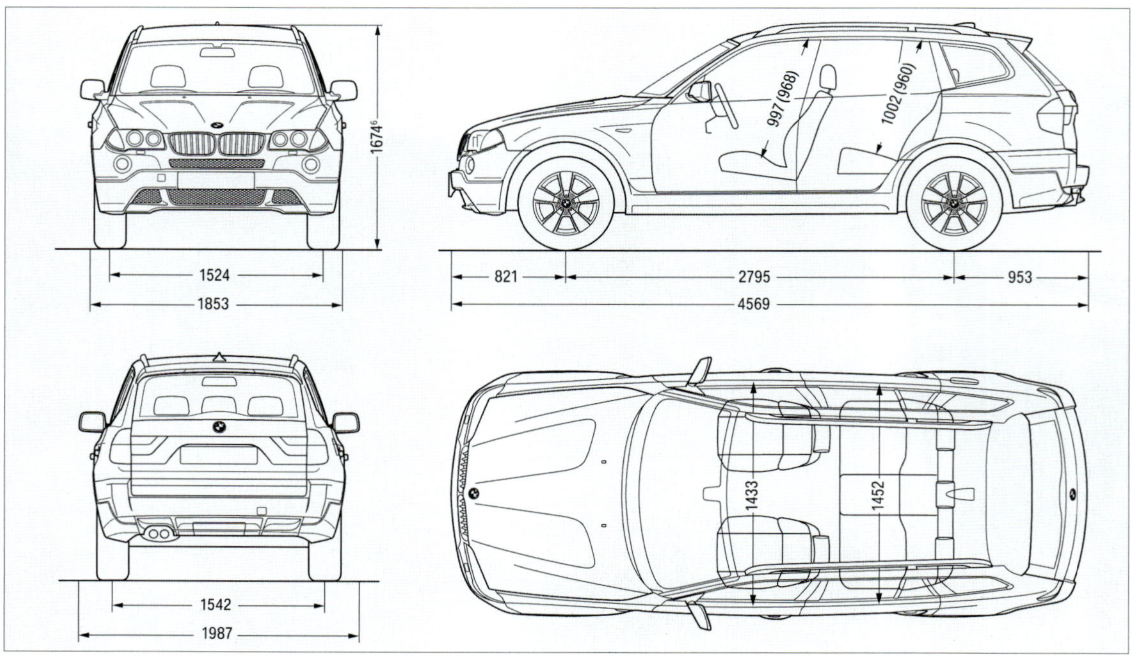

BMW X3 E83,
aufgenommen im Mai 2006.

Oben: Blick unter die Motorhaube eines X3 3.0si (Benzin) von 2006. Rechs daneben Motor des 3.0sd (Diesel) des gleichen Jahrgangs.

»Der SUV als Alleskönner – Familienkutsche, Reiseauto, Jagdwagen, Bergziege, Zugpferd, Abenteuerspielzeug, ein Gefährt für alle Fälle eben, theoretisch zumindest... wenige Vertreter dieses Genres adressieren gängige SUV-Fantasien so zielgenau wie der X3 von BMW«.

auto, motor und sport, 2010

gebaut, ab 2006 führte man neben einer Modellpflege auch neue und stärkere Motoren ein. Die Modellpflege beinhaltete kleinere Änderungen wie Neuerungen an der Front- und Heckpartie, neue Doppelrundscheinwerfer mit Leuchtquellen und Reflektoren hinter Klarglas. Des Weiteren wurden die Rückleuchteneinheiten mit klaren Deckgläsern und LED-gespeisten horizontalen Lichtstäben ersetzt. Die BMW Niere wurde vergrößert und je nach Modellvariante die Gitterstreben verschieden eingefärbt.

BMW X3 mit optimierter Technik

Eine überarbeitete Auflage des BMW X3, präsentiert im Juni 2006, ging mit einer Anzahl von Modifikationen einher. Scheinwerfer und Rückleuchten, Armaturentafel, Lenkrad und Mittelkonsole hatten dezente Änderungen erfahren. Besonderes Highlight war jedoch die neue permanente xDrive-Allradkonfiguration

Entsprechend der DNA sämtlicher BMW-Fahrzeuge, legten die Münchner den ersten X3 sehr fahraktiv aus.

mit variabler Momentenverteilung von 40:60 bis 0:100 zwischen Vorder- und Hinterachse. Durch selektiven Bremseneingriff wurde an einem durchdrehenden Rad eine Quersperrenfunktion aktiviert. Zur neuen Topmotorisierung war ein Reihensechszylinder-Diesel Twin-Turbo avanciert. Der 3,0-Liter-Motor wies ein Aluminium-Kurbelgehäuse, Common-Rail-Einspritzung und 286 PS Leistung auf. Mit einfachem Turbolader betrug sie »nur« 218 PS. Zwei Benzin-Sechszylinder mit Magnesiumgehäuse, Valvetronic und Doppel-VANOS (2996 cm³, 272 PS und 2497 cm³, 218 PS)

Der BMW X3 als F25

Auf der Detroit Auto Show im Januar 2010 präsentierte BMW die zweite Generation des allradgetriebenen X3 unter der Typenchiffre F25. Auch das Fahrwerk als Kombination einer Doppelgelenk-Zugstrebenachse mit einer Fünflenker-Hinterachse war eine Neuentwicklung. Der Wagen hatte eine etwas geräumigere Karosserie erhalten. Zur Wahl standen vier Diesel- und zwei Benzinmotoren, alles Vierventiler mit VANOS-

Rallye Dakar 2013, zum fünften Mal in Südamerika (Peru-Chile) ausgetragen. Auf der 8500-km-Parforcetour kamen der Argentinier Orlando Terranova und sein portugiesischer Partner Paulo Fiuza mit einem BMW X3 auf den 5. Platz in der Gesamtwertung.

standen ebenso zur Verfügung wie ein 1995-cm³-Diesel-Vierzylinder mit 143 PS und ein gleichgroßer Benziner mit etwa identischer Leistung. Neu war auch eine 6-Stufen-Getriebeautomatik mit verbessertem Wirkungsgrad und die bewährte BMW DSC-Fahrdynamik-Regelung.

Steuerung: xDrive 28i, xDrive 35i, xDrive 20d, xDrive 30d. Auf Wunsch bekam man eine 8-Gang-Automatik. Serienmäßig verfügte der F25 über eine elektromechanische Servolenkung. Seine Europapremiere hatte der neue X3 neun Monate später in Paris, die Auslieferung an Kunden in Europa begann Januar 2011.

BMW X3 F25 vor und nach nach dem Facelift (LCI) vom Mai 2014.

BMW X3, Modell 2010, auf den Straßen des Landes, wo er gebaut wird.

Der neue F25 im Detail

Durch die starke Spreizung der zum Teil optional lieferbaren Automatik wurden das Drehzahlniveau und der Lärmpegel bei hohen Geschwindigkeiten abgesenkt. Trotz der Erhöhung von sechs auf acht Stufen der ZF-8HP-Automatik konnte auf zusätzliche Bauteile verzichtet werden. Gewicht und Abmessungen stiegen im Vergleich zum ZF-6HP-Automatikgetriebe nur leicht an. Die 8-Gang-Automatik besaß die Fähigkeit, Gangstufen zu überspringen, sie konnte also bei entsprechender Fahrsituation vom achten in den zweiten Gang schalten.

Das Fahrwerk als Kombination einer Doppelgelenk-Zugstrebenachse vorn mit einer Fünflenker-Hinterachse wurde völlig neu entwickelt. Serienmäßig erhielt der F25 eine elektromechanische Servolenkung, optional war eine variable Sportlenkung verfügbar.

Die elektronisch geregelten Dämpfer des SAV passten sich adaptiv sowohl der Fahrbahnbeschaffenheit als auch dem Fahrstil des Lenkers an. Das Kennfeld der Dämpferregelung konnte vom Fahrer über die Fahrdynamik-Control beeinflusst werden. Die erstmals für einen X-BMW verfügbare Funktion ermöglichte es, per Tastendruck zwischen den Modi »Normal«, »Sport« und »Sport+« zu wählen. Neben dem Dämpfungsverhalten wurden auch die Gaspedalprogression, das Ansprechverhalten des Motors, die Kennlinie von Servolenkung und ESP und die Schaltdynamik der Automatik moduliert.

Eine Panne – zum Glück ohne böse Folgen

Am 1. Oktober 2013 musste BMW weltweit rund 176.000 Fahrzeuge der 1er, 3er- und 5er-Baureihen sowie X1 und X3 zurückgerufen, darunter etwa 6000 Fahrzeuge in Deutschland. Betroffen waren die Baujahre 2012 und 2013. Grund für den Rückruf waren versteckte Probleme an der Nockenwelle einiger Vierzylinder-Benzinmotoren, die eine mögliche Unterbrechung der Ölzufuhr zur Unterdruckpumpe damit zu deren Ausfall und somit eventuell auch zum Ausfall der Bremskraftunterstützung führen konnte.

Der BMW X3 im Urteil der Kritiker

Ein richtiger Geländewagen sei der BMW X3 eigentlich nicht, darin waren sich alle Tester einig, eher ein hochgelegter Kombi, der auch mal über Stock und Stein fahren konnte. BMW-typisch sei die sportliche Auslegung des X3, was ihn von seinen Konkurrenten wie Land Rover Freelander unterscheide. Das Handelsblatt schrieb: »Sein sehr agiles Fahrverhalten wird jedoch durch einen schlechteren Federungskomfort erkauft, der von Kunden besonders in den ersten Baujahren oft als zu hart empfunden wurde. Weitere Karosserievarianten außer dem Fünftürer gab es nicht«.
Der Kofferraum des BMW X3 fasst 420 Liter und ist in etwa so voluminös wie der des größeren Bruders X5. Bemängelt wurde jedoch, dass der Knieraum hinten allerdings spürbar knapper ausfiel. »Die Komfort-Serienausstattung ist sparsam, die Liste der Sonderausstattungen dafür umso länger. Nicht gespart wurde an der Sicherheit: Hier baute BMW Front-, Seiten- und Kopfairbags ein. Die zusätzlichen Seitenairbags hinten kosteten Aufpreis, hingegen sind der Schleuderschutz ESP (bei BMW DSC genannt), ABS sowie ein Bremsassistent serienmäßig«. Ruß-Partikelfilter hat BMW serienmäßig übrigens erst um die Jahreswende 2004/2005 eingeführt; ohne Nachrüstung dürfen die Vorgänger heute nicht mehr in städtische Umweltzonen.
Die Verarbeitung der ersten Baujahre im Innenraum wurde als nicht sonderlich gut kritisiert. Der Softlack der Kunststoffteile löste sich ab, auch Klappergeräusche im Innenraum kamen vor. »Dafür ist die Zuverlässigkeit des BMW X3 sehr hoch, solange nicht schwere Anhänger mit schleifender Kupplung gezogen werden und sich diese dann in Rauch auflöst... Bei der Hauptuntersuchung fallen ausgeschlagene Lager oder gebrochene Federn an der Hinterach-

Die voluminöse Karosserie des X3 (hier in der Ausführung von 2006) erlaubt einen angemessenen Kofferaum.

Cockpit im BMW X3, Modelljahrgang 2012.

se auf, eine ungleichmäßig wirkende Handbremse und ab der dritten Hauptuntersuchung Ölverlust; ansonsten ist der BMW X3 ein sehr zuverlässiger Prüfling«. Der ADAC musste häufiger bei entladenen Batterien helfen. Probleme durch einen Schlauch an der Servolenkung und eine fehlerhafte Hochdruckpumpe brachte BMW mit einem Rückruf in Ordnung. Als Stärken des X3 galten sein agiles Fahrwerk, sein großer Kofferraum und seine Zuverlässigkeit. Seine Minuspunkte: der erwähnte knappe Knieraum für Fondpassagiere und die erwähnten Verarbeitungsschwächen im Innenraum.

Duell BMW X3 gegen 330xd Touring

2010 veröffentlichte das Fachblatt auto, motor und sport einen interessanten 3er-Vergleichstest; er galt einem X3, einem X5 und einem 330 Touring. Der X3 könne bei sportlicher Fahrweise durchaus Laune machen, hieß es dort, »und das, obwohl er in Sachen Nutzwert dem größeren X5 kaum nachsteht. Ist der X3 also der perfekte Kompromiss? Die Konfrontation mit den Markenbrüdern 3er Touring und X5 empfiehlt sich als Talentprobe...«.
Warum seien Geländewagen so beliebt, fragten die Tester. »Die Tiefenpsychologie dürfte einige passende Antworten zutage fördern, aber höchstwahrscheinlich ist es wieder einmal die Verlockung der Eier legenden Wollmilchsau, die den Menschen schwach werden lässt«. Der SUV als Alleskönner – Familienkutsche, Reiseauto, Jagdwagen, Bergziege, Zug-

»Geschmackssache ist das Fahrwerk. Es ist in der Serienabstimmung, gelinde beschrieben, sportlich. Aber Freunden effizienter Federung kann geholfen werden, die Dynamische Dämpfer Control erlaubt die Einstellung der Stoßdämpfer in drei Stufen«.

AutoBild über den BMW X3, 2015

Top-Benziner der X3-Generation F25: der xDrive35i mit 306 PS (225 kW)..

»Der BMW X3 ist eines der seltenen Exemplare, die bereits von Geburt an reich mit Tugenden gesegnet sind – und die zu allem Überfluss noch das Glück haben, dass diese Qualitäten mit dem Alter kaum verblassen...«

Motorfokus über den BMW X3, Juni 2014

Den X3 verkauft BMW nicht ausschließlich als kompetente Freizeit-Allround-Limousine an Privat- oder Geschäftskunden. Auch Polizei und medizinische Notdienste nahmen solche Fahrzeuge in ihren Flotten auf.

pferd, Abenteuerspielzeug, ein Gefährt für alle Fälle eben, theoretisch zumindest. Und wenige Vertreter dieses Genres adressieren gängige SUV-Fantasien so zielgenau wie der X3 von BMW«.
Ist der X3 also der perfekte Kompromiss? »Gemeinsam mit dem Touring bietet er die Vorzüge eines Kombis. Und beide liegen im Preis nicht so weit auseinander, dass sie sich nicht als realistische Alternativen anböten: 38.650 Euro kostet der 330xd als Touring, 40.300 Euro der X3 3.0d. Die Mehrausgabe für den X3 rechtfertigt schon das größere Format. Das gilt auch für den Innenraum: Im Vergleich zu den üppigen Platzverhältnissen des X3 wirkt der Dreier wie eine Zwangsjacke. Keine Frage also, wer von beiden das geeignetere Familienauto darstellt, zumal im X3 auch deutlich mehr Gepäck verstaut werden kann. Allerdings bürgt die Raumfülle im X3-Fond allein noch nicht für überlegenen Langstreckenkomfort: Die bretthaarten Rücksitze sind gemessen an den Polstern des Dreier nur Holzklasse. Aber auch sonst erwartet die Insassen eine harte Schule. Das störungsfreie Absorbieren von Straßenunebenheiten gehört jedenfalls nicht zum Repertoire des X3. Ordert man obendrein noch das im Testwagen eingebaute Sportfahrwerk, vermag er nur noch ein Minimum von dem zu vermitteln, was man als Federungskomfort bezeichnet. Dagegen kommt einem selbst der keineswegs stoßfreie 330 Touring wie eine Sänfte vor...«

Mit knapp 200 PS (147 kW) deckte der xDrive 20d das mittlere Leistungssegment der X3-Palette ab.

In puncto Platzangebot und Ladevolumen war der mittelgroße BMW-SUV dem 3er Touring haushoch überlegen.

Im Interieur: Der bekannte Mix aus eher sportlicher BMW-Stilistik und zurückhaltender Eleganz.

Mochte der neue X3 auch ein paar – eigentlich unerklärliche – Schwächen, wie die überaus straffe Fahrwerksabstimmung und die »brettharten Rücksitze«, behaftet gewesen sein, so schwenkte er doch von Beginn an auf die Erfolgsspur ein. Maßgeblich war daran die von Beginn an in Programm vorhandene Vierzylinder-Dieselversion xDrive 20d beteiligt. Ihr 2,0-Liter-Turbodiesel-Triebwerk mit 184 PS (135 kW) brachte das knapp 1,8 Tonnen schwere »SAV«, »Sports Activity Vehicle«, wie BMW seine SUV-Fahrzeuge bekanntlich zu nennen pflegte, ganz ordentlich in Schwung. Und das bei, zugegeben wirklichkeitsfremden, Normverbräuchen um knapp 6 Liter auf 100 Kilometer. In Verbindung mit diesem Antriebsaggregat führten die unbestrittenen Qualitäten des X3 als geräumiges und vielseitiges Straßenfahrzeug – auch nur halbwegs ernstzunehmende Geländeeinsätze waren hier nie ein Thema – schon zu einer wahren Explosion der Absatzzahlen: Für einen Einstandspreis ab rund 40.000,- Euro wurden von diesem Modell nahezu durchgängig fast dreimal so viele Exemplare an Kunden ausgeliefert wie von allen anderen X3-Versionen zusammengenommen.

Mehr Kraft geht immer

Gut nachgefragt war auch der muskulöse xDrive 30d mit seinem 3,0-Liter-Sechszylinder-Diesel. Der turbogeladene Reihenmotor stemmte 258 PS (190 kW) auf die Kurbelwelle und agierte im Fahrbetrieb entsprechend souverän: Das Trumm beschleunigte in kaum mehr als 6 Sekunden auf 100 km/h, und erst bei 230 km/h endete sein Vorwärtsdrang. Kauflustige Interessenten mussten hier schon mindestens 50.000,- Euro anlegen. In der Verkaufsrangliste belegte dieses Modell mit gehörigem Abstand zum Vierzylinder-X3 den zweiten Platz. Ihm folgte mit dem xDrive 35d die topmotorisierte Dieselversion. Hier war der gleiche 3,0-Liter-Sechszylinder mit leistungsfördernder Biturbo-Aufladung versehen und lieferte 313 PS (230 kW). Die damit erreichbaren bombastischen Fahrleistungen waren, wie auch beim 30d, im Alltagsbetrieb mit Kraftstoffverbrauchswerten verbunden, die auch jenseits der komplett illusorischen NEFZ-Normwerte verlockend günstig waren. Otto-motorisierte X3-Modelle hatten dem nichts entgegenzusetzen.
Benziner versus Selbstzünder: geschmeidig gegen bullig.
Das war an sich keine Überraschung und im Grundsatz allgemein bekannt, aber im Segment der stets schwergewichtigen SUV-Modelle wirkte sich der Verbrauchsnachteil der Benziner eben besonders krass aus. Der X3 machte hier keine Ausnahme: Wer statt nutzfahrzeughafter Motorcharakteristik eher auf lebhafte Drehwilligkeit, angenehmen Sound und geschmeidiges Laufverhalten des Antriebsaggregats Wert legte, musste deutlich höhere Betriebskosten in Kauf nehmen. Die in ver-

Auch für den F25 stand eine Fülle von Leichtmetallfelgen unterschiedlicher Optik und diverser Dimensionen bereit.

gleichbaren Leistungsklassen wie die Diesel angesiedelten X3-Benziner xDrive 20i, 28i und 35i mit 184 PS (135 kW), 245 PS (180 kW) bzw. 306 PS (225 kW) glänzten zwar nominell mit Durchschnitts-Normverbräuchen von 7,5 bis 8,8 Liter auf 100 Kilometer, doch waren hier die realen Verhältnisse noch deutlich weiter von den Normangaben entfernt als bei den Dieseln. Im Alltagsbetrieb konsumierte das Topmodell, je nach Einsatzgebiet und Schwere des Gasfußes, im Schnitt zwischen 12 und mehr als 15 Liter Super auf 100 Kilometer.
Am Ende war das wohl auch der Grund dafür, dass sich kaum mehr als 10 % der Käuferschaft für eines der diversen Otto-motorisierten X3-Modelle entschied.

Erste umfassende Aktualisierung

Nachdem das in derselben Hierarchiestufe wie der klassische 3er einsortierte »SAV« erfolgreich am Markt platziert worden war und eine erste Aufwertung zum Frühjahr 2013 lediglich Veränderungen an diversen Ausstattungsdetails gebracht hatte, führte BMW zu Anfang des Folgejahres eine umfassende Modellpflege am X3 durch, in deren Zentrum teilweise neue Antriebsaggregate sowie Retuschen an der Karosserieoptik standen. Dem interessierten Publikum zeigte BMW den aktualisierten X3 auf dem Genfer Salon im März.

Links:
Der ebenfalls im US-Werk Spartanburg gefertigte X3 der zweiten Generation wirkte zwar weniger schlank, dafür aber erwachsener als seine Vorgängermodelle.

Neuer Vierzylinder-Diesel

Besonders im Blick stand der neue 2,0-Liter-Vierzylinder-Selbstzünder, der nun unter der Haube des Bestsellers xDrive 20d steckte. Das hier seine Weltpremiere feiernde Turbotriebwerk leistete, statt zuvor 184 PS (135 kW), jetzt 190 PS (140 kW), stellte ein von 380 auf 400 Nm gesteigertes Drehmomentmaximum bereit, war nach der Abgasnorm Euro 6 zertifiziert und glänzte zudem mit noch günstigeren Verbrauchswerten als zuvor. Dabei hatten die Verantwortlichen bei BMW, ausgehend von der Erkenntnis, dass sich der 20d enorm gut verkaufen ließ, bereits Ende 2012 unter der Bezeichnung sDrive 18d eine auf 143 PS (105 kW) justierte Version des 2,0-Liter-Turbodiesels als heckgetriebenes und mit 6-Gang-Handschaltung versehenes Einstiegsmodell ins Programm aufgenommen. Obwohl diese Variante seitdem in keiner Weise die Absatzerwartungen hatte erfüllen können und sich stattdessen als das am schlechtesten verkäufliche Dieselmodell erwiesen hatte, brachte BMW im Rahmen der Modellpflege auch hier eine neue Motorengeneration an den Start. Der mit dem im 20d eingesetzten Zweiliter-Vierzylinder technisch identische Selbstzünder war im 18d auf 150 PS (110 kW) justiert und ebenfalls

Der 2,0-Liter-Turbodiesel der Motorenfamilie B47 verband hohe Leistungs- und Drehmomentausbeute mit vorbildlichen Verbrauchswerten.

Hinter dem Lenkrad des SUV herrschte eine BMW-typische Atmosphäre.

Im X3 F25 hatte man die Dimensionen des Zentraldisplays deutlich vergrößert.

noch ein Stück sparsamer als sein Vorgänger. Bei den Benzinern xDrive 20i, 28i und 35i ergaben sich dagegen in puncto Motorisierung keine Veränderungen – außer dem Umstand, dass das gleichfalls 184 PS (135 kW) starke Vierzylindermodell nun auch mit Heckantrieb zu haben, dafür aber obligatorisch mit der 8-Gang-Automatik ausgestattet war.

Leichte optische Retuschen

Der aktualisierte X3 zeigte, wie bereits angesprochen, auch einige leichte Modifikationen am Außendesign und im Interieur. Dazu gehörten unter anderem veränderte Doppelrundscheinwerfer, eine markanter gezeichnete Doppelniere, neue Front- und Heckstoßfänger sowie Außenspiegel mit integrierten Blinkern. Innen gab es einige neu ausgeführte Schmuckelemente, Verbesserungen der Praktikabilität und neue Polsterdessins. Abgerundet wurde das Ganze durch neue Außenfarben und Leichtmetallräder.
Technisch weiterentwickelt präsentierten sich auch das die Gesamteffizienz steigernde Technologiepaket BMW EfficientDynamics sowie die unter dem Begriff BMW ConnectedDrive zusammengefassten Assistenz- und Infotainmentsysteme. Neu waren hier unter anderem der Parkassistent, ein farbig anzeigendes Head-Up Display, ein Blendfreier Fernlichtassistent und der Driving Assistent Plus, der nun beispielsweise mit Spurverlassenswarnung sowie Aktiver Geschwindigkeitsregelung aufwartete.

Noch mehr Lines und Packages

Nachdem man in München im Herbst des Jahres noch das fünfzehnte Jahr der Marktpräsenz der X-Modelle und im Herbst 2015 den dreißigsten Geburtstag der Allradtechnologie bei BMW begangen hatte, ging man 2016 mit der klassischen Frühjahrs-Modellpflege wieder zur Tagesordnung über.
Die Auffrischungen umfassten unter anderem kleine Verbesserungen der Serienausstattung, etwa die Einführung von Multifunktionstasten am Lenkrad oder einen Regensensor, das Angebot von zusätzlichen, jeweils unterschiedlich zugeschnittenen Ausstattungslinien (Advantage, xLine und M Sport), neue Sonderausstattungen sowie eine vergrößerte Auswahl an Leichtmetallrädern und Karosseriefarben.
Ab Sommer 2017 machte BMW für einige Baureihen, darunter den X3, ein sogenanntes »Business Package« verfügbar und forcierte damit die auch von anderen Herstellern verfolgte lukrative Strategie, als »beliebt« bezeichnete Extras in größeren – natürlich aufpreispflichtigen – Ausstattungspaketen zusammenzufassen.

Zur »Steigerung von Komfort und Funktionalität auf der Langstrecke«, so BMW, enthielt das Business Package, je nach Ausstattungsniveau des betreffenden Fahrzeugs, unter anderem ein Navigationssystem, eine Sitzheizung, eine Lordosenstütze für Fahrer und Beifahrer sowie eine im Verhältnis 40:20:40 teilbare und umklappbare Fondsitzlehne.

In Größe, Optik und Ausstrahlung hatte sich de zweite X3-Generation erkennbar dem X5 angenähert, von dem hier die Baustufen E53 (links), E70 (Mitte) und F15 aneinandergereiht sind.

Anfang 2016 feierte BMW 30 Jahre Allrad-Kompetenz und versammelte aus diesem Anlass unter anderem wichtige Exponenten der X-Baureihen im alpinen Schnee.

Im Frühjahr 2017 führte BMW als Sonderausstattung eine per Fußbewegung bedienbare Heckklappe am X3 ein.

Links: Zu den Modellpflegemaßnahmen des Jahres 2017 gehörte ebenfalls eine nun in den Serienumfang aufgenommene vordere Sitzheizung.

Winterliche Erprobungsfahrten in Skandinavien mit einem Vorserienfahrzeug der neuen X3-Generation G02.

SUV-Kleid von erstaunlicher Eleganz: Den BMW Designern gelang es, die immer voluminöse Blechhaut eines Soft-Offroaders ebenso stilvoll wie gefällig in Szene zu setzen.

X3, die dritte

Das waren aber nur Präliminarien, denn auf der Frankfurter IAA im September feierte die nächste, die dritte X3-Generation, deren interner Baureihencode nun G01 lautete, ihre weltweite Publikumspremiere. Äußerlich fiel die insgesamt etwas markantere Linienführung ins Auge sowie die leicht veränderten Proportionen mit um 50 mm verlängertem Radstand und betont kurzem vorderen Überhang. Vorn prangte nun eine dreidimensional gestaltete Doppelniere, während am Heck prägnante Heckleuchten, der weit heruntergezogene Dachspoiler und das Arrangement der Auspuffendrohre die Optik bestimmten. Weitere Ausdifferenzierungen des Erscheinungsbildes schufen die bekannten Ausstattungslinien xLine und M Sport. Neu hinzu kam die eher auf klassische Eleganz abzielende Luxury Line, unter anderem mit mehr Chromschmuck.

Innen blieb das Grundthema sämtlicher BMW, das fahrerorientiert ausgerichtete Cockpit, selbstverständlich erhalten. Besondere Akzente setzten Anleihen an formalen Designprin-

Die optische Evolution der X3-Modelle überzeugte die Kundschaft und legte die Basis für die überragenden Absatzerfolge der G01-Modelle.

zipien der Karosserie, aber auch Verbesserungen der Praktikabilität, wie ein neues Ablagenkonzept, waren umgesetzt worden. Im Vordergrund standen jedoch die jeweils individualisierten Gestaltungselemente der drei zur Wahl stehenden Lines. Unübersehbar war

Links: Selbstredend ließ sich die Rückbanklehne des aktuellen X3 im Format 2/3 zu 1/3 teilen und umklappen.

dabei allerdings, wenn man die Spezifikationen der M Sport Ausstattung betrachtete, dass BMW den Aspekt Sportlichkeit auch beim X3 immer stärker herausarbeitete. Zu deren Umfängen gehörten zum Beispiel das M Sport Lederlenkrad, Sportsitze in M spezifischer Optik, ein im Farbton Anthrazit gehaltener Dachhimmel aus dem BMW Individual Programm, spezielle Zierelemente sowie das markante M Aerodynamikpaket – das SUV wurde auf diese Weise allmählich wirklich zum SAV...

Der neuen X3-Generation wurde natürlich auch eine noch größere Vielfalt an aktuellen Ausstattungsoptionen mitgegeben, für das Interieur unter anderem eine 3-Zonen-Klimaautomatik und eine Sitzklimatisierung.

Ziel: noch sportlicheres Handling

Auch fahrwerkseitig profitierten die neuen Modelle von zahlreichen Verbesserungen. Die Grundlage für hohe Fahrdynamik legte hier eine perfekt ausgeglichene Achslastverteilung,

BMW-typisch war die Präzision der Verarbeitung, die an solchen Details wie dem Bedienpanel für Fensterheber und Außenspiegel deutlich wurde.

die nicht zuletzt durch den verstärkten Einsatz von Aluminium an der im Detail überarbeiteten Fünflenker-Hinterachse erzielt werden konnte. Vorne wurde weiterhin die bewährte Doppelgelenk-Zugstrebenachse verwendet. In Verbindung mit einer neuerlich verfeinerten Achskinematik, einer zum Zweck reduzierter Untersteuerneigung deutlich nach hinten verlagerten Wankmomentenverteilung und vor allem einem hecklastiger ausgelegten Allradantrieb ergab sich ein für BMW charakteristisches, agiles Fahrverhalten mit hoher Sicherheitsmarge. Zusätzlich konnte die Fahrzeugabstimmung per serienmäßigem Fahrprogrammschalter wahlweise dynamik-, komfort- oder effizienzoptimiert moduliert werden. Hierfür standen die Modi ECO PRO,

Auf der Wunschausstattungsliste stand auch ein solches gläsernes Panorama-Schiebedach, das den Innenraum mit Licht durchflutete.

Drei anwählbare Fahrprogramme modulierten nach Wunsch die Fahrcharakteristik des X3 – von verbrauchsbewusst bis sportlich.

COMFORT, SPORT und, bei ausgewählten Modellen, SPORT+ zur Verfügung.
Die im Sinne der klassischen BMW-Philosophie verstärkt sportliche Ausrichtung auch des X3 spiegelte die bereitstehende Auswahl an Fahrdynamik-orientierten Sonderausstattungen wider. Dazu zählten beispielsweise das M Sportfahrwerk, die Dynamische Dämpfer Control, die M Sportbremse und die Variable Sportlenkung. Bestmöglich aufgefangen wurden solche fahraktiven Merkmale von einem umfassenden elektronischen Sicherheitsnetz, das im Wesentlichen aus der Fahrstabilitätsregelung DSC inklusive ABS, der Traktionskontrolle DTC, der elektronischen Differenzialsperre ADB-X, der Kurvenbremshilfe CBC und dem Bremsassistent DBC bestand.
Für optimalen Fahrbahnkontakt sorgten dabei serienmäßige Leichtmetallräder, die nun im 18-Zoll-Format ausgeführt waren. Auf Wunsch standen, in Abhängigkeit von Ausstattungs- und Motorisierungsstufe, bis zu 21 Zoll große Räder zur Verfügung.

Immer mehr Antriebsvarianten

Antriebseitig startete der neue X3 zunächst in drei Leistungsstufen: als xDrive20d, xDrive30d und als M40i, der die Rolle als neues Topmodell übernahm. Kurze Zeit später ergänzten die Otto-motorisierten xDrive30i und xDrive20i – Letzterer auf einer Reihe von Auslandsmärkten auch als heckgetriebener sDrive erhältlich – das Angebot. Bei den Benzinern gehörten Merkmale wie Turboaufladung, Direkteinspritzung, variable Nockenwellensteuerung und vollvariable Ventilsteuerung zum technischen Standard, während die Selbstzünder, ebenfalls aufgeladen, mit der neuesten Generation der Common-Rail-Einspritzung aufwarteten. Allen Aggregaten gemeinsam war eine nochmals gesteigerte Gesamteffizienz sowie die Ausstattung mit der aktuellsten Technologie zur Verringerung von Schadstoffemissionen.
Der 2,0-Liter-Vierzylinder-Diesel im X3 xDrive 20d unterschied sich mit seinen 190 PS (140 kW) und einem Drehmomentbestwert von 400 Nm nicht von seinem Vorgänger, wies aber einen durchschnittlichen Normverbrauch von nur noch knapp über 5 Liter auf 100 Kilometer auf. Deutlich souveräner und gegenüber dem Vormodell leistungsgesteigert präsentierte sich der Reihensechszylinder-Diesel im xDrive30d. Das 3,0-Liter-Triebwerk lieferte nun eine Leistung von 265 PS (195 kW) und ein auf 620 Nm erhöhtes Drehmomentmaximum auf – genug für einen Topspeed von 240 km/h und eine Zeit für den Standardsprint auf 100 km/h von 5,8 Sekunden. Das deutlich höhere Leistungsniveau gegenüber dem Vierzylindermodell wurde durch einen nur auf 5,7 Liter erhöhten Kraftstoffkonsum erkauft.

Premiere für den Power-X3

Als erstes Performance-Modell der X3-Historie verkörperte der M40i das typische BMW-Credo auf perfekte Weise. Sein 3,0-Liter-Benziner kombinierte ausgeprägte Drehfreude mit hoher Durchzugskraft, wobei der Reihensechszylinder satte 360 PS (265 kW) und ein Drehmomentmaximum von 500 Nm bereitstellte. Mit

Anders als bei den 3er Limousinen- und Touring-Modellen, übernahm der X3 M40i die Rolle als hochrangigster Benziner. Mit einem Leistungsvolumen von 360 PS (265 kW) spielte er locker in der Performance-Liga mit.

einer Höchstgeschwindigkeit von 250 km/h und einer Zeit für dem Beschleunigungssprint auf 100 km/h von unter 5 Sekunden gehörte der M40i zu den Schnellsten seines Segments. Der offiziell angegebene Durchschnitts-Normverbrauch von nicht einmal 8,5 Liter auf 100 km war zwar, wie seinerzeit üblich, theoretischer Natur, aber dennoch hatte man dem knapp 1,9 Tonnen schweren SUV einigermaßen erträgliche Trinksitten verpasst: Ge-

Ein bekanntes Phänomen: Auch in der SUV-Welt von BMW kam mit wachsender Motorleistung immer weniger Offroad und immer mehr Lifestyle ins Spiel. Diese Rad-/Reifen-Kombination am X3 M40i war ausschließlich für den Straßeneinsatz geeignet.

mischte Alltagsverbräuche von um die 12 Liter waren angesichts des erheblichen Leistungspotenzials absolut realistisch.
Wer günstigere Verbrauchswerte anstrebte, aber dennoch einen Benziner als Antriebsaggregat bevorzugte, wurde von BMW im X3 xDrive 30i mit einem Hochleistungs-Vierzylinder bedient. Das aus der 20i-Motorisierung bekannte, aufgeladene 2,0-Liter-Triebwerk war hier auf stramme 252 PS (185 kW) justiert. Das entsprach einer Literleistung von sportlichen 126 PS (93 kW) – ein Wert, der vor Jahren allenfalls bei Vierzylinder-Motorradmotoren zu finden war. Die Limitierung auf vier Zylinder resultierte beim 30i in realen Durchschnittsverbräuchen, die unter 10 Liter gedrückt werden konnten, ohne im Schleichmodus unterwegs sein zu müssen. Dabei war diese X3-Version mit einer Spitze von 240 km/h kaum weniger schnell als das M-Modell, und auch mit ihrem Beschleunigungsvermögen, 0 bis 100 km/h in 6,3 Sekunden, ließ es sich leben.

Mehr Effizienz durch mehr Oktan

Das kurze Zeit nach dem Marktstart des neuen X3 eingeführte Einstiegsmodell in die Benziner-Welt, der 20i, glänzte mit besonders hoher Effizienz. Einerseits reichten die hier zur Verfügung gestellten 184 PS (135 kW) durchaus, um sich in Würde fortbewegen zu können, andererseits waren im gemischten Alltagsbetrieb reale Kraftstoffverbrauchswerte von rund 9 Liter auf 100 km zu verwirklichen – für ein Otto-motorisiertes SUV mit Allradantrieb, das, trotz allem Bemühen um Gewichtsreduzierung, immer noch nicht zu den Leichtgewichten gehörte, definitiv akzeptable Werte.
Der kleine Haken an dem erreichten, durchaus bemerkenswerten Effizienzniveau der Benziner-Versionen war jedoch, dass es insbesondere von der Verwendung des teuren Super Plus oder anderer hochoktaniger Premium-Spritsorten abhing.

Entwicklungsziel: verbesserter Wirkungsgrad

Bei den Fahrzeugen der neuen X3-Generation präsentierten sich auch sämtliche anderen Elemente des Triebstrangs mit Blick auf ihren Wirkungsgrad optimiert. Das galt zum einen für das spezifisch auf die jeweilige Motorcharakteristik abgestimmte 8-Gang Steptronic Getriebe, das in allen Modellen zum Einsatz kam, und zum anderen auch für den Allradantrieb xDrive.
Dieser zeichnete sich durch ein effizienter ar-

beitendes, dazu noch gewichtserleichtertes Hinterachsgetriebe sowie ein überarbeitetes Verteilergetriebe aus. Damit trugen beide Elemente zur Verbrauchsreduzierung bei.
Das Thema Leichtbau wurde in Zeiten des SUV-Booms durchaus drängender, und die BMW Entwickler hatten es beim X3 mit Recht in den Fokus gestellt. Dank des gezielten Einsatzes von Kunststoffen, modernen Verbundwerkstoffen sowie aus Aluminium gefertigten Motor- und Fahrwerkskomponenten gelang es ihnen, das Gewicht ausstattungsbereinigt gegenüber dem Vorgängermodell um bis zu 55 Kilogramm zu reduzieren – ein nicht unerheblicher Beitrag zur Effizienzsteigerung und weiteren Optimierung der Fahragilität.
Ähnliche Ziele lagen der anvisierten Verbesserung der bei SUV-Modellen stets kritischen Aerodynamik zugrunde. So verfügte der neue X3 über zusätzliche Verkleidungen am Unterboden sowie zahlreiche weitere Optimierungen im Detail, wie beispielsweise aktiv gesteuerte Luftklappen oder ein neu geformter Dachspoiler. Beachtliches Resultat der Bemühungen war ein cW-Wert von 0,29.

Assistenten allüberall

State of the Art waren erwartungsgemäß auch die in der neuen Fahrzeuggeneration zum Einsatz kommenden serienmäßigen und optionalen Assistenzsysteme, zu denen, dem Zug der Zeit folgend, auch erste Funktionalitäten des (teil)automatisierten Fahrens gehörten. Unter der Bezeichnung BMW Personal Co-Pilot zusammengefasst, zählte zu letzteren etwa die neueste Ausgabe der Active Cruise Control (ACC). Diese ermöglichte es, bei stockendem Verkehrsgeschehen das Fahrzeug bis zum Stillstand autonom abzubremsen und danach ebenso autonom wieder anzufahren. Darüber hinaus waren verschiedene, aktiv gesteuerte Sicherheitssysteme für die unterschiedlichsten Fahrsituationen verfügbar, zum Beispiel der Lenk- und Spurführungsassistent, der Spurhalteassistent mit Seitenkollisionsschutz sowie die Vorfahrt-, Falschfahr- und Querverkehrswarnung. Der Sicherheit, aber auch dem Komfort dienlich war darüber hinaus das als Sonderausstattung lieferbare aktualisierte Head-up-Display mit neuer Grafik.
Nicht minder zeitgemäß präsentierte sich das im neuen X3 realisierte Konnektivitätsniveau. Die digitale Welt war nun Cloud-basiert zugänglich und konnte nicht nur über das Smartphone, sondern auch über trendige Gadgets wie eine Smartwatch erreicht werden.

Modernisierte Interpretation einer bekannten Kontur: Die Rückleuchteneinheiten der G01-Modelle präsentierten sich deutlich überarbeitet und identifizierten doch sofort einen X3.

Weitere Verfeinerung des Motorenangebots

Obwohl erst wenige Monate seit seiner Markteinführung vergangen waren, gab es im Rahmen der turnusmäßigen Frühjahrs-Modellpflege zum April 2018 für den X3 eine neue Leistungsstufe im Dieselmotor-Programm. Im X3 xDrive25d sorgte der 2,0-Liter-Common-Rail-Diesel mit Biturbo-Aufladung und 231 PS (170 kW) für ebenso energischen wie effizienten Vortrieb und schloss dabei eine vorhandene Leistungslücke. Unterstützt durch ein sattes Drehmomentmaximum von 500 Nm erledigte das mit der 8-Gang-Steptronic versehene Vierzylindermodell den Beschleunigungssprint auf 100 km/h in 6,8 Sekunden und konsumierte im Durchschnitt um die 6 Liter auf 100 km. Im selben Zug erhielt der Top-Sportler im X3-Programm, der M40i, im Sinne weiter gesteigerter Fahragilität das mit der Fahrstabilitätsregelung DSC vernetzte, elektronisch gesteuerte M Sportdifferenzial. Zur kontinuierlichen Verbesserung des Nachhaltigkeitslevels wurden jetzt auch die Diesel-motorisierten X3-Einstiegsmodelle mit der Zusatzbezeichnung 18d serienmäßig mit der besten verfügbaren Emissionsreduzierungs-Technologie, einem SCR-Katalysator samt AdBlue-Einspritzung, ausgestattet.
Zur Steigerung von Funktionalität und Emotionalität wurde für alle Vertreter der X-Modellfamilie außerdem ein reichhaltiges Sortiment an M Performance Parts verfügbar gemacht.

Auch der X3 soll elektrisch werden

Dass BMW das rasant an Relevanz gewinnende Thema E-Mobilität, insbesondere mit Blick auf den chinesischen Markt, immer stärker in den Fokus nahm, verdeutlichte die auf der Messe Auto China in Peking angesetzte Weltpremiere des Konzeptfahrzeugs Concept iX3. Es demonstrierte die Möglichkeiten der neu entwickelten fünften Generation der BMW E-Antriebstechnologie, die mit sämtlichen künftigen Fahrzeugarchitekturen für Front-, Heck- und Allrad-Antriebsarten kompatibel war. Dabei gehörte der X3, der die Basis des Konzeptfahrzeug bildete, zu den ersten Modellen, deren Architektur diese Flexibilität aufwies.
Keinesfalls zu kurz kam – bei aller Zukunftsorientierung – der klassische BMW Markenclaim »Fahrfreude«: Für eine knackige Kraftentfaltung sorgte eine speziell für das »Sports Activity Vehicle« entwickelte neue Ausführung des elektrischen Fahrmotors mit einer Höchstleistung von über 270 PS (200 kW). Entsprechend spezifiziert zeigte sich die ebenfalls modellspezifisch ausgelegte Lithium-Ionen-Hochvoltbatterie, die mit einer Netto-Kapazität von über 70 kWh aufwartete. Damit war, nach gültigem WLTP-Fahrzyklus, eine Reichweite von über 400 Kilometern möglich. Ergänzend dazu war der Energiespeicher mit einer neu entwickelten Charging Control Unit ausgestattet, die den Anschluss an Schnellladestationen mit einer Leistung von bis zu 150 kW erlaubte. Damit dauerte ein vollständiger Ladezyklus nur

noch 30 Minuten. Begleitet wurden diese im Wettbewerbsumfeld beacht- lichen Kenndaten von BMW i typisch leichten, aber gezielten stilistischen Retuschen, die den vollelektrisch angetriebenen Modellen gegen-über den Verbrennern und Hybriden eine gewisse Eigenständigkeit verschafften.

Erster Power-Diesel im X3

Sozusagen als Gegenpart zum X3 M40i debütierte im Mai 2018 der Diesel-motorisierte M40d als zweites M Performance Modell der X3 Baureihe. Den Antrieb übernahm ein mit Stufenaufladung versehenes 3,0-Liter-Reihensechszylinder-Aggregat, das 326 PS (240

2018 führte BMW mit dem M40d ein dem Benziner M40i adäquates Hochleistungsmodell mit Dieseltriebwerk ein.

Links unten: Es konnte keinen Zweifel daran geben, dass der X3 als Bestseller im BMW-Programm in näherer Zukunft auch mit vollelektrischem Antrieb zu haben sein würde.

kW) leistete und insbesondere einen gewaltigen Drehmomentbestwert von 680 Nm herstellte. Damit gelangen dem Power-Selbstzünder atemberaubende Fahrleistungswerte, zum Beispiel eine Beschleunigungszeit von 4,9 Sekunden für den Standardsprint auf 100 km/h. Ebenso atemberaubend, aber auf andere Weise, war die Effizienz des muskulösen Triebwerks: Der durchschnittliche Kraftstoff-Normverbrauch bewegte sich unter 7 Liter auf

Etwas fürs Herz: Im auch für den X3 umfangreichen M Performance-Zubehörprogamm war unter anderem eine solche Ausstiegsleuchte zu finden, die das magische »M Performance«-Wort auf den Boden projizierte.

100 Kilometer. Davon wich der Realverbrauch erfreulicherweise kaum ab: Im ADAC Test konsumierte der mit der 8-Gang Steptronic ausgestattete M40d auch nur 7,7 Liter.

Konsequent verfolgte BMW die Strategie, den X3 – als SUV eigentlich ein Multifunktions-Pkw – mit einer rein für den Straßeneinsatz gedachten Performance-Version auch zu einem Lifestyle-Transporteur zu machen. Der hier noch in der Erprobungsphase befindliche X3 M sollte dieses Rollenfach glänzend ausfüllen.

Bis auf die M-Kiemen hinter den Vorderrädern und den größeren Dachspoiler trug der X3 M seine außergewöhnlichen Talente nicht nach außen.

X3 – Bestseller zwischen M DNA...

Bereits zu Beginn des Folgejahres setzten die Münchner den Weg des X3 zu einem SUV mit weiter zugespitzter Sportlichkeit konsequent fort. Trotz gegenüber den anderen Performance-Versionen abgemagerter Modellbezeichnung setzten X3 M und X3 M Competition in puncto Dynamik noch gewaltig eins drauf. Unter der Haube befand sich nun ein neu konstruierter Reihensechser mit im Vergleich zur TwinPower-Technologie, bei der es sich um einen einzelnen TwinScroll-Turbolader handelte, echter Biturbo-Aufladung. Das Triebwerk wies mit Benzin-Direkteinspritzung, Valvetronic und Doppel-VANOS zwar die für BMW konstitutiven Konstruktionselemente auf, verfügte aber mit einem Bohrung-/Hub-Verhältnis von 90,0 x 84,0 mm und 2993 cm³ Hubraum über

Ein SUV mit vorderer Domstrebe? Der X3 M verstand sich eher als geräumiger Hochleistungs-Sportwagen, denn als Gefährte für unbefestigte Wege.

Hoher Abtrieb garantiert Fahrstabilität. Der Dachspoiler des X3 M geriet deshalb etwas ausladend.

Auf den ersten Blick unterschied sich die Innenraumanmutung des M-Modells nicht von der, die in einer 3er Limousine oder Touring herrschte.

In der Competition-Ausführung – die Bezeichnung spiegelt die ganze Paradoxie des Konzepts wider: An welchem motorsportlichen Wettbewerb würde je ein X3 teilnehmen? – lieferte der 3,0-Liter-Biturbo-Sechszylinder runde 510 PS (375 kW) ab.

etwas veränderte Eckdaten als der im M40i eingesetzte Motor mit 2998 cm^3. Was sich vor allem geändert hatte – und das war schließlich Ziel der Übung gewesen –, war die Leistungsausbeute: Der X3 M glänzte mit beachtlichen 480 PS (353 kW), und die in aktueller M-Manier parallel angebotene, nochmals geschärfte Competition-Ausführung lieferte sogar 510 PS (375 kW).
Kombiniert war das neue Antriebsaggregat mit der 8-Gang M Steptronic, die mit verkürzten Schaltzeiten und dynamischer ausgelegter Schaltstrategie aufwartete, sowie als Neuentwicklung mit dem ebenfalls an den M-Stil adaptierten, heckbetont agierenden Allradsystem M xDrive. Entsprechend zeigten sich auch die Fahrwerksspezifikation- und -abstimmung – nun mit elektronischer Dämpferregelung – sowie die Lenkung, die Bremsanlage und die Rad-/Reifen-Kombinationen mit den Dimensionen 20 und 21 Zoll M-spezifisch konfiguriert.
Gleiches galt für die Konfektionierung von Karosserie und Interieur mit jeweils typischen M-Merkmalen wie riesigen Lufteinlässen, aerodynamisch optimierter Frontschürze, speziellem Dachspoiler sowie Sportsitzen und teilweise eigenständiger Cockpitgestaltung.
Die beiden Performance-Modelle wurden natürlich auch auf dem als jährliches Branchenschaufenster seit Jahrzehnten etablierten Genfer Autosalon im März 2019 dem Publikum präsentiert, doch lag hier der Fokus nicht zuletzt auf der Demonstration weiter verstärkter Aktivitäten in Sachen Elektrifizierung. Weltpremiere feierte dabei der X3 xDrive30e, eine Plug-in-Hybrid-Variante des weltweit erfolgreichen SUV, deren Produktionsstart auf das Jahresende 2019 terminiert war.

...und Elektrifizierung

Damit wurde der X3 zum ersten Modell der zweiten Plug-in-Hybrid Fahrzeuggeneration von BMW, die in allen drei Antriebsarten, also auch mit Verbrenner und künftig vollelektrisch, angeboten werden sollte. Beim neuen X3 xDrive30e kümmerten sich ein 2,0-Liter-TwinPower Turbo Vierzylinder-Ottomotor und ein Elektromotor, die zusammen eine Systemleistung von bis zu 292 PS (215 kW) bereitstellten, um ein souveränes Vorankommen. Als Energiespeicher diente ein Lithium-Ionen-Hoch-

Mit dem Plug-in-Hybrid X3 xDrive 30e sollte auch im SUV-Segment ein hohes Effizienzniveau hergestellt werden.

voltakku, der die politisch geforderte Reichweite im reinen Elektrobetrieb von mindestens 50 Kilometern sicherstellte. Die erreichbaren Fahrwerte lagen bei einer Beschleunigungszeit für den Standardsprint von 6,1 Sekunden und einer Höchstgeschwindigkeit von 210 km/h. Die weltweite Markteinführung des mit durchschnittlichen Kraftstoffverbräuchen von zwischen 2,4 und 2,1 Liter je 100 Kilometer sowie einem entsprechenden kombinierten Stromverbrauch von zwischen 17,2 und 16,4 kWh aufwartenden SUV verschob sich allerdings – auch im Zeichen der beginnenden Corona-Pandemie – noch bis zum Frühjahr 2020. Als Einstandspreis für den X3 xDrive30e wurden dabei 56.900,00 Euro fixiert.

Die Komponenten der Plug-in-Hybrid-Technologie im X3 mittels einer Röntgenzeichnung dargestellt.

Mild Hybrid wird weiter ausgerollt

Im Rahmen der regulären Frühjahrs-Modellpflege 2020 kündigte BMW für den April die Einführung eines Mild-Hybrid-Antriebs für weitere Modellversionen, darunter den X3 xDrive20d, an, um zusätzliche Effizienzfortschritte zu erzielen. Das aus einem bis zu 11 PS (8 kW) bereitstellenden 48-Volt-Startergenerator sowie einer zusätzlichen Batterie bestehende System rekuperierte nicht nur im Schub- und Bremsbetrieb Energie, die elektrisch betriebenen Fahrzeugfunktionen zugutekam, sondern konnte auch in Form eines Overboost zur Steigerung der Dynamik beim Anfahren sowie im Fahrbetrieb als Zusatzschub für den Verbrennungsmotor eingesetzt werden. Darüber hinaus unterstützte der Startergenerator bei Bedarf die serienmäßige Auto Start Stopp Funktion.

Jetzt auch mit E-Kennzeichen – ein xDrive30e auf eher ungewohnten Offroad-Pfaden.

Neue Sechszylinder-Selbstzünder

Im Sommer 2020 lancierte BMW eine neue Generation von Reihensechszylinder-Dieselmotoren, die, neben anderen Baureihen, unter anderem auch in die X3-Versionen xDrive30d

und M40d Eingang fanden. In Vollaluminium-Bauweise ausgeführt, kombinierten die 3,0-Liter-Triebwerke die weiterentwickelte BMW TwinPower Turbo Technologie mit dem neuen 48-Volt-Mild-Hybrid-System und der jüngsten, mit Drücken von bis zu 2700 bar aufwartenden Common-Rail-Direkteinspritzung.
Im xDrive30d leistete der Sechszylinder mit Einzel-Turbolader und Stufenaufladung nun 286 PS (210 kW) und lieferte ein auf 650 Nm erhöhtes Drehmomentmaximum. Für die im M40d eingesetzte Variante mit Biturbo-Stufenaufladung stand nun ein Leistungsvolumen von 340 PS (250 kW) sowie ein Drehmomentbestwert von 700 Nm zu Buche. Mit diesen Eckdaten ließ sich ein noch mal verbessertes Beschleunigungs- und Durchzugsvermögen darstellen – bei durchschnittlichen Norm-Verbrauchswerten, die sich, nicht zuletzt dank der Mild-Hybrid-Auslegung, im Bereich bis maximal 6 Liter pro 100 km bewegten.

Start des vollelektrischen iX3

Nach langem Vorlauf rollte Ende September endlich der erste vollelektrische BMW iX3 beim deutsch-chinesischen Joint Venture BMW Brilliance Automotive (BBA) in Shenyang vom Band – nach dem Genrepionier i3 von 2013 der erste rein elektrisch angetriebene Pkw und ein bedeutender Schritt in der Elektrifizierungsstrategie des Münchner Konzerns, da er die neueste und bereits fünfte Generation der eDrive Technologie ins Blickfeld rückte. Kennzeichnend war hier die erstmalige Anordnung von Elektromotor, Leistungselektronik und Getriebe in einem gemeinsamen Gehäuse, was die Antriebseinheit vor allem aufgrund ihrer kompakten Bauart besonders gut skalierbar machte. Die für den iX3 von BMW selbst entwickelte E-Maschine glänzte mit einem Wirkungsgrad von bis zu 93 % und einer Höchstleitung von 286 PS (210 kW) bei einem stetig anliegenden Drehmoment von 400 Nm.

Eine gediegene Atmosphäre zeichnete das Interieur des neu motorisierten xDrive30d aus. Dessen turbogeladener Sechszylinder-Selbstzünder war nun in Vollaluminium-Bauweise ausgeführt und stellte zivile 286 PS (210 kW) bereit.

Der Elektro-X3 kommt! Hier sind vorbereitende Maßnahmen zum Fertigungsstart zu sehen.

Als enorm praktisches und dennoch nicht zu voluminöses Alltagsfahrzeug hielt der xDrive30d perfekt die Balance zwischen überdurchschnittlicher Leistungsfähigkeit und günstigen Verbrauchswerten.

Überschaubare technologische Fortschritte

Eine entscheidender Fortschritt gelang den Entwicklern auch bei der im Fokus der Elektromobilität stehenden Hochvoltbatterie-Technologie: So konnte die Energiedichte des Speichersystems um weitere 20 % gesteigert werden und repräsentierte damit, zusammen mit den Attributen Langlebigkeit und Sicherheit, das aktuell technisch Machbare. Die einen Brutto-Energiegehalt von 80 kWh aufweisende Batterie war flach im Fahrzeugboden des iX3 untergebracht und sorgte für eine gemäß WLTP Testzyklus ermittelte durchschnittliche Reichweite von bis zu 460 Kilometern. Mit einer Beschleunigung von 0 auf 100 km/h in 6,8 Sekunden und seiner auf 180 km/h limitierten Höchstgeschwindigkeit lag der Elektro-SUV voll im Bereich absoluter Alltagstauglichkeit. Das galt – mit den bekannten Abstrichen – auch für das im iX3 vorgehaltene Lademanagement über den an Bord befindlichen sogenannten »Flexible Fast Charger« – wobei die Verwendung des Begriffs »fast« selbstredend mit Vorsicht zu genießen war. Natürlich hatte auch BMW hier nicht den Stein der Weisen gefunden und die Elektromobilität endlich von ihrer Krux des Nachladeelends erlöst, aber immerhin befand sich der iX3 mit seinen einschlägigen Leistungsmerkmalen an vorderer Front des Wettbewerbs. An der Wallbox dauerte es bei einer Ladeleistung von bis zu 11 kW gemächliche 7,5 Stunden, um den Akku wieder voll aufzuladen. An einer öffentlichen Schnellladestation ließ sich der Energiespeicher innerhalb einer guten halben Stunde wieder auf 80 % seiner Gesamtkapazitätsaufladen. Das entsprach halt dem aktuellen Stand der Technik, durfte aber dennoch nach wie vor als beklagenswert gelten.

Einer der ersten iX3. Der im chinesischen BMW-Werk gebaute vollelektrische SUV versprach zum absoluten Bestseller zu werden – obwohl die Rahmenbedingungen für großflächige E-Mobilität noch längst nicht optimal waren.

Rechts: Bis auf ein paar elektrisch-blaue Farbakzente und zum Teil andere Displayanzeigen, entsprachen Cockpit- und Innenraumgestaltung des iX3 weitgehend denen der Verbrenner-Versionen.

Kompakt bauend und aus weniger Bauteilen bestehend, ist die E-Maschine im iX3 dennoch für ein temporäre Höchstleistung von 210 kW (286 PS) gut.

Zu Recht schwor BMW vorerst auf eine flexible Auslegung der Fahrzeugplattformen. Auch die des iX3 war keine kostspielige Neuentwicklung.

Unscheinbare optische Insignien

Von außen war, wie bereits das Konzeptfahrzeug von 2018 nahegelegt hatte, der iX3 im Wesentlichen der bekannte X3 geblieben. Allerdings gab es als Erkennungsmerkmale einige modellspezifische Stilelemente und blaue Farbcodierungen, die das Elektrothema reflektierten. Dazu gehörten die spezielle Ausführung der Front- und der Heckschürze sowie die, im Sinne optimierter Aerodynamik, weitgehend geschlossene Niere und neu entwickelte Leichtmetallräder. Letztere resultierten in einem um 5 % reduzierten Luftwiderstandsbeiwert.

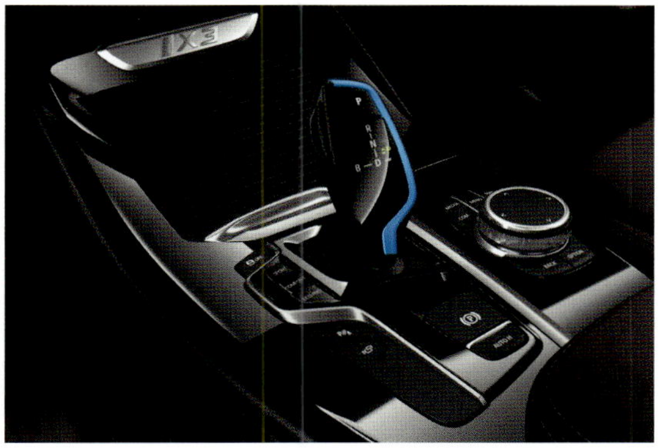

Ähnlich wie im Fall anderer Hersteller, fiel auch BMW bei der individualisierten Gestaltung eines Elektrofahrzeug zuerst die Farbe Blau ein...

Auch innen präsentierte sich der vollelektrische X3 weitgehend identisch mit seinen Verbrenner- und Hybridbrüdern gestaltet. Unter anderem gaben zurückhaltende blaue Akzente am Start-/Stopp-Knopf und am Gangwahlschalter sowie das serienmäßige blaue Ambiente-Licht naheliegende Hinweise zur besonderen Antriebsart des beliebten SUV. Der markanteste Unterschied ergab sich aus den vielfach eigenständigen Anzeigen des E-Fahrzeugs im Cockpit sowie im Display.

Neue Einnahmequelle: kostenpflichtige Software-Upgrades

Jenseits seiner Antriebstechnologie wartete der iX3 mit den gewohnten Qualitäten seiner Brüder auf. An Bord befand sich unter anderem ein adaptives Fahrwerk mit elektronisch geregelten Dämpfern, das, trotz eines Fahrzeuggewichts von rund 2,2 Tonnen, für tadellose Fahreigenschaften von bekanntermaßen

Das große Zentraldisplay des iX3 wartete mit Anzeigen auf, die an den Elektroantrieb angepasst waren. Das Thema Reichweite und die Navigation mit Blick auf verfügbare Ladestationen standen hier im Mittelpunkt..

stets straffem Charakter geprägt war. Auch das noch neue, sich in der Elektroauto-Welt langsam entfaltende, überaus lukrative Geschäft mit nachbuchbaren »Over the Air«-Upgrades kam bereits ins Rollen. Da es hier ja nur noch um eine Modifikation der Software ging und nicht etwa um den werkstattgebundenen Einbau eines Sportfahrwerks, ließ sich der iX3 gegen entsprechenden Obolus nachträglich auch mit einem Adaptiven M Fahrwerk, das nochmals kerniger zur Sache ging, ausrüsten. Auch in puncto Alltagpraktikabilität gab es nichts zu mäkeln. Trotz der raumgreifenden Energiespeichertechnik entsprach das verfügbare Ladevolumen im iX3 mehr oder weniger exakt dem eines »normalen« X3.

Äußerlich wiesen nur wenige Merkmale auf den vollelektrischen Antrieb des iX3 hin. Am augenfälligsten waren noch die aerodynamisch optimierten Felgen.

Virtuelle Soundkulisse

Natürlich konnten die Münchner auch beim klassischen Elektroauto-Aufregerthema »Motorsound« nicht so tun, als ginge sie es nichts an – schließlich hat BMW vor allem mit seinen Sechszylindern in den vergangenen Jahrzehnten in dieser Beziehung eine hohe Kundenwirksamkeit erzielt. So debütierte im iX3 unter der Marketingbezeichnung IconicSounds Electric ein speziell kreierter Sound, der über Innen- und Außenlautsprecher (!) in die Ohren der Umstehenden wie der Fahrzeugpassagiere transportiert wird – und beim Hinhören so synthetisch klingt, wie er auch nur sein kann. Ob das jemals als wahrhaft »ikonischer Sound« betrachtet werden wird, muss die Zukunft zeigen.

Der neue iX3 wurde von Beginn an in zwei verschiedenen Ausstattungslinien angeboten. Als Basisvariante fungiert das Modell Inspiring, das über alles Wichtige verfügte und als Highlight bereits eine 3-Zonen-Klimaautomatik mit Standheizungs- und Standklimatisierungsfunktion aufwies. Auf Wunsch gab es das Modell Impressive, das innen und außen weitere Differenzierungsmerkmale und in seiner gesamten Ausführung ein Mehr an Exklusivität bot.

Passend zum Marktstart des neuen Elektro-SUV lancierte man BMW Charging, ein neu zugeschnittenes Geschäftsfeld, das maßgeschneiderte Ladeprodukte, Services sowie digitale Dienste umfasste und damit – gegen klingende Münze – sämtliche Bedürfnisse rund um die elektrische Mobilität abdeckte.

Das schon in der Grundausführung vorhandene hohe Ausstattungsniveau der Elektroversion war angesichts ihrer preislichen Positionierung in der Modellpalette unabdingbar. Dennoch bewies BMW hier Augenmaß, denn ein Diesel-motorisierter X3 xDrive30d bewegte sich in der gleichen Größenordnung.

Preisgestaltung mit Augenmaß

In den Preislisten erschien der erste vollelektrische BMW SUV zu Preisen von knapp 65.000,00 Euro für die Basisausführung Inspiring und rund 70.000,00 Euro für die Impressive-Version. Der gleich starke Diesel-motorisierte xDrive 30d war in der Topausstattung M Sport für rund 62.000,00 Euro zu haben.

Aktualisierte Verbrennerversionen

Ab August 2021 startete die Produktion der umfangreich überarbeiteten, mit konventioneller Antriebstechnik ausgestatteten X3-Modelle für das Modelljahr 2022. Ihre europäische Publikumspremiere sollten sie auf der Frankfurter IAA im September feiern. Im Fokus standen diesmal eine weitere Nach-

schärfung der Karosserieoptik in Richtung Offroad und Sportlichkeit, weitere Verbesserungen bei der Ausstattung und in puncto Nachhaltigkeit. Parallel dazu profitierten auch das Schwestermodell X4 sowie die jeweiligen M-Versionen von entsprechenden Auffrischungsmaßnahmen.
Äußerliche Identifikationselemente wie die BMW Niere, Scheinwerfer und Heckleuchten sowie Frontschürze und Heckstoßfänger präsentierten sich in verändertem Design. Während die Niere noch einmal an Präsenz gewann, fielen die nun in Voll-LED-Technik ausgeführten Frontscheinwerfer einen Zentimeter flacher aus, und auch die Heckleuchten zeigten eine veränderte Grafik.
Das Interieur war durch ähnlich starke Überarbeitungen geprägt: Übernommen hatte man beispielsweise die Mittelkonsole der aktuellen 4er-Reihe; ein serienmäßig auf 10,25 Zoll Bildschirmdiagonale vergrößertes Zentraldisplay mit Touchscreen, neue Bedieneinheiten, eine 3-Zonen-Klimaautomatik und mit neuem Bezugsstoff versehene Sportsitze sowie eine generell höhere Wertanmutung bestimmten das Bild. Zudem versuchte man die latente Überforderung der Kunden durch eine erkennbare Reduzierung der Vielzahl an zur Wahl stehenden Ausstattungslinien und Sonderausstattungen zu mildern.

Erste Mild-Hybrid-Benziner

Im Rahmen der Modellpflege wurde auch der kontinuierliche Prozess der Einführung der Mild-Hybrid-Technologie mit 48-Volt-Startergenerator fortgesetzt. Nachdem bereits im Jahr zuvor die drei angebotenen Dieseltriebwerke auf das Mild-Hybrid-System umgestellt worden waren, kamen jetzt auch die drei Benziner in den Genuss der effizienzsteigernden

Wem die Rahmenbedingungen der Elektromobilität noch nicht tauglich genug erschienen, der hatte im Plug-in-Hybrid xDrive30e eine attraktive Alternative.

Die Grundgestaltung des X3-Cockpits entsprach nun dem neuen BMW-Stil: digitalisierte Anzeigen, großformatiges Zentraldisplay, Reduzierung der Bedientasten.

Der im Vergleich zum 3er Touring wesentlich höhere Nutzwert des X3 war einer der Hauptgründe für seinen riesigen Markterfolg – und schließlich mochte auch die BMW-Kundschaft die SUV-typisch hohe Sitzposition...

Technologie, die in nochmals verbesserten Fahrleistungen bei geringerem Verbrauch und gleichzeitig gesteigertem Fahrkomfort resultierte. Bei den verfügbaren Ottomotoren handelte es sich um zwei Vierzylinder und einen Reihensechszylinder, jeweils Direkteinspritzer mit TwinScroll Turboaufladung, variabler Nockenwellensteuerung Doppel-VANOS und vollvariabler Valvetronic und Ottopartikelfilter. Dank des Startergenerators konnte bei Bedarf jeweils auf eine Leistungsreserve von 11 PS (8 kW) zurückgegriffen werden.

Ausgewogenes Motorenangebot

Die Palette der erhältlichen X3-Benzinermodelle zeigte sich unverändert: Als Einstiegsversion fungierte nach wie vor der xDrive20i mit 184 PS (135 kW) und einem Drehmomentbestwert von 300 Nm. Darüber positioniert war der mit dem gleichen, aber auf 245 PS (180 kW) justierten Basistriebwerk ausgerüstete xDrive30i mit 350 Nm Drehmoment. Erstaunlicherweise wurden beide Vierzylinder, trotz erwartbar unterschiedlichem Fahrleistungspotenzial, mit nahezu identischen Norm-Verbrauchswerten von maximal 8,5 Liter auf 100 Kilometer angegeben. Performance-orientiertes Topmodell war, wie bisher, der Sechszylinder-motorisierte M40i mit seinen 360 PS

Einzige verbliebene Sechszylinder im X3-Programm waren bei den Benzinern die M-Modelle und bei den Selbstzündern, neben dem M40d, der xDrive30d.

Die nach aktueller Norm ermittelten Durchschnittsverbrauchswerte für Plug-in-Hybrid-Fahrzeuge – beim xDrive30e um die 2 Liter pro 100 Kilometer – bewegten sich im Allgemeinen fernab jeder Realität, da sie die konsequente Nutzung des E-Antriebs voraussetzten.

(265 kW) und einem Drehmomentmaximum von 500 Nm.
Die Dreifaltigkeit besonders effizienter Mobilität im X3-Programm bildeten parallel dazu die Selbstzündermodelle xDrive20d mit 190 PS (140 kW), xDrive30d mit 286 PS (210 kW) sowie der M40d, der mit 340 PS (250 kW) und einem bombastischen Drehmomentmaximum von 700 Nm bullige Durchzugskraft und sportwagenmäßige Beschleunigungswerte bereithielt. Das Spektrum der durchschnittlichen Normverbräuche lag modellabhängig in dem vergleichsweise engen Fenster zwischen 5,8 und 7,3 Liter Diesel pro 100 Kilometer.
Dem X3 vorbehalten blieb weiterhin die Plug-in-Hybrid-Variante xDrive30e, die als Antrieb einen Vierzylinder-Ottomotor mit einem Elektromotor kombinierte und damit eine Systemleistung von 292 PS (215 kW) darstellte. Dabei konnte die Maximalleistung des Elektromotors zeitweilig um bis zu 41 PS (30 kW) gesteigert werden. Mit einer Beschleunigungszeit von 6,1 Sekunden von 0 auf 100 km/h gehörte der Plug-in-Hybrid zu den besonders souverän motorisierten SUVs. Dank seines Lithium-Ionen-Hochvoltspeichers, der eine rein elektrische Reichweite von bis zu 50 Kilometer ermöglichte, beschränkte sich der nach dem WLTP-Fahrzyklus zertifizierte Kraftstoff-Durchschnittsverbrauch auf gerade mal gut 2 Liter pro 100 Kilometer.

Nochmals effizienterer xDrive-Antrieb

Unverändert waren sämtliche auf dem deutschen Markt angebotenen X3 serienmäßig mit dem intelligenten Permanent-Allradantrieb BMW xDrive ausgestattet, der sich nun mit op-

Links: Blaue Akzente schmückten nun auch das Innenleben der Hauptscheinwerfer aller elektrifizierten Modelle.

timierter Softwaresteuerung sowie gewichts- und reibleistungsreduziert präsentierte. Ebenfalls von höherem Wirkungsgrad zeigte sich das in allen Modellen zum Ausstattungsumfang gehörende 8-Gang Steptronic Getriebe, das auch von einem Software-Update profitiert hatte.

Assistenzsysteme im Multipack

Während sich im Rahmen der Modellpflege fahrwerkseitig nichts Wesentliches tat, wurden Umfang und Funktionalitäten der Assistenzsysteme neuerlich erweitert, beispielsweise im Fall der Park Distance Control durch die Integration eines Rückfahrassistenten, der sich bei Parkmanövern über 50 Meter hinweg die zurückgelegte Vorwärtsstrecke merkte und beim Zurücksetzen in eine Parklücke so viel Lenkunterstützung leistete, das nur noch die Betätigung von Gas und Bremse erforderlich war, oder den Drive Recorder, der die Fahrzeugumgebung per Videoaufnahme detektierte.

Natürlich war auch das Konnektivitätsniveau den ständig wachsenden Möglichkeiten angepasst worden. So bot das nun im X3 zum Serienumfang gehörende Live Cockpit Plus ein mindestens 10,25 Zoll großes Display sowie einer Instrumentenkombi mit 5,1 Zoll messendem Farbdisplay in seinem Zentrum. Ebenso gehörten unter anderem ein Multimedia- und ein umfassend überarbeitetes, wesentlich leistungsfähigeres BMW Maps Navigationssystem mit Connected Parking, zwei USB-Anschlüsse sowie eine WLAN-Schnittstelle zur Standardausstattung. Das galt auch für das Connected Package Professional, das den Zugang zu den zahlreichen digitalen Services von BMW, wie etwa den Intelligenten Notruf oder die Real Time Traffic Information, erlaubte.

M-Versionen ohne elektrischen Rückenwind

Die zeitgleich überarbeiteten M-Modelle des X3 wiesen, häufig in spezifischer Umsetzung und antriebseitig stets ohne Mild-Hybrid-Modul, im Wesentlichen die gleichen Aktual-

Ohne elektrischen Rückenwind mussten vorerst die M-Versionen des X3 auskommen.

Modernster Hochleistungs-Motorenbau, der das Enthusiastenherz erfreut, aber doch irgendwie »old school«: der mit Biturbo-Aufladung versehene Hochdrehzahl-Reihensechszylinder im X3 M.

Die neueste Ausführung der X3 M Competition-Version profitierte von einem Drehmomentzuwachs.

Digitaldisplay: g-Kräfte (links oben) sowie aktuelle Drehmoment- und PS-Werte (rechts oben). Die nun auch hier spangenförmig gestaltete Drehzahlmesserskala erschien gleich doppelt.

isierungen auf. Auf technischer Seite gab es aller-dings bei der »Competition«-Ausführung noch einmal nach oben korrigierte Leistungsdaten in Form eines durch weiteres Feintuning erzielten Drehmomentzuwachses von 600 auf 650 Nm. Damit sollte das 3,0 Liter große Sechs-zylinder-Hochdrehzahl-Triebwerk ein Mehr an Elastizität bekommen, ohne das ausgewiesene Leistungsvolumen von 510 PS (375 kW) anzutasten. In allen anderen Technikbereichen bestand die Modellpflege für die M-Versionen lediglich in diversen Detailmaßnahmen. Als Brutto-Listenpreise für die erneuerten X3- und X3 M Modelle reichten von 53.150,00 Euro für einen xDrive 20i über 62.950,00 Euro für einen xDrive 30d bis hin zu ziemlich astronomischen 100.700,00 Euro, die für einen der extremen X3 M Competition fällig wurden. Das Plug-in-Hybrid-Modell xDrive 30e stand mit 62.150,00 Euro und der vollelektrische iX3 in der Basisausstattungslinie Inspiring mit 67.300,00 Euro in der Preisliste.

Nächste X3-Generation in der Pipeline

Nach einem gelungenen Marktstart des überarbeiteten X3 im letzten Quartal 2021 beschränkte sich BMW für das Folgejahr bei der SUV-Baureihe auf kleinere Anpassungsmaßnahmen wie beispielsweise neue Lackfarben. Ähnliches galt für 2023, wo unter anderem auch der X3 nach Unternehmensaussage eine »hohe Kundenresonanz« erzielte – der Mittelklasse-SUV war in diesem Jahr tatsächlich zum meistverkauften Modell der Marke avanciert. Der Hintergrund dieser ungewöhnlichen Zurückhaltung war ein schlecht gehütetes Geheimnis und wurde im Frühjahr 2024 mit einer Art »Sneak Preview« zur finalen »fahrdynamischen Erprobung« schließlich auch der interessierten Öffentlichkeit nähergebracht: Eine völlig neue X3-Generation stand in den Startlöchern – diesmal mit dem internen Baureihencode G45 versehen. Deren Markteinführung in Europa und den USA war auf das letzte Quartal 2024 terminiert.

Die wesentlichen Features und Eigenschaften der neuen Fahrzeuge publizierte BMW bereits im Juni 2024. Erste Bilder ließen bei der äußeren Erscheinung – unter Beibehaltung der typischen Proportionen – eine doch stärker veränderte Designsprache erkennen. Im Mittelpunkt stand nun, statt markanter Kernigkeit, eine großzügige, eher weiche Flächengestaltung mit nur wenigen scharfen Linien. BMW nannte die neue Linie ein »auf das Wesentliche reduziertes Äußeres«. Dem Zug der Zeit folgend, büßte der neue X3 weiter an Kompaktheit ein: In der Länge wuchs er um 34 Millimeter und in der Breite um 29 auf stattliche 1920 Millimeter. Die um 25 Millimeter reduzierte Fahrzeughöhe wollten die Münchener als wei-

Pressebilder von Versuchsfahrten der neuen X3-Generation legten nahe, dass die Entwickler doch einen gewissen Wert auf die Offroadfähigkeiten der SUV-Baureihe legten.

tere Akzentsetzung in Richtung Sportlichkeit verstanden wissen. Das galt in gleichem Maße für die formal betonten Seitenschweller, die sich weit nach hinten erstreckende Dachlinie und die prägnant ausgestellten hinteren Radhäuser.

Die Interieurgestaltung entsprach in ihren Grundzügen der des Vorgängermodells, so

Der Neue überzeugte durch eine gekonnt weiterentwickelte, klarere Designsprache, die die aktuelle Stilistik bei den Limousinen-Baureihen widerspiegelte. Auffällig waren die geglätteten Flächen mit nur wenigen Lichtkanten..

Auch das Interieur der neuen X3-Generation präsentierte sich in seiner Gestaltung nun stärker aufs Wesentliche reduziert.

kam beispielsweise das bewährte Digitaldisplay wieder zum Einsatz. Zahlreiche neue Elemente, wie unten abgeflachte Lenkräder, ein neuer Gangwahlschalter, neu geformte Bedientasten und -regler sowie komplett neu konstruierte, elektrisch einstell- und beheizbare Sportsitze mit neuen Bezugsmaterialien prägten ebenso das Bild wie ein Fülle kleiner Nettigkeiten, zum Beispiel gezielt platzierte Lichtelemente oder optional eine elektrisch aus- und einschwenkende Anhängevorrichtung. Unangetastet blieben selbstverständlich das üppige Raumangebot sowie die praxisgerechte Variabilität des Erfolgs-SUV.

Die neuen X3-Modelle boten im Wesentlichen das gleiche Raumangebot wie ihre Vorgänger. Neue Farbwelten waren Teil des deutlich moderneren Ambiente.

Modifizierte Modellbezeichnungen, unfertiges Typenportfolio

Noch unvollständig blieb zum Zeitpunkt der Vorankündigung das Modellportfolio des neuen X3. Gleichwohl wurden hier manche entscheidenden Neuerungen sichtbar, wozu auch Veränderungen der Typennomenklatur gehörten. Diese bestanden zum einen aus dem Wegfall des »i« hinter der zweiziffrigen Bezeichnung des Hubvolumens der Ottomotoren und zum anderen in einer umgestellten Aneinanderreihung der einzelnen Elemente der Verkaufsbezeichnung: So hieß der frühere X3 xDrive 20i nun X3 20 xDrive. Die sonstigen Zusatzappendices »d« für Diesel und »e« für das Plug-in-Hybrid-Modell blieben jedoch erhalten.
Explizit in der Vorankündigung des neuen Modells genannt wurden zunächst nur zwei Benzin-, ein Diesel- sowie ein Plug-in-Hybrid-Modell. Dabei war jetzt auch das Vierzylinder-Benziner-Einsteigermodell X3 20 xDrive mit dem 48-Volt-Mild-Hybrid-Modul ausgestattet. Das 2,0-Liter-Triebwerk stellte nun 208 PS (153 kW) plus bedarfsweise 18 elektrische Zusatz-PS (13 kW) bereit. Der Diesel-motorisierte Bruder X3 20d xDrive lieferte nun 197 PS (145

Auch die Gestaltung von Armaturentafel und Mittelkonsole stand im Zeichen stilistischer Klarheit. Das Digitaldisplay – hier übrigens in gerader Ausführung – passte sich bestens in diese durch Reduzierung gekennzeichnete Landschaft ein. Und Blau war immer noch die Farbe der Elektrizität...

kW) plus 11 PS (8 kW). Das musste zur Markteinführung genügen, aber für den Sommer 2025 wurde bereits die Ankunft eines nicht weiter spezifizierten Reihensechszylinder-Dieseltriebwerks angekündigt...

Deutliche Reichweitenfortschritte beim Hybrid

Ebenfalls eine Leistungs-, vor allem aber eine Reichweitensteigerung wurde für das nun X3 30e xDrive genannte Plug-in-Hybrid-Modell in den Fokus gerückt. Die Kombination aus

einem 2,0 Liter großen Vierzylinder-Ottomotor mit einer in das 8-Gang Steptronic Getriebe integrierten E-Maschine produzierte in der neuen Modellgeneration eine Systemleistung von bis zu 299 PS (220 kW). Durch laufende Verbesserungen der E-Technologie, nicht zuletzt in puncto Rekuperation, erreichte der Plug-in-Hybrid jetzt eine vollelektrische Norm-Reichweite von bis zu 90 Kilometern.
Als zweiter Benziner im vorerst noch rudimentären Startprogramm der neuen X3-Generation figurierte gleich das Topmodell der Baureihe, der M50 xDrive, der nun auch mit dem Mild-Hybrid-Modul ausgestattet war. Dabei war das 3,0 Liter Hubraum messende M TwinPower Turbo-Aggregat mit seiner Höchstleistung von 398 PS (293 kW), wie BMW nicht ohne Stolz anmerkte, der stärkste jemals in einem M Performance Modell eingesetzte Reihensechszylinder-Ottomotor – wenn auch diese Mehr-PS bzw. -kW bei dem ohnehin erreichten Leistungsniveau von eher akademischer Bedeutung waren. Addierte man noch die 18 PS (13 kW) elektrischer Zusatzleistung hinzu, standen nicht weniger als 416 PS (306 kW) zu Buche.

Das Plug-in-Hybrid-Modell hieß nun X3 30e xDrive und stellte eine Systemleistung von 299 PS (220 kW) bereit – vor allem aber eine vollelektrische Reichweite von nun maximal 90 Kilometern.

Die glatten Konturen der modernisierten Karosserielinie harmonierten gut mit der massiv wirkenden Wagenfront.

Der 3,0-Liter-Sechszylinder im neuen Benziner M50 xDrive war jetzt auch mit einem Mild-Hybrid-Modul ausgestattet, was die Gesamtleistung des Antriebsaggregats auf stattliche 418 PS (286 kW) ansteigen ließ.

Dieses gewaltige Leistungspotenzial auf die Straße brachten ein 8-Gang Steptronic Sport Getriebe sowie der vollvariable Permanent-Allradantrieb xDrive. Im Zaum gehalten wurde es, wie zuvor, von M-spezifischer Fahrwerkstechnik, die neben eigenständiger Komponentenabstimmung unter anderem eine modifizierte Kinematik und Elastokinematik, eine Sportbremsanlage, 20-Zoll-Leichtmetallräder sowie ein Sperrdifferenzial aufwies. Der betriebene Aufwand resultierte, verglichen mit dem Vorgängermodell, in erkennbar gesteigerter Agilität und Kurvenstabilität bei zugleich verbessertem Langstreckenkomfort.

Aufgewertete Ausstattung

Ebenfalls auf der Habenseite der neuen X3-Modelle stand der erheblich erweiterte Umfang der Serienausstattung. Merkmale waren hier beispielsweise die automatische Heckklappenbetätigung, elektrisch anklappbare Außenspiegel, das BMW Live Cockpit Plus mit neuer BMW Maps Navigation, das Ambiente-Licht, eine Ladeschale für geeignete Handys oder auch vier USB-C-Schnittstellen.
Dem neuesten technischen Stand entsprach selbstredend auch das in der neuen Modellgeneration vorzufindende Digitalisierungsniveau. Basierend auf dem von BMW selbst entwickelten Operating System 9, dem eigentlichen Betriebssystem, wurde die Bedienung und Steuerung zahlreicher Fahrzeugfunktionen per iDrive noch einmal deutlich intuitiver und praxisnäher gestaltet. Dabei erwies sich

vor allem die konsequente Ausrichtung auf Touch- und Sprachbedienung als besonders nutzerfreundlich.

Unvermeidlich: Preise legen weiter zu

Eine schon im August 2024 veröffentlichte erste Preisliste bezog sich tatsächlich nur auf die vier oben erwähnten Modelle und zeigte für die neuen Modelle um insgesamt etwa 8 bis 10 % höhere Einstandspreise, verglichen mit ihren jeweiligen Vorgängern. Nominell erschien das als recht stattliche Steigerung der Brutto-Listenpreise, doch reflektierte dies zum Teil das immer noch beachtliche Inflationsgeschehen. Bereinigt um die entsprechenden Effekte, präsentierte sich das neue Preisgefüge angesichts der umfassenden Weiterentwicklung des X3 als absolut akzeptabel. So wurde der als Einstiegsmodell positionierte X3 20 xDrive, nun mit Mild-Hybrid-Ausstattung, für 57.900,00 Euro angeboten und das Diesel-motorisierte Schwestermodell 20d xDrive für 60.400,00 Euro. Die Plug-in-Hybrid-Version 30e xDrive kostete nun glatte 66.000,00 Euro, während für das vorläufige Spitzenmodell M50 xDrive jetzt 82.500,00 Euro berechnet wurden – der leistungsschwächere und ohne Mild-Hybrid-Aufschlag angetretene Vorgänger M40i hatte noch mit zuletzt 75.550,00 Euro in der Preisliste gestanden.
Es stand zu erwarten, dass unter diesen Bedingungen die weitere erfolgreiche Zukunft des X3 als absatzträchtigstes Modell der BMW Pkw-Palette in jeder Hinsicht gesichert war.

Die Ambiente-Beleuchtung konnte wahlweise auch die traditionellen M-Farben darstellen – ein expressives Schmuckelement am sonst eher nüchtern gehaltenen Cockpit.

Es steht nicht zu erwarten, dass die neueste Generation des Bestellers weniger erfolgreich sein wird als die bisherige – fraglich bleibt, welchen Eindruck die Serienversion des Vision Neue Klasse X machen wird.

PUMA
Castrol
EDGE
H&R

...so sehen Sieger aus

Der sportlichen Tradition des Hauses BMW wurde der 3er voll und ganz gerecht. Mehr als das: Er verlieh der Marke ein neues Profil. Die 3er-Reihe absolvierte ihre erfolgreiche Motorsportkarriere über mehrere Modellgenerationen hinweg. Dieser Erfolg schlug sich nicht zuletzt im Absatz dieser BMW Reihe nieder.

Erfolge im Motorsport

Schon mit dem kleinen Heckmotorwagen der Baureihe 700 der Jahre 1959-65 konnten die Münchner an ihr motorsportliches Erbe anknüpfen und die Reputation fortführen, die sich BMW vor dem Kriege aufgebaut hatte. Anschließend waren es leistungsoptimierte Exemplare der »Neuen Klasse« und erst recht des 02, die in bester BMW Rennsporttradition für Furore sorgten.

War es 1970 noch der Formel-2-Sport, in welchem BMW als Motorenlieferant und Transfer-Partner, aber auch unter eigener Flagge im Rundstreckengeschäft aktiv war, so vollzog sich gegen 1972 ein Wechsel zum Tourenwagen- und GT-Engagement. Bekannte Rennfahrer wie Gerhard Mitter, Jo Siffert, Dieter Quester, Dieter Basche, Hubert Hahne, Harald Ertl, Ernst Furtmayr, Jody Scheckter, Chris Amon und viele andere fuhren für BMW. Der geniale Motoren-Chefkonstrukteur und AFM-Gründer Alexander von Falkenhausen und nach ihm sein ehemaliger Assistent, der Ingenieur Paul Rosche (»Nocken-Paule«), holten aus dem BMW Vierzylindermotor unvorstellbar hohe Leistungen heraus.
Im Tourenwagensport gingen noch überwiegend private Teams an den Start. 1971 errangen sie in 36 Rennen nicht weniger als 56 Klassensiege in der Gruppe 2 sowie 31 in der Gruppe 1. Und in 57 Bergrennen gab es für BMW 182 Klassensiege. Es war die große Zeit des 1600-2 und 2002. Rallye-, Berg- und Rundstrecken-Landesmeisterschaften sammelten BMW Fahrer wie Pilze nach einem regenfeuchten Spätsommertag.

Oben: Mit dem 2002 fuhr BMW ungezählte Rennsiege und Meisterschaften ein. Oben rechts: BMW Touring als ONS-Streckenwagen am Nürburgring, 1973.

Rechts: Marc Surer startete 1977 für das BMW Junior-Team in der Gruppe 5, hier im belgischen Zolder.

Als 1975 der neue 3er BMW herauskam, waren es noch die 3.0 CSL Coupés, die BMW in die Schlagzeilen brachten.

1977-1979: Der BMW E21 rollt an den Start

Die erste erfolgreiche Motorsportsaison des E21 ist auf das Jahres 1977 zu datieren, Dank gut organisierter Aktivitäten der BMW Motorsport GmbH, zahlreicher Teams und talentierter Fahrer errang Weiß-Blau 1977 zwei Weltmeisterschaften und elf Landesmeistertitel. Von insgesamt 59 Wertungsläufen wurden 47 Siege auf BMW errungen – natürlich nicht allein auf Wagen der 3er-Reihe, denn der bisher so überaus erfolgreiche 3.0 CSL und auch der 2002 befanden sich ja noch voll im Einsatz.

Als 1975 der neue 3er BMW herauskam, waren es auch in der kommenden Saison noch die 3.0 CSL Coupés, die BMW Siege und Top-Platzierungen garantierten. Doch dann trat zunehmend der E21 in Aktion. Das Sportjahr 1977 brachte BMW zwei weitere Weltmeisterschaften, vier Europatitel und elf Landesmeisterschaften. Dieter Quester wurde auf einem 3.0 CSL zwar noch Tourenwagen-Europapokalsieger. Doch besonderen Eindruck machte 1977 das Debüt der BMW Juniorenmannschaft. Mit einer Rennversion des 320 brillierten der damals erst 19-jährige Eddie Cheever sowie seine Kollegen Marc Surer und Manfred Winkelhock. Auf allen bekannten Rennstrecken Europas erkämpften die drei in der Deutschen Rennsportmeisterschaft insgesamt acht Siege.

Auch Asse wie Hans-Joachim Stuck, Harald Ertl und Markus Höttinger gehörten zu den BMW-320-Piloten. Spektakulär nahmen sich die stark aufgemotzten, mit gewaltigen Heckflügeln versehenen Turbowagen vom Schnitzer-Team aus: Der auf 1428 cm^3 Hubraum reduzierte dohc-Vierzylindermotor leistete

BMW Rennchefs: Jochen Neerpasch (Mitte) gewann 1968 auf einem Porsche 907 die 24 Stunden von Daytona. Er fuhr auch Ford Mustang, Ford Capri RS sowie Maserati. 1969 ging er als Rennmanager zu Ford und wechselte 1972 als Geschäftsführer der BMW Motorsport GmbH nach München. Für BMW erarbeitete er ganz neue Motorsport-Konzepte. 1980 wurde Dieter Stappert (rechts) Neerpaschs Nachfolger, bevor er 1990 von Marc Surer (links) abgelöst wurde.

1978: Markus Höttinger am Lenkrad eines von GS Tuning in Freiburg präparierten BMW 320. Dicht auf den Fersen – wie so oft – ein Zakspeed-Ford.

400 PS, gut für 300 km/h. Der Abgas-Turbolader arbeitete mit 1,2 bar Ladedruck. Harald Ertls Nürburgring-Runde mit 7,57.2 Minuten machte Furore...
Alle Register zog Jochen Neerpasch, Chef der BMW Motorsport GmbH, in der Saison 1978. Die GmbH setzte fünf Länderteams ein, die in einer neuen 2,0-Liter-Division um die Markenweltmeisterschaft kämpften. Die BMW 320 mit ihren auch in der Formel 2 verwendeten Motoren belegten bei allen Rennen stets den ersten Platz, so dass BMW der Meistertitel sicher war. In der Deutschen Rennsportmeisterschaft mischte Harald Ertl auf einem 650 PS starken Turbo 320 mit; er wurde 1978 Deutscher Meister. Den Umgang mit viel Power in einem E21 muss man sich einmal vorstellen...
In den frühen Achtzigern stahl der BMW M1 jedem anderen Rennwagen die Schau. Und der 635 CSi hielt ebenfalls noch immer wacker mit.

1982-1983: Dominanz des 635 CSi

Als 1982 ein neues Reglement für die Serienwagen-Gruppe in Kraft trat, konnte BMW mit dem erfolgreichen 635 CSI dort nicht mehr antreten, denn innerhalb von 12 Monaten musste eine Produktion von 5000 identischen Basisfahrzeugen vorgewiesen werden. Dafür kam der 525i/528i in Frage, der durch verschiedene Teams auch mit Erfolg eingesetzt wurde. In acht von elf EM-Läufen hieß der Sieger BMW. 1983 war auch der 635 CSi im Schnitzer-Tuning wieder mit von der Partie; Quester und

Oben: Ein BMW 323i des Linder-Teams, 1984.
Rechts: Hans-Joachim Stuck im Schnitzer-BMW, 1984.

»Eine Firma ist wie ein Mensch. Treibt sie Sport, so ist sie durchtrainiert, begeisterungsfähig, leistungsfähiger.«

Robert A. Lutz, 1972
Vorstandsmitglied der BMW AG für Verkauf

Winkelhock holten sich viel beachtete Siege, so auf dem Nürburgring und in Spa-Francorchamps. Sieger der Deutschen-Rennsportmeisterschaft wurde Harald Grohs auf einem M1.

1984-1987: Der BMW 3er auf Erfolgskurs

In der Markenwertung landete BMW angesichts starker Jaguar- und Volvo-Konkurrenz 1984 nur auf Platz 3, lediglich in der Deutschen Produktionswagen-Meisterschaft schaffte es Volker Strycek auf einem 635 CSi, sich ganz oben zu platzieren. 1985 liefen die von Schnitzer getunten 635 CSI vor allem in der Tourenwagen-Europameisterschaft; die Fahrer waren Dieter Quester, Roberto Ravaglia, Johnny Ce-

Links: Für das BMW M Team fuhr Wilfried Vogt im Linder-BMW 1985 acht Klassensiege heraus.

cotto und Gerhard Berger. Dennoch blieb der Doppelsieg bei den 24 Stunden von Spa-Francorchamps der einzige spektakuläre Erfolg der starken Coupés. Dafür gab es wieder genügend Landesmeisterschaften, und der Franzose François Dosières gewann die Europa-Bergmeisterschaft für Serienwagen.
Außer dem 635 CSI kamen 1986 auch vom Tuner Ludwig Linder präparierte 325i zum Einsatz. Europameister bei den großen Tourenwagen wurde Roberto Ravaglia. Und nach drei Titelgewinnen war auch für 1987 geplant, noch einmal mit dem 635 CSI zu starten, doch dann legte BMW den Schwerpunkt auf Einsätze in der neu geschaffenen Weltmeisterschaft. Mit dem auf 300 PS gebrachten M3 (2,3 Liter Vierzylinder) gingen die bekannten Teams – keine Werksmannschaft – an den Start. National und international gab es zahlreiche Bestplatzierungen. Kein anderer Automobilhersteller vermochte 1987 so viele Siege zu verbuchen wie BMW. In der Markenweltmeisterschaft 1986 belegte BMW die Plätze zwei (325i) und drei (635 CSi); Europameister wurde Roberto Ravaglia auf einem BMW 325i. Ab 1987 gab es erstmals auch eine Weltmeisterschaft für Tourenwagen, und hierfür kam der M3 zum Einsatz. Mit seinem bewährten 2,3-Liter-Vierventil-Motor trat der Wagen aber nicht im Werkseinsatz an, sondern wurde im Namen einiger privater Teams gemeldet. Die erfolgreichsten Fahrer waren Markus Oestreich, Christian Danner, Roberto Ravaglia und Winfried Vogt. Annette Meeuvissen und Mercedes Stermitz starteten im BMW Damenteam. Den Titel eines Europa-Tourenwagenmeisters holte sich Winfried Vogt. Ferner wurden auf dem M3 1987 sechs nationale Titel errungen – für seine erste Saison sensationell. Als besonderen Einzelerfolg feierte man bei BMW den Sieg bei der Korsika-Rallye, Nach 14 Jahren hatte BMW damit eine Weltmeisterschafts-Rallye gewonnen. Fazit für 1987: Kein anderer Automobilhersteller hatte im Tourenwagensport so viele Siege zu verbuchen wie BMW.

1988-1989: Der M3 setzt sich durch

1988 setzte der M3 seine beeindruckende Karriere fort. In Deutschland, Frankreich, England und Italien errang BMW erneut nationale Meisterschaftstitel, wobei Schnitzer im Werksauftrag die Tourenwagen betreute. Auch 1989 erwies sich die Kombination Schnitzer/Ravaglia wieder als erfolgreich – der Italiener wurde erneut Deutscher Tourenwagenmeister. Der Vierventil-M3 war so gut wie unschlagbar. Auch bei der Rallye Monte-Carlo mischte ein M3 erfolgreich mit: Der Belgier Marc Duez kam als bester Nicht-Allradler auf den achten Platz. Nationale Tourenwagen-Meisterschaften gab es für BMW in Belgien, Holland, Finnland,

François Chatriot startete 1990 mit einem BMW M3 in der Gruppe A bei mehreren Rallyes sowie mit einem 325iX in Eisrennen.

Johnny Cecotto am Steuer eines M3 Evolution des BMW M Teams Schnitzer 1991. Die Buchstaben ITR bedeuten »Internationale Tourenwagen-Rennen« und standen für den Verein, der die DTM vermarktete.

Marc Duez gewann 1989 mit seinem BMW M3 die Britische Rallye-Meisterschaft (BRC).

Frankreich, Italien, Jugoslawien, Schweden und Spanien. Sowohl für die Teams Linder, Schnitzer – Doppelsieg beim 24-Stunden-Rennen auf dem Nürburgring – und Zakspeed als auch für zahlreiche ausländische Teams war die Saison 1989 hervorragend verlaufen.

Rechts: Roberto Ravaglia im Schnitzer-BMW M3, 1988.

Darunter: Die Crew Erwin Weber/Matthias Feltz als Teilnehmer an der Internationalen Deutschland-Rallye 1989 (Rallye-Europameisterschaft).

Unten: Charlie Lamm und Roberto Ravaglia, 1989.

Hochleistungskonzept BMW M3

Nach der Produktionseinstellung des Rennsport-Straßenwagens M1 im Jahre 1981 wurde bei BMW die Entscheidung getroffen, ausgehend vom 2002 turbo auf der Basis des zweitürigen E30 ein Fahrzeug für den Einsatz im seriennahen Tourenwagensport – das war die sogenannte Gruppe A – zu entwickeln. 1985 wurde daraufhin von der mit dieser Aufgabe betrauten BMW Motorsport GmbH, eine 100-prozentige Tochter der BMW AG, der erste M3 präsentiert.

Formel-1-Weltmeister Alan Jones lässt sich den Renn-M3 von Rudi Gmeiner (BMW Motorsport GmbH) und Prinz Leopold von Bayern erklären.

Der in kleiner Serie hergestellte Wagen hatte einen Vierzylinder-Saugmotor, also ohne Aufladung, mit einem Hubraum von 2,3 Liter. Dieses Aggregat stellte die Synthese aller BMW Erfahrungen sowie langjähriger, überaus erfolgreicher Rennentwicklungen dar. Sein Block basierte auf dem des alten M10, also dem Vierzylinder, der bereits im BMW 1500 von 1962 zu finden war und der sich auch für Motoren bewährt hatte, die für die Formel 2 und die Formel 1 entstanden waren. Mit dem BMW Formel-2-Motor, der von 1972 bis 1977 nicht weniger als 48 von insgesamt 68 Rennen gewonnen hatte, konnte BMW fünf Weltmeisterschaften erringen. Sein Vierventil-Zylinderkopf entsprach in der Brennraumgestaltung und Ventilanordnung den Sechszylindern im BMW M1 und M5. Die Kraftstoff-Aufbereitung erfolgte durch digitale Motorelektronik von Bosch mit Luftmengenmessung. Über vier getrennte Ansaugrohre mit je einer Drosselklappe gelangte das Kraftstoff-Luft-Gemisch in die Verbrennungsräume. Auch mit Katalysator erreichte dieser Motor im spezifischen Drehmoment den hervorragenden Wert von 100 Nm/Liter, die Basis-Nennleistung betrug 192 PS (143 kW) mit Katalysator bzw. 200 PS (147 kW) ohne Kat.

Wie beim Motor stand auch bei der Entwicklung von Fahrwerk und Karosserie der Einsatz im motorsportlichen Wettbewerb im Vordergrund. Deshalb wurden im Unterschied zum Serien-E30 Achskinematiken, Federung und Dämpfung sowie die Bremsanlage modifiziert. Auch erhielt der Wagen spezielle Felgen und Reifen, eine andere Frontschürze und tiefere Seitenschweller. Aerodynamische Erfordernisse bedingten auch Änderungen am Heck. Der vordere Auftrieb konnte gegenüber dem Basismodell um etwa die Hälfte, an der Hinterachse sogar um zwei Drittel reduziert werden; hierdurch verbesserten sich im Hochgeschwindigkeitsbereich die Fahrstabilität das und Lenkverhalten wesentlich. Eingeklebte Front- und Heckscheiben trugen zu erhöhter Karosseriefestigkeit bei, was wiederum in besserem Fahrverhalten resultierte. 1987 wurde beim M3 ferner EDC (Elektronische Dämpfer-Kontrolle, dreifach verstellbar) eingeführt.

1990 nahmen an der DTM-Serie fast zwanzig M3 verschiedener Evolutionsstufen teil.

Rechts: Siegreicher Schnitzer-BMW M3 Evo bei den 24 Stunden von Spa-Francorchamps 1990, gefahren von Johnny Cecotto, Markus Oestreich und Fabien Giroix.

1990-1991: Steve Soper im Rampenlicht

Die 1990 für BMW startenden Teams waren das BMW M Team Schnitzer, das M Team Zakspeed, das M Team Linder und das italienische Bigazzi M Team. Ravaglia fuhr in eigener Regie und holte sich abermals den Italienischen Meistertitel – zum fünften Mal. Prinz Leopold von Bayern (stets »Poldi« genannt) startete auf

M3 im Isert-DTM-Team. In Rennen und Rallyes erwies sich der M3 nach wie vor als erfolgreiche Waffe auf allen europäischen Strecken. Das setzte sich auch 1991 fort, nachdem Marc Surer die Position von Dieter Stappert als Rennchef übernommen hatte.

Besondere Hervorhebung verdient die Leistung des Briten Steve Soper, der seit dem Jahr 1989 für BMW unterwegs war. Er profilierte sich als Langstrecken-Spezialist und sorgte in Hockenheim gleich für zwei sensationelle Siege.

Oben: Mit einem BMW 325iX nahm François Chatriot 1990 am 24-Stunden-Eisrennen in Chamonix teil.

Oben: Rennversion des BMW E36 von 1991. Rechts: Zwei Fahrzeuge des BMW M Teams (Schnitzer, Zakspeed) 1990 in Hockenheim.

1992-1993: Applaus für den M3 GTR

1992 trat BMW in der neu geschaffenen Gruppe N für nicht getunte Serienwagen an. Auch hier war es der 3er, der für Erfolge sorgte, sogar beim 24-Stunden-Rennen auf dem Nürburgring. Der Renn-M3 hingegen verabschiedete sich gegen Saisonende, nach insgesamt 39 Siegen und zwei DTM-Titeln. François Dosières wurde ein weiteres Mal Europa-TW-Bergmeister (wie 1993), und Landesmeisterschaften gab es für BMW 1992 in Dänemark, Holland, Luxemburg, Österreich, Spanien, Südafrika und in der Tschechoslowakei. 1993 feierte ein neuer BMW sein Debüt: der M3 GTR

Unten: Zwei Aufnahmen vom 24-Stunden-Rennen 1992 auf dem Nürburgring (Fahrer: Cecotto, Danner, Martin und Duez).

Testfahrt auf dem Nürburgring mit einem BMW M3 GTR, 1993.

Joachim Winkelhock

Annette Meeuvissen

Yolanda Surer

Altfrid Heger

Mercedes Stermitz und Hans-J. Stuck

Roberto Ravaglia

Emanuele Pirro

Steve Soper

Armin Hahne (links) mit Copilot Wayne Gardner

Alexander Burgstaller (links) und Johnny Cecotto

mit 325 PS-Sechszylinder. Er erfüllte alle Erwartungen wie auch die hubraumschwachen 318i, mit denen unzählige Klassensiege in aller Welt errungen wurden. Wie schon zuvor gab es auch ein BMW Damenteam, in welchem Sabine Schmitz und Astrid Grünfelder brillierten wie vor ihnen Anne Meeuvissen und Mercedes Stermitz.

1994-1995: Frust bei der Konkurrenz

1994 stand für BMW im Zeichen des Super-Tourenwagen-Cup (STW) mit den Fahrern Soper, Ravaglia und Aiello. Ihr Wagen war der 318i in der Zweiliter-Klasse. Rennen in ganz Europa brachten BMW die gewohnten Siege ein; für die Wettbewerber war es fast frustrierend. Der 320i, der 1995 zur Verfügung stand, war mit dem 318i fast identisch, doch der Motor hatte stolze 285 PS. Mit einem solchen Wagen gewann das Team Schnitzer unter anderem die 24 Stunden von Spa-Francorchamps,

Der drittplatzierte BMW 318iS (E36) des Teams FINA Bas im 24-h-Rennen von Spa-Francorchamps 1994. Fahrer waren Altfried Heger, Patrick Slaus und Jean-Michel Martin.

Ein Rudel BMW M3 E36 des amerikanischen Teams ThorSport Racing, 1995.

Ganz oben: Ravaglia am Steuer eines 318is, 1994. Darunter: Mit der Nummer 1 unterwegs in Spa-Francorchamps 1994: der 318is von Piquet/Nelson/Hoffmann.

Rechts daneben: Die BMW 318is Rennlimousine als Saisonschreck 1994...

das Team Bigazzi die 24 Stunden vom Nürburgring. Mit drei Fahrzeugen vom Typ McLaren-F1-GTR war BMW auch in Le Mans dabei: Dalmas/Lehto/Sekiya wurden Gesamtsieger.

1996-1999: Ein BMW Diesel siegt auf dem Nürburgring

In der Saison 1996 kamen die BMW GTR LM zum Zuge. Sechs Fahrzeuge standen für die Prototypen-Gruppe 7 zur Verfügung. Wieder gab es zahlreiche Siege und Meisterschaften, auch im Ausland, wo Teams der BMW Tochtergesellschaften in Australien, Belgien, Italien und Südafrika existierten. Für 1997 lauteten die Prioritäten Le Mans, die FIA-GT-Meisterschaft, der BMW ADAC Super-Tourenwagen-Cup. In Le Mans verzeichnete man einen grandiosen Doppelsieg mit dem neuen McLaren GTR-F1 70/3 bei den Prototypen (2. und 3. Gesamtplatz), und bei den 24 Stunden vom Nürburgring gewann die Mannschaft Reck/Scheid/Zakowski mit einem BMW M3 die Gruppe-A-Kategorie. In Frankreich wurde erstmals ein BMW Z3 im Wettbewerb eingesetzt: in der Andros-Winterrennserie. Joachim Winkelhock und Johnny Cecotto sicherten BMW in der Cup-Serie den Markentitel. Die Liaison mit McLaren, wo man schon seit zwei Jahren enger mit Mercedes zusammenarbeitete, ging 1997 bereits zu Ende. Als neuer BMW Partner trat jetzt Williams in Erscheinung – gemeinsam diskutierte man die Chancen für einen Formel-1-Einstieg.

1998 wurde Gerhard Berger Chef der BMW Motorsport GmbH. Wieder standen die Anstrengungen für Le Mans im Vordergrund, und BMW hatte hierfür einen neuen, ultraflachen Roadster entwickelt, den LMR V12, entstanden bei der neuen BMW Motorsport Ltd. in Didcot. Mit zwei Wagen traten die Mannschaften

Sensation auf dem Nürburgring: das 1998er 24-Stunden-Rennen gewinnt ein BMW 320 Diesel!

Cecotto (BMW Schnitzer) 1998

Stuck/Kristensen/Soper sowie Winkelhock/Martini/Cecotto an, aber sie mussten wegen Defekten aufgeben. Dafür gab bei den 24 Stunden vom Nürburgring erstmals ein Diesel BMW sein Renndebüt: eine Sensation! Gesamtsieger auf dem 320d wurden Stuck/Duez/Menzel/Bovensiepen.
BMW Fahrer holten sich 1998 insgesamt zwanzig Titel, unter anderem die Deutsche STW-Rundstreckenmeisterschaft (Schnitzer

320i) durch Cecotto. In der BMW Talentförderung fielen ganz besonders die Junioren Dominik Schwager und Alex Müller (Oreca-Team) auf, die in der Internationalen FIA-Formel 3000 starteten. Ihre Autos hatten 450 PS starke V8-Motoren.
Ins Management zur BMW Motorsport Ltd. wurde 1999 Dr. Mario Theissen, zuvor Chef der BMW Technik GmbH, berufen. Er behielt diese Position bis 2011 bei. Theissen forcierte die Le Mans-Aktivitäten und ließ den LMR V12 Roadster optimieren. Auch entstand eine Reihe heißer M3 Coupés für die GT-Kategorie für die USA: sieben Starts, fünf Siege!
1999 holte sich BMW in Le Mans mit dem LMR V12 wieder einen Gesamtsieg durch Dalmas, Winkelhock und Martini (366 Runden mit 207 km/h Schnitt, ein neuer Rekord), ebenso wie bei den 12 Stunden von Sebring in Florida (Kristensen, Lehto, J. Müller). Dort gehörte das Rennen zur neuen American Le Mans Series.
In der Saison 1999 startete erstmals der neue BMW 320i der Baureihe E46. Es gab für BMW 27 Gruppen- und 52 Klassensiege – wieder einmal ein erfolgreiches Jahr.

BMW-Vertragsfahrer Hans-Joachim Stuck und sein M3, 1999. Oben: Der 2,0-Liter-Dieselmotor, der BMW 1998 zum Gesamtsieg auf dem Nürburgring verhalf.

2000-2001: Champion trotz Versäumnisse

Der Einstieg von BMW in die Formel 1 band so viel Potenzial, dass der Tourenwagensport 2000 zurückstehen musste. Gleichwohl startete BMW in der American Le Mans Series (ALMS) und bei der European Touring Car Championship (ETCC). Jörg Müller gewann 2000 den Fahrertitel, BMW die internationale Markenmeisterschaft. Auch 2001 konzentrierte man sich wieder auf die ALMS und auf Rennen in Europa nach Le Mans-Regelwerk. Die neue Waffe war der BMW GTR V8 mit 400 PS, dessen Einsätze vom BMW Schnitzer-Team unter Charly Lamm unterstützt wurden.
Allerdings hatte BMW versäumt, die vom Reglement geforderte Straßenversion des M3 mit V8-Motor zu präsentieren. Dies hätte nach Richtlinien der FIA bereits am Anfang des Jahres geschehen müssen. So wollte Hauptkonkurrent Porsche das Straßen-Serienauto mit dem Vierlitermotor sehen. Hinter der Schnitzer-Box stand jedoch lediglich ein einzelner M3 mit V8-Motor und deutscher Zulassung. Bis zum Jahresende wurden zehn Stück nachgereicht. BMW hätte aber bereits im Laufe der Saison 2001 mindestens 25 Exemplare bauen müssen, um dem Regelwerk zu entsprechen. Die Verantwortlichen der American Le Mans Series entschieden immerhin zu Gunsten von BMW, womit sich die Bayern den Fahrer- und Teamtitel der GT-Klasse sicherten.

Die American Le Mans Series (ALMS) war eine in Nordamerika ausgetragene Rennserie für Sportwagen und wurde von der International Motor Sports Association (IMSA) in Anlehnung an die 24 Stunden von Le Mans des Automobile Club de l'Ouest organisiert, mit dem eine Partnerschaft bestand. 2014 ging die Serie in der United Sports Car Racing auf.

»So erfolgreich das Jahr 1978 aus sportlicher Sicht verläuft, so tragisch gestaltet es sich im menschlichen Bereich. Den überragenden Leistungen des neuen Piloten Harald Ertl im BMW 320 turbo, die schließlich zum Gewinn der deutschen Rennsportmeisterschaft führen, steht das tragische Schicksal von Josef Schnitzer gegenüber, der bei einem unverschuldeten Verkehrsunfall bei der Anreise nach Zolder verstirbt«.

Schnitzer Motorsport Webseite, 2014

Schnitzer Motorsport, Freilassing

1936 gründete Josef Schnitzer im bayerischen Freilassing eine Autowerkstatt mit angeschlossener Fahrschule. 1945 verstarb er im Alter von 37 Jahren bei einem Unfall. Schnitzers Stiefvater Karl Lamm

Schnitzer-BMW M Teamwagen, 1991

übernahm den Betrieb und bildete später die Josef Schnitzer Söhne Josef jr. und Herbert zu Mechanikern aus.
1962 kauften die Brüder einen unfallbeschädigten Rennwagen und setzten ihn wieder instand. Während sich Josef Schnitzer auf seine Rennkarriere konzentrierte, setzte sein Bruder Herbert seinen Fokus auf den Verkauf. Ab 1964 wurde die Firma Schnitzer BMW-Händlerbetrieb.1966 beendete Josef Schnitzer seine Rennkarriere als amtierender Deutscher Rundstreckenmeister. 1967 entstand die Rennsportabteilung »Team Schnitzer«. Wie sein Vater, verunglückte Josef Schnitzer im Jahr 1978 tödlich.
Von der Motorsportabteilung wurden nahezu ausschließlich BMW-Modelle eingesetzt. 1965 wurde Josef Schnitzer jr. Zweiter der Deutschen Rundstreckenmeisterschaft auf einem1800 TI/SA, ein Jahr später wurde er Deutscher Meister. Es folgten unendlich viele Siege; 1978 gewann zum Beispiel Harald Ertl die Deutsche Rennsportmeisterschaft in einem BMW 320 mit einem von Schnitzer selbst entwickelten Turbomotor. Zwischen 1980 und 1998 gewann das Team neun Mal das Tourenwagenrennen auf dem Guia Circuit in Macau. 1983, 1986 und 1988 wurde Schnitzer Europa-Tourenwagenmeister. 1985, 1986, 1988, 1990 und 1995 siegte das Team bei den 24 Stunden von Spa-Francorchamps sowie 1989, 1991, 2004, 2005 und 2010 beim 24-Stunden-Rennen auf dem Nürburgring. 1987 wurde Roberto Ravaglia auf einem Schnitzer-M3 erster Tourenwagen-Weltmeister. Ebenfalls gewann Schnitzer die nationalen Tourenwagen-Meisterschaften von Deutschland (1989), Italien (1989, 1990), Großbritannien (1993) und Japan (1995). Mit Joachim Winkelhock 1995 und Johnny Cecotto 1998 wurde Schnitzer Deutscher Serientourenwagen-Meister. In der Saison 2001 belegte Schnitzer mit einem BMW M3 GTR in der ALMS den ersten Platz der GT-Klasse.
Seit 2012 war Schnitzer wieder als BMW-Werksteam in der DTM vertreten; als Fahrer standen Bruno Spengler und Dirk Werner zur Verfügung. Das Schnitzer-Team gewann auf Anhieb den Titel sowohl in der Fahrer- als auch in der Teamwertung. Die Markenwertung für BMW machte den Triumph vollständig.

Tag der offenen Tür bei der Schnitzer Motorsport GmbH in Freilassing, 2013.

Siege gab es am laufenden Band, in Sears Point/USA sogar einen Vierfachsieg, in Mosport/Kanada einen Dreifachsieg. Erfolgreichster Privatfahrer des Jahres 2001 wurde Hans-Joachim Stucks amerikanischer Teamkollege Boris Said.

2002-2003: Nico Rosberg auf BMW

Für die als FIA-ETCC neu reglementierte Tourenwagen-Europameisterschaft versorgte BMW sechs Länderteams mit Fahrzeugen (in Deutschland, Belgien, Holland, Italien, Großbritannien und Spanien). Das deutsche Team wurde wieder von Schnitzer unter Charly Lamm betreut. Doch diesmal reichte es im Championat nur für Platz 2 hinter Alfa Romeo.

Oben: Nach einem schweren Unfall auf dem Lausitzring, der den ehemaligen Formel-1-Fahrer beide Beine kostete, ging Alessandro Zanardi ab 2003 wieder in diversen Rennserien für BMW Motorsport an den Start. 2012 gewann der Italiener bei den Paralympics in London zwei Goldmedaillen.

Links: Privatfahrer Markus Militzer im BMW M3 Coupé bei einer kleinen Drift-Show auf dem Nürburgring.

Die American Le Mans Series fuhr BMW nicht mehr mit, Reglementänderungen hatten eine Teilnahme seitens BMW sinnlos werden lassen. Dafür hatte sich aus der BMW ADAC Cup-Formel etwas Neues entwickelt, die Formel BMW als »kleine Formel 1«. Prominentester Einsteiger der Saison: Keke Rosbergs Sohn Nico, der als Pilot bei BMW ein hervorragendes Debüt gab.

2004-2005: Tourenwagen-Europameister

In Kaprun, Österreich, feierten 650 Gäste beim Saisonabschluss 2004 den erneuten Gewinn der Tourenwagen-Europameisterschaft, Doppelsiege beim 24-Stunden-Rennen auf dem Nürburgring und beim Guia-Race in Macau und ehrten siegreiche BMW Privatfahrer mit

Jörg Müller

dem auf insgesamt 241.000 Euro dotierten BMW Sportpokal. Gefeiert wurden Tourenwagen-Asse wie Macau-Sieger Jörg Müller und Tourenwagen-Europameister Andy Priaulx aus Großbritannien, der seinen ersten BMW Werksfahrervertrag für die neue FIA World Touring Car Championship (WTCC) 2005 bekam. An dieser Meisterschaft nahm auch wieder das Schnitzer-Team mit zwei BMW 320i E46 teil; Fahrer waren Jörg Müller (er wurde Sechster in der Gesamtwertung) und Dirk Müller (zweiter Platz). Bei den 24 Stunden vom Nürburgring siegten Lamy/Huisman/Said/Priaulx vor Müller/Müller/Stuck) auf zwei Werkswagen M3 GTR, Baureihe E46.

Andy Priaulx

Augusto Farfus

2006-2007: Weltmeister Andy Priaulx

Für die WTCC der Saison 2006 standen die neuen 3er BMW 320si der Baureihe E90 parat. Für Schnitzer starteten wieder Jörg Müller, der Vizemeister wurde, sowie Dirk Müller. Jörg war auch 2007 wieder dabei, Dirk wurde durch den Brasilianer Augusto Farfus ersetzt. Jörg Müller kam 2007 aber nur auf Platz 7, Farfus auf Platz 4. Und Andy Priaulx hieß der alte und neue Tourenwagen-Weltmeister. Beim Saisonfinale der FIA World Touring Car Championship in Macau feierte der Brite vom BMW Team UK im ersten Lauf den Sieg und belegte im zweiten Rennen Platz 5. Mit insgesamt 73 Punkten sicherte er sich zum zweiten Mal in Folge den WM-Titel. Jörg Müller musste sich seinem Markenkollegen nur um einen Punkt geschlagen geben. In der Herstellerwertung hatte BMW zum Saisonende 254 Punkte auf dem Konto und einen Vorsprung von 19 Punkten auf den Verfolger SEAT. Auch in dieser Meisterschaft gelang somit die Titelverteidigung.
Priaulx war der erste Tourenwagenfahrer seit Roberto Ravaglia, dem späteren Teamchef von BMW Team Italy-Spain, der drei Mal in Folge eine offizielle FIA-Tourenwagen-Weltmeisterschaft für sich entscheiden konnte.

Abmessungen des BMW E90 GTR M3 von 2008.

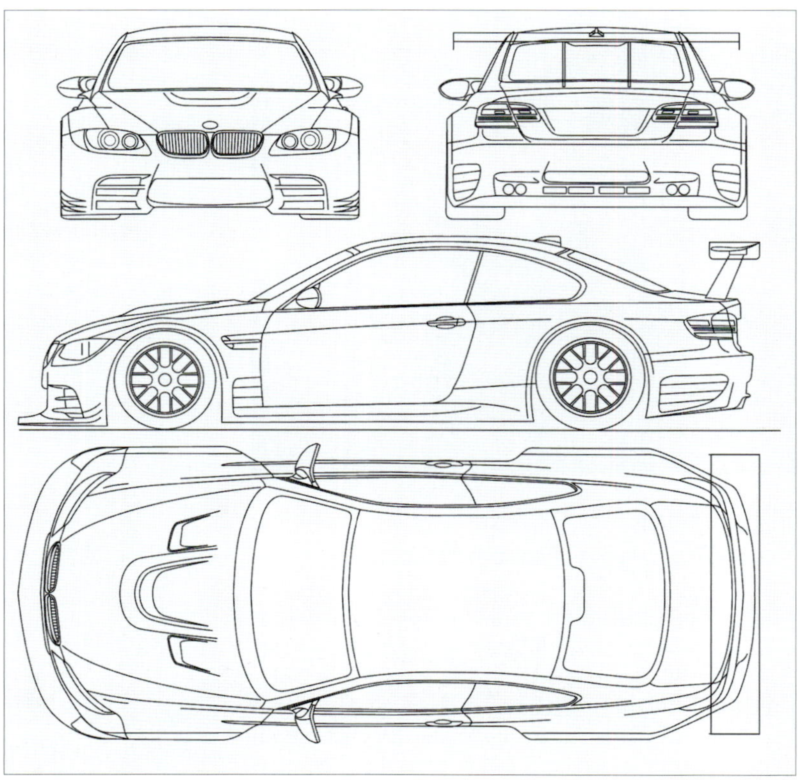

2008-2009: Gute Chancen für Privatfahrer

Schnitzer nahm auch 2008 wieder mit zwei BMW E90 an der WTCC-Serie teil, abermals mit Jörg Müller, der Siebenter wurde, und Farfus, der sich als Sechster platzierte. Die Saison 2009 verlief insoweit etwas besser, als Farfus auf Platz 3 landete.
Gleichwohl vermochte man besonders zu Saisonbeginn gegen die starken Diesel-SEAT wenig auszurichten, erst nach mehreren Rennen wurde bekannt, dass die Spanier mit einer derart hohen Toleranz in Sachen Ladedruck ausgestattet waren, dass sie offenbar über einige

zusätzliche Pferdestärken verfügten. Auch wenn es danach deutlich besser lief und BMW in der zweiten Hälfte der Saison einige Rennen gewinnen konnte, gewann SEAT am Ende beide Meisterschaften.
Recht gut verliefen die Jahre 2008 und 2009 für Privatfahrer: In der Independents' Trophy der Tourenwagen-WM kamen vier BMW Fahrer unter die besten Fünf. Der Spanier Félix Porteiro musste sich lediglich Tom Coronel (SEAT) geschlagen geben. Franz Engstler stand in Pau kurz vor einer Sensation und hatte im BMW 320si WTCC in Führung liegend die Chance auf den Sieg. Eine spektakuläre Kollision mit dem Safety-Car verhinderte jedoch den Triumph des Routiniers, der in der Privatfahrerwertung hinter Coronel, Porteiro und Stefano d'Aste (ebenfalls BMW) Vierter wurde.

Nächtlicher Boxenstopp: Ein BMW 320is beim 24-Stunden-Rennen auf dem Nürburgring 2009.

2010-2011: Schnitzer wieder mit von der Partie

2010 gab es ein Schnitzer-Revival. Bei den 24-Stunden-Rennen von Spa-Francorchamps, auf dem Nürburgring und in Le Mans waren Schnitzer-Autos am Start. Am Nürburgring konnten die Fahrer Müller/Alzen/Farfus/Lamy auf einem Werks-M3 GT2 E90 den Sieg erringen. Einmal mehr durfte BMW auf eine erfolgreiche Rennsport-Saison zurückblicken – mit dem M3 GT2 auf Langstrecken, dem 320si WTCC in der Tourenwagen-Weltmeisterschaft und mit Fahrzeugen aus dem BMW Kundensport-Programm. Im Zuge der strategischen

Unten: Der BMW GT2 von Jörg Müller, Augusto Farfus, Uwe Alzen bei den 24 Stunden von Le Mans, 2010.

»Unsere Teilnahme an der ALMS liefert den Beweis, warum BMW für die Freude am Fahren steht...«

Ludwig Willisch, Präsident von BMW Nordamerika, 2012

Obere Bildreihe und unten rechts: Drei BMW M3 DTM auf dem Norisring, 2012. Unten links: Fotos vom Lausitzring, DTM 2013.

Neuausrichtung des Motorsport-Engagements weitete BMW 2010 seine Präsenz im GT-Sport aus. Zum zweiten Mal in Folge trat das BMW Rahal Letterman Racing Team mit zwei M3 GT2 in der GT-Klasse der American Le Mans Series an und konnte nach einem dramatischen Finale in Road Atlanta die Titel in der Hersteller- und der Teamwertung erringen. Auch die Premiere des M3 GT2 in Europa geriet triumphal. Andy Priaulx errang insgesamt sechs Saisonsiege, so viele wie noch nie zuvor in seiner WM-Karriere.
Die Saison 2011 nahm für BMW einen vielversprechenden Anfang: Beim traditionsreichen 12-Stunden-Rennen von Sebring der American Le Mans Series siegte ein BMW M3 GT, gefahren von Dirk Müller, Joey Hand und Andy Priaulx nach 312 Runden. Dirk Werner, Bill Auberlen und Augusto Farfus machten in einem identischen Wagen als Zweite den Doppelsieg für BMW perfekt.

2012-2013: Siege, Podestplätze und Titel

Das Comeback in der DTM mit dem Gewinn des Fahrer-, Team- und Herstellertitels hat die BMW Motorsportsaison 2012 entscheidend bestimmt. Aber auch in vielen weiteren Serien rund um den Globus und bei traditionsreichen Rennsport-Veranstaltungen konnten BMW Teams und Fahrer Siege, Podestplätze und Titel erringen. Einer Teilnahme an der DTM-Rennserie maß man in München große Bedeutung bei. Sie war ausgeschrieben für Wettbewerbswagen, die von einem Serienfahrzeug abgeleitet sind. Die seit dem Jahr 2000 ausgetragene Serie wurde als Deutsche Tourenwagen-Masters gestartet und war Nachfolger der Ende 1996 eingestellten Deutschen Tourenwagen-Meisterschaft, die auf internationaler Ebene ITC (International Touring Car Championship) hieß.

Nachdem BMW sich Ende 2009 aus dem Formel-1-Engagement zurückgezogen hatte, gab sich Motorsportdirektor Dr. Mario Theissen zunächst reserviert in Bezug auf eine Teilnahme an der DTM, doch dann gab es einen Vorstandsbeschluss, der einen Einstieg in der Saison 2012 vorsah. BMW wollte mit dem M3 in der DTM mitmischen und war bereit, dafür viel Geld auszugeben.
Bei den in der DTM-Serie eingesetzten Fahrzeugen handelt es sich indessen nicht um »Tourenwagen« im Sinne des Internationalen FIA-Sportgesetzes, sondern um veritable Rennwagen, wie man sie auch als Prototypen definiert. Die Nähe zum Produktions-Tourenwagen ist lediglich durch eine optische Ähnlichkeit mit dem Serienmodell gegeben. Ausgetragen wurde jeweils ein Hauptrennen über eine Distanz von 160 Kilometer, und jeder Fahrer musste mindestens zweimal die Boxen zum Räderwechsel anfahren.

Augusto Farfus bester Rookie des Jahres 2012

Der Einstieg in die neue DTM vollzog sich für BMW erfolgreich – wie erhofft und erwartet. Die Meisterschaft sicherte sich der im Elsass geborene und zuvor für Mercedes gestartete Kanadier Bruno Spengler, gleichzeitig errang das BMW Team Schnitzer Platz eins in der Teamwertung, und BMW Motorsport triumphierte auch bei den Herstellern. Drei Meisterschaften! Von insgesamt fünf Siegen feierte allein Spengler vier; drei Mal startete er von der Pole Position. Hinzu kamen ein Sieg und zwei Pole Positions von Augusto Farfus, dem besten Rookie des Jahres. Auch die Piloten Martin Tomczyk, Dirk Werner, Andy Priaulx und Joey Hand fuhren mehrere Male in die Punkteränge und leisteten damit ihre Beiträge zum Gewinn des Herstellertitels für die Bayerischen Motoren Werke.
Augusto Farfus, Jahrgang 1983, verfügte mit seinen dreißig Lebensjahren bereits über eine immense Erfolgsliste. Farfus stammt aus Curitiba im brasilianischen Bundesstaat Paraná. Er startete mit dem Kartsport und ging schon früh ins Ausland, um sein Talent international unter Beweis zu stellen. 2001 gewann er die Gesamtwertung des Formel Renault 2000 Europa Cup und 2003 die Euro-Formel 3000. Ab 2005 war er in der WTCC aktiv. Seine besten Gesamtplatzierungen waren zwei Mal ein dritter Platz (2006 und 2009). Für 2007 verpflichtete ihn BMW als Werksfahrer für die Tourenwagen-Weltmeisterschaft, in der er zehn Siege für die Marke erringen konnte.
Beim 24-Stunden-Rennen auf dem Nürburgring 2012 ging BMW neben zahlreichen privaten Teams und Fahrern mit vier werksunterstützten Autos in der »Grünen Hölle« an den Start. Das Team Schubert trat ebenso mit zwei BMW Z4 GT3 an wie das BMW Team Vita4One. Uwe Alzen fuhr mit einer Rekordrunde für die Schubert-Mannschaft die Pole Position heraus. Auch im Rennen drehte das Auto mit Alzen, Jörg Müller und Dirk Müller die schnellsten Runden auf der Eifel-Nordschleife. Ein Antriebsschaden brachte das Trio aber um alle Siegchancen. Am Ende schaute für die drei der siebente Platz heraus, vor dem Schwesterauto mit Dirk Adorf, Claudia Hürtgen, Dominik Schwager und Nico Bastian, die ebenfalls mit technischen Problemen zu kämpfen hatten.

Timo Glock begann seine Motorsportkarriere 1996 im Motocross und im Karting. Ab 2000 fuhr er in der Juniorenklasse der Formel BMW und wurde auf Anhieb Meister; ein Jahr später gewann er auch den »großen« Meistertitel.

Tolle Kulisse für den Beginn der neuen DTM-Ära 2012. 72.000 Fans strömten bei wechselhaften Wetterbedingungen mit Sonne, Regen und Hagel in das Zentrum von Wiesbaden, um die DTM-Präsentation inklusive Live-Vorführungen mitzuerleben.

»Das 24-Stunden-Rennen auf dem Nürburgring hat auch in diesem Jahr wieder alles geboten, was die Fans an diesem Langstreckenklassiker so lieben«, sagte BMW Motorsportchef Jens Marquardt, der im Sommer 2011 Nachfolger von Dr. Mario Theissen geworden war. »Es ging über die gesamte Distanz unglaublich eng zu, und wir waren mit unseren BMW Z4 GT3 mittendrin. Natürlich hätten wir zum 40. Jubiläum von BMW M gerne gewonnen. Das ist uns lei-

Vorstellung des BMW M3 für die Saison 2013 mit Marco Wittmann (rechts). 2014 wechselte Wittmann innerhalb der BMW-Teams zu RMG. Beim Saisonauftakt in Hockenheim gewann er sein erstes DTM-Rennen. Auf dem Hungaroring, in Spielberg und auf dem Nürburgring folgten weitere Siege. Im drittletzten Rennen reichte ihm ein sechster Platz, um den Gesamtsieg vorzeitig für sich zu entscheiden. Er wurde damit zum bis dahin jüngsten deutschen DTM-Champion. 2015 trat Wittmann erneut für BMW-Team-RMG in der DTM an.

der aufgrund technischer Probleme an den beiden Autos vom Team Schubert verwehrt geblieben. Dennoch geht ein großes Kompliment an alle BMW Teams. Sie haben nie aufgegeben und bravourös gekämpft«.

Den Titel-Hattrick, den BMW Motorsport 2012 in der DTM gefeiert hatte, galt es in der American Le Mans Series (ALMS) zu verteidigen – und das BMW Team RLL startete exzellent in die nächste Saison. Joey Hand, Dirk Müller und Jonathan Summerton gewannen im BMW M3 GT den prestigeträchtigen Auftakt, die 12 Stunden von Sebring. Sie triumphierten wie im Vorjahr auch in der GT-Klasse. Jörg Müller, Bill Auberlen und Uwe Alzen wurden im Schwesterauto Vierte. Auch nach dem zweiten Rennen in Long Beach lagen Hand und Dirk Müller dank eines zweiten Platzes noch auf Platz eins in der GT-Fahrerwertung. Doch im weiteren Saisonverlauf verhinderten häufiges Pech in den Rennen sowie die nachteilige technische Einstufung des BMW M3 GT die Verteidigung der Titel in Fahrer-, Team- und Herstellerwertung. Ein weiteres Highlight setzten Jörg Müller und Bill Auberlen dafür mit dem zweiten Sieg für das BMW Team RLL in Road America. Die Bilanz am Saisonende wies inklusive der beiden Siege sieben Podiumsplätze auf. Das reichte für Rang zwei in der Team- und Rang drei in der Herstellerwertung. 2012 hatten viele private Teams und Fahrer aus aller Welt erneut auf BMW vertraut und die

Racing Bart Mampaey, Belgien

Das belgische Team Mampaey wurde 1974 als Juma Racing von Julien Mampaey gegründet. Auf BMW konnten 1982 und 1983 drei Siege beim 24-Stunden von Spa-Francorchamps errungen werden. Julien Mampaeys Sohn Bart gründete 1994 mit Racing Bart Mampaey sein eigenes Team. Es belegte 1997 beim 24-Stunden-Rennen von Spa-Francorchamps die ersten beiden Plätze in der seriennahen Gruppe N. 1998 wurde als BMW FINA Bastos Team mit Marc Duez, Eric van de Poele und Alain Cudini sogar der Gesamtsieg errungen.
Unter seinem Namen gab das BMW RBM Team Belgium 2002 seine Nennung für einen BMW 320i in der TW-Europameisterschaft ab. Der schwedische RBM-Pilot Fredrik Ekblom erreichte drei Podiumsplatzierungen und schloss die Meisterschaft auf dem sechsten Platz ab. 2003 übernahm Andy Priaulx das Cockpit von Ekblom bei RBM. Im jetzt als BMW Team UK antretenden Team absolvierte er drei Rennsiege und wurde Dritter in der Meisterschaft. Priaulx war 2004 fünf Mal siegreich und erkämpfte den Titel. Es wurde nun auch ein zweiter BMW für Kurt Mollekens unter der Nennung BMW Team Belgium-Luxembourg eingesetzt.
Im Jahr 2005 wurde die Tourenwagen-Europameisterschaft als Tourenwagen-Weltmeisterschaft ausgeschrieben. Andy Priaulx fuhr erneut den Titel ein und verteidigte ihn auch 2006 und 2007 erfolgreich. Bei einzelnen Rennen setzte RBM auch ein zweites Fahrzeug ein, gesteuert von Duncan Huisman, Jan Magnussen und Fredrik Ekblom. 2010 bestritt Augusto Farfus an der Seite von Andy Priaulx die komplette Saison in einem zweiten BMW von RBM. Mit dem werksseitigen Rückzug von BMW Ende 2010 aus der WTCC verließ auch RBM die Serie.

Reinhold-Motorsport RMG, Niederzissen

»Das Team RMG von Stefan Reinhold, das seit dem Comeback von BMW in der DTM ab 2012 an den Start ging, war dank zahlreicher erfahrener Mitarbeiter von Anfang an kein Neuling in der höchsten deutschen Tourenwagenliga«, schrieb *auto, motor und sport*. »Reinhold nahm sich Zeit, um die individuellen Stärken seiner Crew zu analysieren und baute das Team auf dieser Basis Schritt für Schritt auf…« Insgesamt waren 25 Ingenieure und Techniker am DTM-Projekt beteiligt. Der Teamchef selbst hatte unter anderem in der Formel 1 und im GT-Sport Erfahrungen sammeln können. Mit der Bekanntgabe von BMW, in die DTM zurückzukehren, begann die Konzeptionsphase für das Team RMG. Im Spätsommer 2010 startete man in Niederzissen mit den Planungen. Reinhold im *ams*: »Dass wir BMW Motorsport damit überzeugen konnten, ist die perfekte Belohnung für unsere harte Arbeit in dieser Phase«. Zuvor operierte das Zakspeed-Team vom Standort Niederzissen aus, dann vermietete man die Anlagen an Reinhold.

Für die erste DTM-Saison hatte BMW den amtierenden Meister Martin Tomczyk sowie den ehemaligen Sportwagen-Fahrer Joey Hand aus den USA verpflichtet. Am Ende standen immerhin drei Podestplätze in der Bilanz. Ganz glücklich war der ambitionierte Teamchef am Ende wegen einiger Ausfälle aber nicht.

2013 wurde die Latte höher gelegt. Die Fahrerkombination hatte sich für das zweite Jahr leicht verändert: Neben Tomczyk ging der dreimalige Tourenwagen-Weltmeister Andy Priaulx für Reinhold an den Start. Doch die Ziele konnte das Team aus der Eifel nicht erfüllen. Tomczyk und Priaulx belegten in der Fahrerwertung lediglich die Plätze 19 und 20. Das BMW Team RMG wurde Zehnter in der Teamwertung. 2014 wurde ein Neuanfang gestartet. Zwei neue Fahrer gingen für das BMW Team RMG ins Rennen: Marco Wittmann, 2013 bester Rookie in der DTM, wechselte zur Mannschaft aus der Eifel und bildete dort gemeinsam mit Serienneuling Maxime Martin eine vielversprechende Fahrerkombination.

Die Langstreckenmeisterschaft Nürburgring (VLN) war eine Rennserie, die seit 1977 auf der Nürburgring-Nordschleife ausgetragen wurde, bis 2000 lief sie unter der Bezeichnung Langstreckenpokal, aktuell heißt sie Nürburgring Langstrecken-Serie (NLS). In verschiedenen Klassen treten Fahrer mit den unterschiedlichsten Fahrzeugen – vom Serienwagen bis zum Rennboliden – gegeneinander an.

Marke exzellent vertreten. In erster Reihe standen dabei die Titelgewinner: Thomas Biagi und Stefano Colombo triumphierten in einem BMW Z4 GT3 vom BMW Team Italia in der italienischen GT-Meisterschaft. Norbert Michelisz vom Team Zengö Motorsport gewann in seinem BMW 320 TC die Privatfahrer-Trophäe in der FIA World Touring Car Championship. Ebenfalls erfolgreich waren Carsten Knechtges, Tim Scheerbarth und Steve Jans in ihrem BMW M3 in der Serienwagen-Klasse im Rahmen der VLN Langstreckenmeisterschaft. Dasselbe galt für Nick Catsburg mit dem BMW M3 GT4 in der Dutch GT Championship.

»Wir haben auch 2012 wieder zahlreiche tolle Leistungen von BMW-Fahrern in hochkarätig besetzten Rennserien gesehen«, sagte Marquardt. »Jeder Fahrer, der in einem BMW Fahrzeug antritt, ist Teil der BMW Motorsport-Familie.« Insgesamt sechs Rennfahrzeuge war von den Teams Racing Bart Mampaey, RMG und Schnitzer eingesetzt worden.

Statt M3 heißt es jetzt Z4 GT3, hier ein Wagen beim 24-Stunden-Rennen 2012 in Spa.

2013 war für BMW Motorsport erneut ein erfolgreiches DTM-Jahr. Mit fünf Siegen, zwölf Podiumsplätzen, vier Pole Positions und vier schnellsten Rennrunden konnte der BMW M3 DTM auch 2013 seine Leistungsfähigkeit ein-

Rechts: Z4 GT3 auf Testfahrt, 2013.

drucksvoll unter Beweis stellen. Insgesamt sammelten die acht BMW Fahrer 369 Punkte. Bei den Teams belegte das BMW Team RBM mit insgesamt 148 Zählern den zweiten Platz. In der Fahrerwertung war Augusto Farfus mit 116 gewonnenen Punkten als Gesamt-Zweiter der bestplatzierte BMW Vertreter, Marco Wittmann vom BMW Team MTEK schloss die Saison als bester Neueinsteiger in die DTM ab. Das erfolgreichste Wochenende der Saison erlebte BMW beim Rennen in Spielberg, Österreich. Auf dem Red Bull Ring schafften gleich fünf BMW M3 DTM den Sprung in die Top Ten und sammelten nicht weniger als 70 Zähler für die Herstellerwertung. Mehr Punkte an nur einem Wochenende konnte keine andere Marke im Saisonverlauf auf sich vereinen.

Marco Wittmann war 2013 der Rookie des Jahres. Nach zehn DTM-Rennen war er der beste Neuling in der Tourenwagenserie. Schon in seinem ersten Jahr war er konstant schnell unterwegs gewesen. In Spielberg stand er beim Dreifachsieg von BMW als Zweitplatzierter neben Sieger Bruno Spengler und seinem

Familenfoto nach dem erfolgreichen DTM-Finale 2013 in Hockenheim. Gefeiert wird auch der Sieg von Timo Glock, BMW Team MTEK.

Bei den Sponsoren in der DTM unterscheidet BMW zwischen Premium Partnern Technology (etwa Shell und Bosch), Premium Partnern (Deutsche Post, Samsung), Premium Official Partnern (Mahle, ZF) und Official Suppliers (Puma).

BMW war beim zehnten und letzten DTM-Lauf der Saison 2013 auf dem Hockenheimring zahlreich vertreten.

Teamkollegen Timo Glock (Platz 3) erstmals auf dem Treppchen. Auch seine erste Pole Position konnte Wittmann in diesem Jahr feiern: Im Qualifying zum vorletzten Lauf in Zandvoort sicherte er sich am Steuer seines Ice-Watch BMW M3 DTM den ersten Startplatz. Insgesamt drei Mal schaffte der schnelle Rookie 2013 den Sprung ins Top-4-Qualifying. Zudem konnte er gleich in seiner Debütsaison zwei schnellste Rennrunden – in Spielberg und Zandvoort – verbuchen.

Timo Glock, geboren 1982, hatte seine Karriere als Rennfahrer im Rahmen der Formel BMW Nachwuchsförderung begonnen. 2000 gewann er den BMW ADAC Formel Junior Cup, ein Jahr später die Formel BMW ADAC Meisterschaft. 2004 gab er im Alter von 22 Jahren beim Großen Preis von Kanada sein Formel-1-Debüt. 2005 wechselte Glock in die nordamerikanische ChampCar World Series. Dort belegte er den achten Platz im Gesamtklassement und wurde als bester Neuling der Saison ausgezeichnet. Nach seiner Rückkehr nach Europa trat er in der GP2-Serie an – und gewann 2007 im zweiten Anlauf den Meistertitel. Im selben Jahr feierte Timo nach seinen Lehrjahren in der Formel BMW sein Comeback bei BMW. Neben dem dreimaligen Formel-1-Weltmeister Sebastian Vettel ging Glock als Testfahrer für das BMW Sauber F1 Team auf die Strecke. Dieses Sprungbrett nutzte er, um sich 2008 einen Stammplatz im Toyota F1 Team zu sichern. Drei Mal stand er für das japanische Team auf dem Podium, ehe er 2010 zu Virgin Racing wechselte. Insgesamt absolvierte Glock 91 Grand-Prix-Rennen.

24-Stunden-Rennen auf dem Nürburgring 2010: Mit dem neuen BMW Z4 GT3 sicherte sich das Team Schubert Motorsport Platz 4 im Gesamtklassement.

Glocks Kollege Marco Wittmann hat sein Handwerk in der Formel BMW gelernt. 2012 verstärkte der talentierte junge Mann das DTM-Fahreraufgebot als Test- und Entwicklungspilot und stieg 2013 zum Einsatzfahrer auf. Nach seinem Gesamtplatz acht im Jahr 2013 war der 23-Jährige höchst motiviert für die kommende Rennsaison.

Motorsport-Chef Jens Marquardt

Marquardts Vorgänger Dr. Mario Theissen

BMW MTEK-Teamchef Ernest Knoors

Vertragsfahrer Maxime Martin

Neue Saison, neue Namen: Ab 2013 kämpften vier BMW Teams in der populären Tourenwagenserie um Punkte und Siege. Neben dem BMW Team Schnitzer, dem BMW Team RBM und dem BMW Team RMG setzte auch das neu formierte BMW Team MTEK zwei BMW M3 DTM ein. Als Teamchef führte der Niederländer Ernest Knoors die Mannschaft, die in Garching bei München angesiedelt war.

Im Cockpit der beiden vom BMW Team MTEK eingesetzten BMW M3 DTM saß zum einen Timo Glock, der seine fahrerische Klasse in der Formel 1 bewiesen hatte. Den zweiten Wagen steuerte Marco Wittmann, der in dieser Saison den Aufstieg vom Test- und Entwicklungsfahrer bei BMW Motorsport zum DTM-Stammpiloten absolviert hatte.

Das erste MTEK-Jahr endete mit unerwartet großen Erfolgen. Schon im dritten Rennen in Spielberg standen sowohl Wittmann als auch Glock auf dem Podium. Es folgten die erste Pole Position durch Wittmann in Zandvoort sowie der umjubelte erste Sieg durch Glock beim Saisonfinale in Hockenheim. In der Teamwertung belegte das BMW Team MTEK den siebten Rang.

Glock erhielt für die Saison 2014 einen neuen Teamkollegen: DTM-Debütant Antonio Felix da Costa sollte an seiner Seite lernen.

Dem DTM-Champion Bruno Spengler war es 2013 leider nicht gelungen, seinen Titel zu verteidigen. Nachdem der kanadische Elsässer seinen BMW drei Mal nach Kollisionen vorzeitig in der Boxengarage abstellen musste, hatte er nach dem achten Rennen in Oschersleben keine Chance mehr, den Triumph aus dem Vorjahr zu wiederholen. Dabei war ihm als amtierender Meister ein überzeugender Start in die Saison gelungen. Auf den zweiten Platz in Brands Hatch ließ der BMW Team Schnitzer Pilot im nächsten Rennen in Spielberg seinen 14. DTM-Sieg folgen.

Umdenken:
Statt des M3 startet jetzt der Z4

BMW Motorsport startete mit einem historischen ersten Sieg bei der Premiere des neuen BMW Z4 DTM in die Saison 2014. Marco Wittmann feierte mit seinem Wagen auf dem Hockenheimring seinen ersten Triumph in der DTM und bescherte dem BMW Team RMG damit den ersten Erfolg in dieser Serie. Für BMW Motorsport war es der insgesamt 60. DTM-Sieg. Ein vielversprechender Auftakt für das Rennjahr 2014.

Beim 24 Stunden-Rennen auf dem Nürburgring (21./22.Juni) setzte BMW beim Z4 GT3 – der designierte Nachfolger des Z3 – erstmals Laserlichttechnik ein. Laserdioden sind kleiner als konventionelle Leuchtdioden und tragen dazu bei, sowohl Bauraum im Scheinwerfer als

auch Gewicht zu sparen. Dies wird durch die höhere Leuchtdichte der neu entwickelten Laserlichtquellen ermöglicht. Sie gestattet, die Fläche des Reflektors gegenüber Xenon- oder LED-Licht um den Faktor 10 zu verringern.
Das Rennen hatte seine Höhen und Tiefen. Während der BMW Z4 GT3 mit der Startnummer 20 vom BMW Sports Trophy Team Schubert um die Spitzenpositionen kämpfte, mussten die beiden Fahrzeuge vom BMW Sports Trophy Team Marc VDS das Rennen nach Unfällen beenden. Martin Tomczyk hatte in der Nacht das Fahrzeug mit der Nummer 20 in Führung gebracht. Seine Partner Jens Klingmann und Dominik Baumann lieferten sich danach in der Morgendämmerung einen engen Dreikampf mit einem Mercedes und einem Audi. Bei der Übergabe des Fahrzeugs an Claudia Hürtgen nach knapp 15 Stunden lag das Quartett auf der dritten Position.
Doch trotz starker Vorstellungen und zwischenzeitlicher Führung reichte es bei der 42. Auflage des Langstreckenklassikers vor 200.000 Zuschauern nicht zu einem Podestplatz; der BMW mit der Nummer 20 sah als Sechster die Zielflagge. Einen hervorragenden achten Platz in der Gesamtwertung fuhren Ferdinand Stuck, Max Sandritter, Christopher Brück und Dennis Rostek für das Team Walkenhorst Motorsport im BMW Z4 GT3 mit der Nummer 28 ein. »Nach einem Reparaturstopp zwei Stunden vor Rennende mussten wir alle Hoffnungen auf einen Podestplatz aufgeben und kamen schließlich als Sechste ins Ziel. Zuvor waren die weiteren BMW Z4 GT3 der BMW Sports Trophy Teams in Unfälle verwickelt gewesen und vorzeitig ausgeschieden«, sagte Motorsport-Chef Jens Marquardt. Doch Platz eins in der hart umkämpften Racing Cup Klasse und Rang 30 im Gesamtklassement ging an Daniel

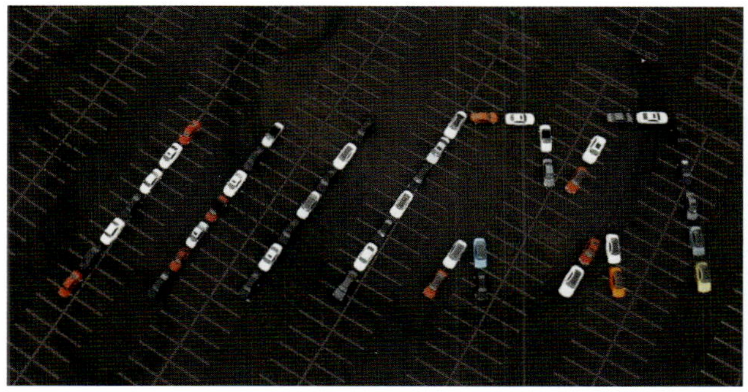

Zils, Norbert Fischer, Uwe Ebertz und Timo Schupp vom Team Adrenalin Motorsport. Das Quartett gewann auch die Zwischenwertungen nach sechs, zwölf und 18 Stunden und sammelte damit viele Punkte für die Gesamtwertung.
In der Serienfertigung hatte der 4er das 3er Coupé (und das Cabriolet) Inzwischen bereits abgelöst; der Wagen war ab 5. Oktober 2013 als F32 erhältlich. Die Wettbewerbsgeschichte des M3 fand damit ihren Abschluss, mit dem M4 begann eine neue.

2011 wurde Dr. Friedrich Nitschke Chef der traditionsreichen BMW M GmbH, bevor ihn Anfang 2015 Franciscus van Meel ablöste. Dr. Nitschke war insgesamt 36 Jahre für die BMW Group tätig. Seit seinem Eintritt in das Unternehmen im Jahr 1978 war er in Führungspositionen in verschiedenen Unternehmensbereichen, bevor er ab 2003 der Sparte Strategie, Steuerung und Erprobung im Entwicklungs-Sektor vorstand.

Viele Meilensteine säumen den Weg der BMW M GmbH, die ihren Stammsitz seit 1986 im Münchner Vorort Garching hat und den BMW Motorsport viele Jahre lang entscheidend mitprägte.

Zu neuen Ufern

Die Motorsportabteilung ließ einige Jahre verstreichen, bis sie eine erste serienbasierte Wettbewerbsversion des zu diesem Zeitpunkt schon nicht mehr ganz neuen M4 präsentierte. Zugegeben, es war keine leichte Aufgabe für die Münchener, sich im Tourenwagensport mit Blick auf nur schwer berechenbare zukünftige Entwicklungen richtig zu positionieren. Da war einerseits die DTM mit ihren bekannten Silhouettenfahrzeugen, deren weiteres Überleben Mitte der Saison 2017 durch die Ankündigung von Mercedes-AMG, Ende 2018 aus der Serie auszusteigen, zumindest besorgte Fragen aufwarf.
Auf der anderen Seite gewann der noch mit einem gewissen Serienbezug aufwartende GT-Sport schon seit Jahren deutlich an Beliebtheit – bei hier engagierten Herstellern wie bei Teilnehmern und Zuschauern.

Nach 2014 sicherte sich der Fürther BMW-Werkspilot Marco Wittmann in der Saison 2016 zum zweiten Mal die Fahrerwertung der Deutschen Tourenwagen-Meisterschaft am Steuer eines M4 DTM.

Neuer Fokus: GT-Sport

Bei BMW beobachtete man die weitere Entwicklung sorgfältig und schlug mit dem Mitte 2017 vorgestellten M4 GT4 einen ersten Pflock in Richtung des populären GT-Sports ein. Zwar richtete sich der Wagen an Interessenten und Teams aus dem sozusagen gehobenen Breitensport, doch eigneten sich die zahlreichen nationalen und internationalen Rennserien, an

denen GT4-Fahrzeuge an den Start gehen konnten, nicht zuletzt hervorragend zur Nachwuchsförderung – auch wenn die mediale Sichtbarkeit der hier engagierten Hersteller, ihrer Wettbewerbsfahrzeuge und deren Erfolge naturgemäß dürftig blieb. Die Ergebnislisten zeigten gleichwohl, dass der M4 GT4 schon ab der ersten kompletten Saison, 2018, überaus konkurrenzfähig war.

Links: Mit dem 2017 erstmals eingesetzten M4 GT4 näherte sich BMW aufgrund der Krise innerhalb der DTM stärker dem immer populärer werdenden GT-Sport an.

Die DTM blutet langsam aus

Währenddessen ging in der DTM, angesichts des Ende 2018 vollzogenen Rückzugs von Mercedes-AMG, hinter den Kulissen die Suche nach neuen Herstellern und damit nach einer besseren Zukunftsperspektive unverdrossen, aber erfolglos weiter. Auch tiefgreifende technische Veränderungen, wie ein ab 2019 eingeführtes neues Motorenreglement, konnten die

Als Nachfolger des Z4 GT3 in der FIA GT3-Kategorie fungierte ab 2016 der M6 GT3.

Situation nicht verbessern. Stattdessen setzte sich der Aderlass im Starterfeld fort: Das in diesem Jahr neu eingestiegene Aston Martin Team verkündete bereits Anfang 2020 seinen sofortigen Abschied. Zu diesem Zeitpunkt war schon Corona dazwischen gegrätscht und bestimmte fortan das Geschehen. Im April verkündete dann auch Audi seinen Rückzug ließ BMW als letzten der DTM-Aufrechten zurück. Damit war vor dem Hintergrund eines Pandemie-bedingt mehrfach modifizierten Rennkalenders das Ende der DTM in ihrer aktuellen Form zum Saisonabschluss besiegelt. Beim komplett neu aufgesetzten Re-Start der Serie anno 2021, die nun auf GT3-Fahrzeuge

Als bester BMW-Pilot wurde Marco Wittmann in der DTM-Saison 2019 Dritter der Fahrerwertung. Der kultigen Rennserie mit singulärem technischen Reglement ging aber langsam die Luft aus.

zurückgriff, waren wieder zahlreiche Hersteller mit von der Partie – nicht nur die üblichen Verdächtigen wie Audi und Mercedes-AMG, sondern auch Porsche, Ferrari, Lamborghini und McLaren. Und natürlich durfte in diesem beiendruckenden Line-up auch BMW nicht fehlen, wo man in die neue DTM-Ära zunächst mit dem eher klobigen M6 GT3 anging, der sich gegen die hochkarätige Konkurrenz ziemlich schwertat. Resultat: weit abgeschlagen Platz vier in der Herstellerwertung.

M4 GT3 mit zunehmender Erfolgsquote

Diese unbefriedigende Situation begann sich im Folgejahr mit dem Einsatz des völlig neu entwickelten M4 GT3, der rechtzeitig zum Saisonbeginn an die Kundenteams ausgeliefert worden war, allmählich aufzulösen. Nach den üblichen kleineren Startschwierigkeiten folgten noch in der Premierensaison erste Podestplatzierungen und sogar ein Laufsieg bei der

Abschlussveranstaltung in Hockenheim durch den zweifachen früheren DTM-Champion Marco Wittmann. 2023 konsolidierte der von Audi zu BMW gewechselte René Rast den positiven Trend: Als bester M4 GT3 Pilot gelangen ihm drei Podestplätze sowie ebenfalls ein Laufsieg, was ihn im Schlussklassement der Fahrerwertung auf den fünften Rang katapultierte. In der Herstellerwertung sicherten sich die Münchener Platz vier, nur wenige Punkte hinter Mercedes-AMG.

In der Saison 2024 zeigte sich der M4 GT3, nach der bereits erkennbar gesteigerten Performance im Vorjahr, nochmals deutlich überarbeitet und erwies sich, eingesetzt von hochprofessionellen Teams und gesteuert von starken Fahrern, als enorm konkurrenzfähig. Das führte zu einer starken Präsenz des Wagens in den Starterfeldern des internationalen GT3-Sports. So war es nicht verwunderlich, dass in den entsprechenden Rennserien plötzlich Top-Ergebnisse erzielt wurden. Beispiele

Mit dem M4 GT4 erntete der seriennahe BMW-Tourenwagensport, zum Beispiel in der European GT Series, ersten Lorbeer.

星際 酒店
StarWorld Hotel
PIRELLI
PIRELLI
Buddy club
ERIKSSON
91

Der langjährige Audi-Pilot René Rast verstärkte ab der Saison 2023 den Fahrerkader von BMW und half mit, den 2021 erstmals zu Einsatz gekommenen M4 GT3 zu einem Siegfahrzeug zu entwickeln.

FIA GT World Cup 2019 in den Straßenschluchten von Macau. Gegen die seit längerem etablierte Konkurrenz von Mercedes-AMG und Audi tat sich der voluminöse M6 GT3 schwer. Im Hintergrund nahm der bei BMW Motorsport entwickelte M4 GT3 bereits Formen an.

Der neue M4 GT3 zeigte schon in der Saison 2022 einige erfolgversprechende Ansätze, konnte in der neu formierten und strukturierten DTM aber auch erste Highlights setzen.

waren die GT World Challenge Europe, wo der M4 GT3 bis zum Spätsommer nicht weniger als sechs von 12 bis dahin absolvierten Läufen für sich entscheiden konnte.
Ähnlich in der hochrangig besetzten LMGT3-Klasse der FIA World Endurance Championship, wo die beiden vom belgischen Team WRT eingesetzten BMW kurz vor dem letzten Saisonlauf die Ränge drei und fünf der Gesamtwertung belegen. Etwas höher hingen die Trauben für den M4 GT3 in der extrem kompetitiven DTM. Hier gelangen bei den er-

sten 10 von insgesamt 12 ausgetragenen Saisonläufen lediglich drei Siege und ein dritter Platz. Auch das legendäre 24-Stunden-Rennen am Nürburgring verlief beim Kampf um den Gesamtsieg nicht ganz nach Wunsch der BMW-Starter.

Heftige Wetterkapriolen und der Unfall des in Führung liegenden M4 GT3 beeinträchtigten stark den Rennverlauf.

Am Ende landeten die beiden verbliebenen M4 GT3 »nur« auf den Positionen drei und sieben.

Auch dem internationalen GT3-Sport, wie beispielsweise in der GT World Challenge Europe, drückte der M4 GT3 immer stärker seinen Stempel auf.

GRAN TURISMO
THE REAL DRIVING SIMULATOR
98
ROWE
H&R

Bei der 2024er-Ausgabe des 24-Stunden-Rennens auf dem Nürburgring verpasste der M4 GT3 nur durch einige unglückliche Umstände einen spektakulären Sieg.

ROWE
PANATEC
98
#FANATECGT
AKRAPOVIC
PIRELLI
P ZERO
BMW M4

Präsentation der ersten Evolutionsversion

Während des kultigen Langstreckenklassikers auf der Nordschleife wurde übrigens die nächste Ausbaustufe des Renners präsentiert: der M4 GT3 EVO. Niemand zweifelte daran, dass dieses Evolutionsmodell noch erfolgreicher um Siege in der immer populärer gewordenen GT3-Kategorie kämpfen würde. Damit wurden die Gene des Rennsport-M3, auch wenn sie angesichts der Motorsport-typisch hohen Entwicklungsdynamik inzwischen nur noch in Spuren vorhanden waren, weiter in die Zukunft getragen.

Den Sieg beim traditionsreichen 24-Stunden-Rennen von Spa-Francorchamps feierte 2023 die Fahrermannschaft Nick Yelloly (links), Marco Wittmann (Mitte) und Philipp Eng (rechts).

Mit der brandneuen Weiterentwicklung M4 GT3 EVO dürfte BMW in der Saison 2025 wieder große Erfolge feiern.

Literatur

Aus der großen Zahl von Publikationen, die sich mit BMW Automobilen beschäftigen und von namhaften Autoren verfasst wurden, seien auszugsweise einige Titel nachfolgend aufgelistet. Ausdrücklich auf sie verwiesen sei deshalb, weil je nach Thematik spezieller Gebiete sie weitaus mehr ins Detail gehen als es in dem vorliegenden Werk möglich ist.

BMW Z3 roadster; BMW AG, München 1995

Hermann Braess: BMW 3er, das Original, BMW Mobile Tradition, München 2000

R. M. Clarke: The BMW M3 Ultimate Portfolio 1986-2006, Brooklands Publications, London 2008

Lars Döhmann / Norbert Schäfer: BMW Technik, Verlag Geramond, München 2011

Industriegeschichte der Stadt Dingolfing, herausgegeben von der Stadt Dingolfing 2001

Horst Ihling: Autoland Thüringen gestern und heute, Schrader Verlag, Stuttgart 2002

Ralf J. F. Kieselbach: BMW Sondertypen, Motorbuch Verlag, Stuttgart 1995

Eberhard Kittler / Werner Oswald: Alle BMW Automobile seit 1928, Motorbuch Verlag, Stuttgart 2000

Eberhard Kittler: Deutsche Autos seit 1990 (Band 5), Motorbuch Verlag, Stuttgart 2001

Uwe Mahla: Die Meistermacher - Die BMW Schnitzer-Story, Verlag Gruppe C Motorsport, Duisburg 2013

Horst Mönnich: Der Turm (u. drei weitere Bände), Econ Verlag, Düsseldorf 1986

Thomas G. Müller: BMW 02 – Die Neue Klasse. Motorbuch Verlag, Stuttgart 1996

Thomas G. Müller: Das erste Nullzwei-Buch, Selbstverlag, Hamburg 1989

Jan P. Norbye: BMW, Bavaria's Driving Machines, Publications International, Skokie, Illinois, USA, 1984

Graham Robson: BMW M3, Heel Verlag, Königswinter 2014

Hanns Peter Rosellen: Das weißblaue Wunder - BMW Geschichte und Typen, Seewald Verlag, Stuttgart 1983

Hans-Jürgen Schneider / Halwart Schrader: Legende BMW 02, Schneider Text Giel-Courteilles 2009

Hans-Jürgen und Valentin Schneider / Halwart Schrader: BMW Sportwagen, Schneider Text, Giel-Courteilles 2003

Halwart Schrader / Christian Sagehorn: BMW Automobile (Schrader-Motor-Guide), Suderburg 1993

Halwart Schrader: BMW Sportwagen, Schrader Verlag, Stuttgart 1996

Halwart Schrader: BMW Automobile, Motorbuch Verlag, Stuttgart 2003

Halwart Schrader: BMW Typenkompass, Motorbuch Verlag, Stuttgart 2010

Halwart Schrader: BMW – Performance, Passion, Perfektion, Motorbuch Verlag, Stuttgart 2014

Stefan Schrahe / Hans-Friedrich Andexer: Das große BMW Coupé-Buch, Heel Verlag, Königswinter 1990

Reinald Schumann: Motorsport in Deutschland, Motorbuch Verlag, Stuttgart 1992

Dario Secen / Heike Bartsch: BMW 320si WTC, BMW AG, München 2006

Rainer Simons / Walter Zeichner: Die Entwicklungsgeschichte der BMW Automobile 1918-1982, BMW Mobile Tradition, München 2004

Jeremy Walton: BMW 3er-Reihe, Heel Verlag, Königswinter 1992

Walter Zeichner: BMW 02er Reihe – das Kultauto, BMW Mobile Tradition, München 1998

CN – Clubnachrichten des BMW Veteranen-Club Deutschland e.V. 1994-2003

Bildnachweis

ALPINA
ampnet/nic
auto, motor und sport/Julius Weitmann
Archiv Halwart Schrader
Bimmer today
BMW AG
BMW Mobile Tradition / BMW Classic
Bobrink & Co, Autohaus, Bremen
Botzenhardt/Archiv Peter Kurze
Bracq, Paul
CCA
Eisenmann Auspuffanlagen
Kamei
Kurze, Peter
May, Sebastien
MM Power/ Autoevolution
Privat
Schäfer, Norbert (BMW)
Schrader, Halwart
Stance Works Inc.
VelgenWheels Inc.
Wallpapers
Weichert, Axel
Wilhelm Stroop/Austermann
Wikipedia.org

Erleben Sie mit ams+ exklusive Inhalte von auto motor und sport - überall und jederzeit, digital und crossmedial im Web und als App.

www.auto-motor-und-sport.de

Stromer ist nicht gleich Stromer

Während VW den gelifteten ID.4 auf eine Elektro-Plattform setzt, macht der iX1 das Beste aus BMWs Multi-Antriebsbasis. Beides hat Vor- und Nachteile. Welche? Das zeigt der Vergleichstest der Single-Motor-Varianten.

Mit Carbon-Zubehör einen Hauch leichter

BMW bietet für den M5 G90 M Performance Parts an. Sämtliche Anbauteile für die sportliche Plug-in-Hybrid-Limousine sind aus Carbon gefertigt.

Elektro-M3 wird „einfach alles schlagen“

Die BMW M GmbH arbeitet für künftige Elektro-Sportwagen an einem Allradantrieb mit vier EMotoren. Der vollelektrische M3 kommt 2027 auf Basis der Neue- Klasse-Plattform. Fahrdynamisch soll der Elektro-M3 neue Maßstäbe setzen.